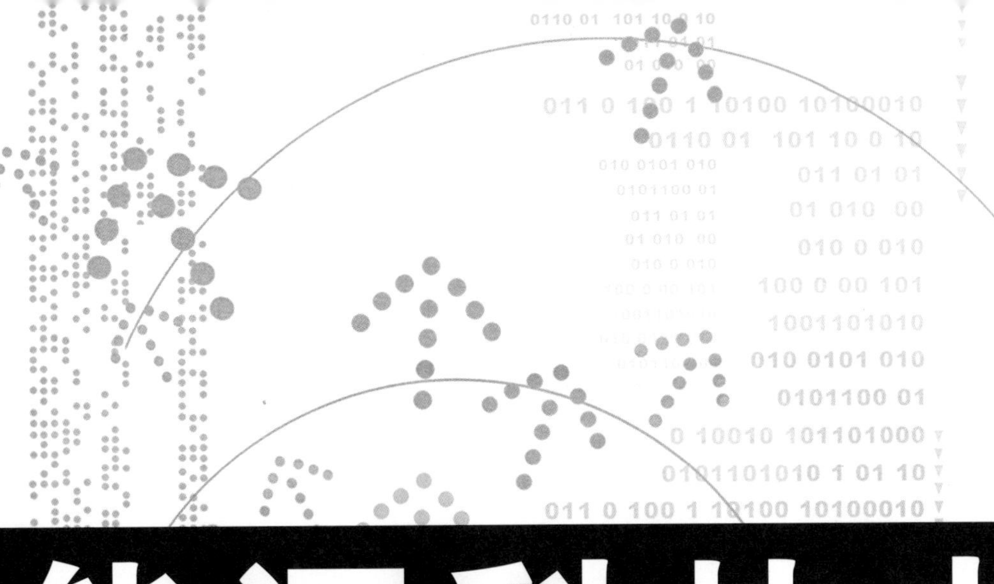

能源科技史教程

⊙ 焦娅敏　张贵红 主编

复旦大学出版社

编委会成员

主　　编: 焦娅敏　张贵红

副 主 编: 陈宝云　何宇宏

参编人员: 张宗峰　苏　波　丁建凤

目录

前言

能源不仅是一种资源，也是一种技术工具。人是制造工具的动物，许多非人类的动物也能够使用工具，比如英格兰几个地方的山雀，在学会开牛奶瓶盖以后，整个不列颠群岛的山雀很快都学会了这一技能，然而这种技能只是一种传统或者非技能的本能习得。灵长类动物更像是能够使用工具，但是它们也是基于一种本能倾向或动力，也是通过学习而获得。只有人类是拥有智慧地使用工具，所以能源科技史属于科学技术史的重要内容。

人类的技能进化主要包括四个要素：感官知觉的能力；协调过去与现在的感官印象的能力；生物体的体力；环境的要求。工具的使用是生物体使用某种特殊环境的一个途径，起源于试错学习或者顿悟学习。同样，能源科技的产生也与人类对自然界的认知直接相关，尤其是人类与环境的协调作用。

技术(technology)是为了满足人类需求而对物质世界进行改变的活动，这个术语也包括这些活动的结果范畴。所以，任何一种技术都包含着人的群体或者社会成员之间常规的经常的合作。远离社会的个体不是真正的人类，同样，技术也是不能脱离群体而存在的，其中包括能源科技。为了加深对能源科技的理解，我们应该尽可能了解使用这些科技的人类群体的社会状况，比如信仰、生活标准与政治经济形态。在本书的写作中，我们不可能把所有的与能源科技有关的经济形态和政治形态都加以描述，所以我们尽量把人类社会的进步与能源科技的进步按照时间与能源的主要形态，分成几个抽象的阶段——自然能源时代、化石燃料时代、蒸汽时代、电气时代、新能源时代等。这些阶段与社会基本经济形态也是相对应的，基本经济形态可以理解为社会保证基本生活需求的方式。

本书对于能源与能源科技作了界定。能源主要包括两个含义：

能量与动力，能量为科学词汇，而动力则为技术词汇。按照相对论理论可知任何有质量的物质都可以转化为能量，然而我们不可能研究所有的能够转化为能量的物体，必须有所取舍，我们取舍的依据为是否对社会经济发展产生一定影响的能量物质，所以本书关心的能源主要包括自然界中能够直接利用并转化为经济效益的能量物质，如风水火等自然物质、煤炭石油等化石物质、电能以及核能等。从动力层面可以将能源划分为动力的产生、动力的转移与动力的利用等，限于篇幅，本书将仅仅关注动力的产生，如蒸汽机、发电机与核电站等对象，而对于能源的转移与利用，尽管内容也十分广泛，但不是本书的重点，只进行概括式的介绍，不进行详述。广义的能源科技应该包括所有与能源相关的科学技术，由于本书所关心的为曾经、现在或可预见的未来能够对社会发展产生重要影响的领域，所以本书的主要内容为重要能源物质的认知与利用相关的科学与技术，以及这些物质所对应的能源的制造与转化相关的科技。

本书章节划分的依据。首先依照科技史发展的时间顺序，将全书内容分为六个时间段，分别为史前至约15世纪、文艺复兴与科学革命时期、工业革命时期、19世纪中后期、20世纪与21世纪。同时，依据各个时期内能源科学技术的最主要特征，或者这个时期内最重要的能源类型，概括出这个时间段的时代特征，比如第一章主要写火能、水能与风能等基本自然能源的认识与发展利用，是能源科技的早期阶段，虽然严格讲所有的能源都属于自然能源，但是为了突出各时期的特点，我们将第一章写成基本自然能源时代的能源认知与初步利用。到了文艺复兴时期，能源物质开始从风水火等转移到煤炭等化石能源，于是我们称之为化石能源时代。第三章为工业革命时期，其最重要特征为蒸汽机的发明与利用，所以我们称之为蒸汽时代。第四章为第二次工业革命时期，电力科技成了显著特征，所以为电力时代的能源科技。由于20世纪的能源科技进步迅速，新能源与传统都有很大的进步，所以分为两章，将传统能源科技与新能源科技分开来写。进入21世纪以来，各国对能源科技极为重视，各个国家都出台了相应的能源科技发展战略，能源科技已经成为国际竞争的重要领域，因此为了让学生们能够对能源科技的未来与现状有更多的了解，增加了第七章的21世纪能源战略。

值得注意的是，虽然本书以时间与重要类型的能源为特征来进行章节编排，但是时间划分并非是严格的，比如电力科技的发展史绝非局限于第四章的1850—1900年，为了章节的连贯与避免重复，在这个时间段前后一段时间的与电力科技相关的内容也会写进这一章内。另外，石油技术的进步主要发生在电力时代，为了形成与同为化石能源的煤炭技术的对照，我们将其放入第三章化石能源时代内进行介绍。每一章开头，交代了对应的时代背景、社会发展特色以及该时期能源科技的主要情况，并就与之前的章节的联系进行了描述，在结尾对本章的能源科技发展进行了总结，并就下一章的到来进行了铺垫。

本书科学部分的内容编排主要参照已经出版的西方科学史的的内容，技术史部分的主要内容的界定主要参照了查尔斯·辛格等人编写的《技术史》，我们从这些作品出发，列出主要的知识点，并写出各章的框架。然后，利用大量的中英文的科技史材料，对前期内容进行补充与改写。此外，对于重要的人物与事件，以知识框的形式增加大量的扩展知识，从网络及各种资料中找来大量的图片来帮助学生增强对特定科技的形象理解。为了便于对相关知识的深入学习，在每章的后面还列出了若干思考题，并列出主要参考书目和若干我们认为非常重要的续读书目，希望感兴趣的读者能够阅读更多的相关材料。

第一章　自然能源时代——能源的认知与初步利用

（史前至约 15 世纪）

人类最早的基本经济形态是野蛮状态，即人类整个历史的 95%都处于野蛮人阶段，这个时间采集、狩猎和捕鱼成为人类生存需求的全部来源。只有到了石器时代或者新石器时代，人类开始培育粮食植物，开始饲养牛、羊和猪等家畜，这就产生了一种全新的半开化状态——新石器时代，技术才正式产生，能源技术也开始出现。

从能源科技史角度来看，从新石器时代一直到文艺复兴以前，即 15 世纪左右，一直处于自然能源时代。这个时期火能是最主要的能源来源和利用形态，也包括对水能、风能和动物能的利用，而与能源利用相关的技术主要包括制陶技术、冶炼技术和军事技术等。

第一节　火能及相关技术

火能是人类最早使用的能源，火也是人类文明的正式开始。从这个角度可以说，火能技术的利用标志着人类文明的正式开始。因为火的利用不仅为人类提供了熟食、照明和取暖技术，还为人类提供了冶炼、制陶、制砖和玻璃制作等技术的基本能源供给，可见火能是人类文明开始阶段最重要的一种技术。

一、火能的发现和最初利用

与火相关的化石记录第一次出现于 470 万年前中奥陶纪时期，这个时期大气中的氧气的积累是前所未有的多，同时陆生植物成群地堆积在地上，是良好的燃料。当氧气浓度上升到了 13%以上，它就使野火的出现成为可能。野火的化石记录最早出现于 420 万年前志留纪时期，还有人认为是在晚泥盆世时期，这个时期木炭的存在与质量跟大气中的氧气的水平是密切相关的。氧气显然是野火的丰度的关键因素，火也变得更加丰富时，草的扩散并成为许多生态系统的主要组成部分，约 6～7 万年前；这些草构成火种，使火灾的更快速的传播，这些广泛的火灾可能已经发起了一个循环反馈的过程。由此便产生了温暖、干燥的气候，更有利于火的出现。

早在远古神话与传说中，人类就开始把火能提高到一个非常重要的地位。普罗米修斯将火种带给了人类，并与众神结下了仇恨，人类因为学会了用火，在自然界才有了如此重要的地位。人类学会如何生火之前，就已经学会了用火，人类最初对火充满了恐惧，后来逐渐学会了回避和利用。自然火的获得是人类利用火能的开始，其中闪电是产生火焰和造成森林大火的一项重要自然因素。

小知识

普罗米修斯与火

普罗米修斯是希腊神话中的一个人物，他从太阳神阿波罗那里盗走火种送给人类，给人类带来了光明，是一位让人敬仰的神。传说地球上本没有火种，那时人类的生活非常困苦。没有火烧烤食物，只好吃生的东西，没有火来照明，就只好在那无边的黑暗中。众神之王宙斯同意把火种给人类，但是他要求人类必须用一头牛来做献祭。

普罗米修斯为了给人类造福，就冒着生命危险，从太阳神阿波罗那里去偷走了一个火种。宙斯站在奥林匹斯山上，发现人间烟火袅袅，立刻追查是谁盗走了天火。当他得知是普罗米修斯触犯了天规，便把普罗米修斯带到高加索山，用一条永远也挣不断的铁链把他缚在一个陡峭的悬崖上，让他永远不能入睡，疲惫的双膝也不能弯曲，在他起伏的胸脯上还钉着一颗金刚石的钉子。他忍受着饥饿、风吹和日晒。宙斯派天神用沉重的铁链把普罗米修斯锁在高加索山的悬崖绝壁上，让他经受烈日暴雨的折磨。就是这样，宙斯还觉得不解恨，又派了一只嗜血之鹰，每天去啄食普罗米修斯的肝脏。可是，每当嗜血之鹰啄食以后，普罗米修斯的肝脏又会奇迹般复原。

普罗米修斯忍受着巨大的痛苦，有一天，赫拉克勒斯为寻找赫斯珀里得斯看守的金苹果树来到这里。他看到恶鹰在啄食可怜的普罗米修斯的肝脏，这时，便取出弓箭，把恶鹰一箭射落。然后揭开锁链，解放了普罗米修斯，带他离开了山崖。但为了满足宙斯的条件，赫拉克勒斯把半人半马的肯陶洛斯族的喀戎作为替身留在悬崖上。普罗米修斯终于获得了自由。

人类对火灾的早期控制是人类文化进化中的一个转折点，这使人类可以用火来烹调食物并获得温暖和保护。生火也使人类活动的扩展到深夜的黑暗和寒冷的时间，并为人类提供了针对天敌和害虫的保护。旧石器时代中对用火的控制的所有证据都是不确定的，事实上，控制用火的确切证据是在旧石器时代中期的40万年前到20万年之间的某个时期。直立人开始控制用火大约在40万年前，考古学为这种观点提供了可靠的证据，发现越来越多的技术支撑。真正利用和控制火的确切时间大约在12.5万年前，这个时间段内存在大量控制火的广泛证据。控制火的能力使早期人类的生活习惯产生了巨大的变化。火产生的热和光使人们有可能开始烹调食物，增加营养物质的种类和可用性。火的控制和使用也将有助于人们在寒冷的天气中保持温暖，使他们生活在温暖的生活环境中。熟食的证据是在1.9亿年前早侏罗纪时代的遗迹中发现的。大量的考古证据使我们将用火的时间确定在50万～10万年前。这表明，从这个时间火就被经常使用了。有趣的是，空气污染也开始在人群中的差不多同一时刻出现。用火逐渐变得更加复杂，如火可以被用来制造木炭，并可以用来驱赶野生动物。

早期的人类从出于好奇和顽皮，进展到为了取暖和保护自己而使用火能。到了石器时代，各个部落都已经学会了用火，但是他们的火最初都来自自然中产生的火灾，后来才逐渐学会了小心翼翼地保留火种。原始人为了保证火源的持续存在，会让火种一直处于燃烧状态，以便随时使用，需要转移的时候也是小心翼翼，以免火种熄灭。在旧石器时代，生活在欧洲和亚洲的原始人就已经在使用火，而只有到了新时期时代，或者旧时代时代晚期，人类才开始学会使用敲凿的方式获得火种。人类使用火的最早证据，来自中国周口店附近的北京人所住的洞穴遗址中，然而考古学家无法确定他们是否能够自己取火。

二、敲凿取火

早期人类对火灾的控制，据说可以追溯到400万至200万年前的直立人或早期智人，这些都来自于对早期人类的炉膛的考古证据。可用来生火的植物和树木，或任何从自然火灾来的火媒，就是被人利用来控制火的第一资源。

自然发生的火灾是由火山活动、陨石或雷击造成的。许多动物都知道火灾的危害并调整自己的行为，植物也逐渐适应了火的自然发生。因此，人类也逐渐对火有了一定的认识，后来才逐渐发现它的有益用途，没过多久，他们就有了对火的持续不断的需求。生火的第一种和最简单的方法就是使用从森林或草地火灾灰烬或燃烧的木头中获得火种，然后保持火种的持续，一天多次添加更多的木材和植物材料来维持火种。动物脂肪和可燃烧的材料等天然来源被用来保持和维护持续的燃烧。

在学会用火很长一段时间之后，人类才学会如何取火。古代人类主要通过三种方式取火：敲凿取火、擦木取火和点火活塞。摩擦是用于生火最常用的原始的方法。用于摩擦生火的古老技术包括手钻、弓钻头、火犁和泵钻头。另一个古老的技术是火石的使用，其中热火花由一块含铁的矿石触击到打火，如遇到真菌或炭布等火种，经过煽动就可以起火。自旧石器时代这些方法已经被人们所熟知，目前在一些土著人仍然使用。

在敲凿取火之前，人类就已经熟悉了火花，发现火花具有燃起火焰的能力。后来发现敲击石头，尤其是矿石，能够产生火花，于是就开始逐渐学会了用矿石敲凿取火。人们发现黄铁矿石在被敲打的过程中非常容易产生火花，而黄铁矿石也是非常容易获得的一种石头。后来，敲打铁矿石的材料逐渐改进，被新的材料所取代——火石、燧石、石英、玉髓或者其他硅质矿物。这一改进产生了更好的效果，其原因在于，含铁量高的矿石比含铁量低的黄铁矿石能产生更高温度的火花。可见在人类取火的早起历史中，材料比形式或方法要重要得多。

用石英、碧玉、玛瑙或石头等材料撞击铁矿石，就可以产生火花，而单独的火石不会产生火花，这是因为火石只有经过猛烈撞击，释放很小的铁颗粒，它们暴露于氧气中，就可以开始燃烧。所以要产生火花,可以用一个坚硬的石头(如燧石或石英)砸到另一个含铁的矿石(如黄铁矿或白铁矿)上。通过这种方法必须与易燃物接触,黑色燃烧物或丝绒直接接触,这才会产生闷烧的火花。用来装火花的材料被放在燧石或石英以上,随后给石块一个快速的向下运动。这就成为热点,可以产生火花。使用燧石成为前工业社会产生火焰的最常用的方法。19 世纪末的一些旅行者还经常使用这种方法生火,有时候比比弓钻或手钻更容易生火。

在欧洲和亚洲,自从火石与铁在取火材料中被认可之后,就一直被个人和家庭所使用,在许多地方一直到火柴被发明出来还在使用。如今的印第安人仍然在使用两块黄铁矿打火,直到 1827 年火柴在英格兰的诞生,英格兰人还偶尔在使用这种方法。爱斯基摩人、南美洲火地岛人也有使用黄铁矿和燧石的记载。依靠火花取火,必须准备好易燃的材料,所以产生了许多经过人的加工后的火绒,比如晒干的苔藓、菌块、种子或者干燥的木块、朽木等。

三、擦木取火

在缺少铁矿石的地区,就不能用敲凿取火的方式来取火。他们发明了擦木取火的方法,非洲大部分地区就是如此。擦木取火的方法主要有三种——锯木取火、犁木取火和钻木取火,世界各地使用的总是其中的一种。随着技术的进步,擦木取火逐渐被取代,但是在很多地区,人们也会偶尔使用这种方式取火。例如,19 世纪英国人使用的驱邪之火与印度婆罗门教徒用皮带钻取“圣火”。由摩擦产生的火不能媲美火柴,但在这种情况下点火工具已经能够创建了一个火焰。随着摩擦起火精力集中到磨灰尘的软固体可燃材料,点燃粉尘。

这一技术的基本原理就是通过对木块进行摩擦而产生大量的热量,并使同时产生的木屑开始冒烟,经过吹气就会发红发热,让摩擦下来的木屑落在火绒上,就可以获得火源。在这种方法所使用的工具中,有放在地上的木料为火床,以及与之进行摩擦的木料。因形状和使用方式的不同,木料分为“锯”“犁”和“钻”,区分三者的依据为,看其与火床木纹形成何种角度摩擦:垂直于木纹摩擦的叫“锯”,沿着木纹的叫“犁”,以直角深入的为“钻”①。

锯木取火的方法是东南亚及其周边岛屿,以及印度、澳大利亚和早期的欧洲地区所特有的,最典型的方法就是,火床与锯都是用劈开的竹子所制造的。锯的边缘在开在竹子凸面的裂口上摩擦,木屑也正好可以落下到火绒上。在欧洲、西非、印度与印尼和马来西亚等某些地区,人们对火锯进行了改进,发明了带锯——用藤条做成柔软的带型,火床也用木料所代替,使用方法与竹子材料类似。

犁木取火技术很可能起源于东印度群岛,波利尼西亚人正是从这里开始了殖民太平洋的历史,而且这种技术也是波利尼西亚人使用的唯一一种取火技术。此外,在澳大利亚、马来西亚和非洲的一些地区也在使用这种方法。犁木取火最为简单,而且在历史

---

① 查尔斯·辛格等. 技术史(第一卷). 上海科技教育出版社,2004,145 页.

发展中很少发生变化。将犁沿着火床上的凹槽推动，火床的木料要比犁的软一些，由此产生大量高温木屑，堆积在凹槽的一端，进而产生火源。火犁由一根直的木棒，和一根有一个凹槽的长木。将第一块木头迅速地摩擦第二片的槽，以产生热的碎屑，并使氧可自由地流动到碎屑。一旦足够热，可将火煤引入到引火物，随着更多的氧气被吹入，就产生了火。

四、钻木取火

钻木取火几乎遍及世界各地，唯独在波利尼西亚没有发现这种技术。在欧洲，这种方法一直使用到了 19 世纪或者更晚；在亚洲一直沿用至今，澳洲、南北美洲等地也大致相同。古埃及人还在他们的象形文字中记载了这种方法。

钻木取火，是通过摩擦生火的最古老的方法，其特征在于使用薄的拉直木轴或簧片与手纺丝，在凹口内研磨软木基上的防火木板（木板用刻凹槽中捕捉由于摩擦而产生热木纤维）。这种重复旋转和向下的压力，使防火板的切口黑色粉尘形成，最终产生热量产生火花，然后小心地引导到燃料上来生火，这是压在它为一个直接吹在火煤上，直到火种开始燃烧，最终捕捉到火焰。手钻技术的优点是，它不需要绳，这是比较耗时的，以迅速产生和磨损。

弓钻头使用相同的原理，它为手动钻（摩擦由木材的木材旋转）但主轴短，也更宽（与人的拇指的大小有关），并且通过一个弓使它不断地被驱动转动，更容易利用空气流动和保护手掌。凭借精心打造的蝴蝶结钻和足够的练习，即使在潮湿的条件火也可以很容易地制造出来。

该方法为用双手往复旋转垂直握住的圆柱形或者锥形的钻，向下压在固定火床的小孔中，火床的小孔有槽口，以使木屑能够出来，有时还会在孔中添加细砂来增加摩擦效果。相对于敲凿取火和犁木取火，钻的形式是多种多样，除了最普遍的徒手转动外，依据其部件的差异，可以分为三种：皮带钻、弓钻和压钻。皮带钻是用绕在钻头上的简单绳环所旋转的，在绳子的两端还会配有木质的手柄便于操作，取火人来回拉动皮带，钻就会不断改变方向摩擦生热。弓钻与皮带钻原理相同，只是弓弦的两端是固定在一根短木棍的两端。压钻的使用比较少见，主要差别在于，它是将两段绳子分别系在横杆的两头与钻的一端，轻触钻头，让其转动，利用转动的惯性和手的压力，使绳子缠绕在钻头上部随后反向转动，将手对横杆的上下运动转化为钻的旋转运动。压钻的方法效率较低，所以使用范围比较狭窄。钻头转动的动力来自使用围绕木桩的横截面的卷绕的绳，以在坚硬的表面产生摩擦，燃烧材料在弓钻头的下方。

五、点火活塞

最后，值得一提的是点火活塞，虽然这个工具使用得最少，但是它的原理确实对后世影响最深远的，可以将其看作是蒸汽机和内燃机的原型，这也是生火的一个不寻常的方法。它通常是用一种喇叭状的木材或塑料构成，它有一个中空管以及一个密封端，并且正好紧贴空管的活塞，活塞使火种被压缩期间产生热量。引火物被插入到凹陷，并且活塞被迅速推入到管中。使压缩的空气在管内升温，就如同一个柴油机气缸，直到打火点燃并形成余烬。这是考古学家在观察丛林的时候发现的现象。

据记载，这种技术主要出现在缅甸、马来半岛、苏门答腊、爪哇、婆罗洲、菲律宾以及其他的几个岛屿。一直到19世纪的英国和法国，人们还会偶尔使用点火活塞来获得光和火。该技术主要通过压缩密闭容器中的气体而产生热量，从而点燃火绒。这个技术虽然也比较简单，但是并非是偶然产生或者容易观察到的。东南亚人使用的活塞装置是用一个短窄的圆筒制成的，圆筒的一端是封闭的，圆筒的材料一般为竹子、木头、牛角或者铅。再配上一个木制或者角质的活塞。在活塞的下表面有一个凹陷处，放上少量的火绒。将活塞推到圆筒顶端，然后使劲向下迅速按压把手，使得活塞到达圆筒的底部，当拉出活塞的时候，火绒就会被点燃。活塞使用的关键在于活塞要和圆筒密闭，不能有空气漏出。

欧洲的点火活塞最有可能源于一种以压缩空气为目标的精密器械，而且这种器械最初并非用于取火。人们在压缩空气中发现了气温升高的现象，也有可能是从空气的科学知识中推导出来的知识。这个技术在欧洲科学教育领域使用了很长一段时间，最后才被化学取火的方法所取代，即在1827年前后火柴完全取代了这些点火技术。由于点火活塞比单纯的敲凿技术与擦木技术需要更为高级的手工技能，所以这项技术是取火技术中技术含量最高的部分。

六、燃料

人类文明的发展，在很大程度上依赖于其所能获得的燃料。最早使用的燃料是各种木材。木炭也有很长的历史，它最早是木材的副产品。随后开始用油类燃料来取暖与照明，这些油料主要来自海豹、海象或者某些鸟类。某些地区还是用动物的晒干的粪便做燃料，新石器时期的畜牧人发现了这种燃料的价值。

火绒是一种野生“火草”背面的绒棉，人们将新鲜的火草从山上采摘回来后，趁潮将“火草”背面的绒棉撕下来，这种一条条的火绒晒干后，捻成团附捏在一种打火石上，再用铁制的“火镰”轻轻一划，飞溅的火星便能将火绒引燃。火绒也可用艾蒿、棉花等物制得，燃烧至半透熄火，趁干燥微温时装入器具保存。吸烟时，在烟锅里盛装烟丝后，再取一撮火绒敷盖其上，火镰敲击火石迸发出火星，落到干燥的火绒上，就很容易地将烟丝点燃。为保持火绒干燥易燃，人们往往把火绒存放在防潮的容器中密封保存，当时多用硬木制成小罐做容器，名曰“火绒罐”。此外，烧黑的亚麻、朽木与干燥的菌块，经过硝酸钾热溶液浸泡后也可以做火绒，效果更好。

整个西方世界过去主要的燃料是木材、木炭和煤，燃烧木材和木炭的灰烬中含有碳酸钾，是古代至中世纪用碱的主要来源。木炭的使用方法一直以来都用同样的方法制造，即将圆木堆成半圆球的堆，上面盖上泥土，中间留孔，然后点燃木材堆。通过打开或者关闭气孔，使木材以均匀的最少的能量烧成炭，有效地提取了木头的精华，所产生的部分焦木酸和木焦油浓缩后跑到了木堆的下面，用一个水沟来收集它们。木焦油曾经在航海中大量使用。木炭是一种近乎完美的燃料，它在产生高温的时候只产生很少的灰烬，并且没有烟。

希腊人与罗马人已经知道用煤取暖，但是他们仅仅挖出少量露出地面的煤层。中世纪的煤主要用于工业燃料，如染房、酿酒和铁匠。17 世纪之前的照明燃料还包括脂肪、油、树脂和蜂蜡。尽管蜡烛已经非常流行，但是脂烛、草心烛、火把和油灯也都在使用。石油在整个历史时期都已经被人知道，但是它并不是一种常用的燃料。

另一种重要的燃料是硝石(硝酸钾)，这种物质为爆炸和燃烧提供了材料。硝石的发现最早在公元1200 年左右的中国，所以它也被被中世纪的伊斯兰人称为“中国雪”①。在1300 年左右，欧洲人开始在硝石的沉淀物种提取硝石，这些沉淀物来自于干燥的马厩、羊厩以及天花板上。硝石的制造是在大缸中装满硝石泥、木灰和石灰，然后用水逐渐渗透，并煮沸浓缩。但是这种硝石杂质较多，必须再经过一两次新结晶才能用于火药。

硫磺也是一种非常实用的燃料，在 16 世纪之前只有少部分人，炼金术士能够通过蒸馏法来获得硫磺。直到 16 世纪人们才普遍使用蒸馏法来提取生硫磺，并且逐渐开始用于火柴等领域。

小 知 识

中国古代诗歌中的木炭

我国是世界上生产烧制木炭最早的国家之一，在漫长的历史岁月中，木炭起到了极为重要的作用，使我国从农耕文明逐渐走入青铜文明，又进入铁器时代，这中间木炭史不可或缺的，可以说木炭贯穿于整个中国历史，例如，大家熟悉的白居易的《卖炭翁》就是流传千古之文。

卖 炭 翁

白居易

卖炭翁，伐薪烧炭南山中。
满面尘灰烟火色，两鬓苍苍十指黑。
卖炭得钱何所营？身上衣裳口中食。
可怜身上衣正单，心忧炭贱愿天寒。
夜来城外一尺雪，晓驾炭车辗冰辙。
牛困人饥日已高，市南门外泥中歇。
翩翩两骑来是谁？黄衣使者白衫儿。

七、取暖技术

用火取暖。早期人类在学会利用火之后，就开始使用火来取暖。木原料的本身较

① 查尔斯·辛格等. 技术史(第一卷). 上海科技教育出版社，2004，150 页.

为粗糙，在摩擦时，摩擦力较大会产生热量，加之木材本身就是易燃物，所以就会生出火来。这也是人类最早的采暖形式。为了保温，还用毛皮等制成衣服来取暖。

最早的集中供暖火坑。公元前500年，塞浦路斯的地中海岛屿沃尤尼的罗马宫廷已经有了火坑供暖系统。这是一种地下的网状隧道，隧道内流通着来自建筑物周边的大火炉发出的暖空气。沃尤尼的罗马建筑烧毁了以后，这种取暖设施却成为罗马帝国内每一所大型住宅内必不可少的部分。

最早的分户供暖——炕。1520年，在西伯利亚和中国北方，人们睡的是更暖和的"床"——叫做炕。炕是在住宅内用泥坯建造的一个平台，平台内部是通火隧道，隧道口与厨房的烧火灶台相连。当人们生火做饭时，灶台内的热空气会在炕的隧道里流通，加热整个平台。炕的面上铺着芦席和被褥，大雪纷飞的冬天，人们钻进热炕暖被窝里，是一种享受。

炉的出现。1742年，美国人本杰明·富兰克林发明了其著名的铸铁可移动火炉。这种火炉可以放在屋子里任何地方，而不必像传统壁炉那样必须依墙而建。不但如此，这种火炉燃烧木柴非常彻底，降低了人们对于木劈柴的需求。这种火炉设计一直沿用了250多年。

"水暖时代"的来临。1846年，资本主义生产完成了从工场手工业向机器大工业过渡的阶段，西方国家进入了工业革命时代。工业革命使人类的发展进入了一个新的台阶——"水暖时代"。伦敦文具商史密斯(W. H. Smith)利用压力作用和水管管道做成"暖水管"，为他的商店供热。很多人纷纷仿效。但这种方法不是十分保险，暖水管经常爆裂，或使建筑起火。具有讽刺意味的是，当时的火险与生命保险公司的办公室也因暖水管爆裂而多次遭遇"水患"。然而，不管怎样用热水管供暖的方法从那时开始流行开来，而且今天各种供暖系统也一直在使用着。

八、油灯

油灯起源于火的发现和人类照明的需要。据考古资料，早在距今约70万至20万年前，旧石器时代的北京猿人已经开始将火用于生活之中。春秋时期就已经有成型的灯具出现，在史书的记载中，灯具则见于传说中的黄帝时期，《周礼》中亦有专司取火或照明的官职。油灯起源于火的发现和人类照明的需要，在中国古代的春秋时期就已经有成型的灯具出现。灯作为照明的工具，实际上只要有盛燃料的盘形物，加上油和灯芯就能实现最原始的功用。早期的灯为上盘下座，中间以柱相连，虽然形制比较简单，却奠立了中国油灯的基本造型。油灯物质文明的发展反映了人类文明的历史，考古学以人所创造的劳动工具和生活用品作为人类文明历史的一个重要的佐证。在这一历史中，油灯是起源较早、延续和发展时间较长的生活用品之一。

灯作为照明的工具，实际上只要有盛燃料的盘形物，加上油和灯芯就能实现最原始早期的灯，类似陶制的盛食器"豆"。此后经青铜文化的洗礼，由于铸造技术的提高，油灯和其他器物一样，在造型上得到了重要的发展。从春秋至两汉，油灯的高度发展，已经脱离了实用的具体要求，它和其他器物一样，成为特定时代的礼器，"兰膏明烛，华镫错些”，折射了社会政治的规章法度。这一时期的代表器物有河北平山三汲出土的战国银首人形灯和十五枝灯、广州南越王墓出土的西汉龙形灯、河北满城出土的西汉长信宫灯、羊形灯和当户灯、广西梧州大塘出土的西汉羽人灯、江苏邗江甘泉山出土的牛形灯、湖南长沙发现的东汉卧人形吊灯，以及山西襄汾县出土的东汉雁鱼灯。

魏晋南北朝时期，随着青瓷技术的成熟，青瓷灯开始取代了此前的青铜灯。由于青瓷灯造价低廉易于普及，具有一定造型和装饰的油灯开始为民间广为使用。又由于青瓷的技术特点，一种和这种技术相应的造型和装饰也随之出现。这一时期的代表作有南京清凉山吴墓出土的三国青瓷熊灯、浙江瑞安出土的东晋青瓷牛形灯、山西太原出土的北齐瓷灯……此后直至隋末唐初的白瓷蟠龙灯及唐三彩狮子莲花灯，新材质不断运用到油灯的制作中，铜、铁、锡、银、玉、石、木、玻璃等，而且品种繁多。由于唐代经济的高度发达，实用兼装饰或纯装饰性质的灯开始大量出现在宫廷和灯节之中，像灯轮、灯树、灯楼、灯婢、灯笼、走马灯、松脂灯、孔明灯、风灯等。这些新的灯具或灯俗烘托了那个时代的盛世。

宋代的京师“每一瓦陇中皆置莲灯一盏”，“向晚灯烛荧煌，上下映照”，继续着盛世的辉煌。由于陶瓷业的发达，各个窑口都有各具特色的陶瓷油灯。“书灯勿用铜盏，惟瓷质最省油。”始于唐代的省油灯到宋代则广为流行，辽代的“摩羯灯”则表现出少数民族地区的民族特色。到明清之际时青花油灯和粉彩油灯成为新的时髦，明代的“书灯”陪伴了无数的书生，“万古分明看简册，一生照耀付文章”。此后油灯的发展下接外来的洋油灯，直至电灯的出现，一个有着几千年技术文明的历史在20世纪终结。

中国的灯具就使用的燃料而言，分膏灯和烛灯，即后世所言的油灯和烛台；就功用而言，分实用灯（照明用）和礼仪灯（宗教仪式用）；就形式而言，分座灯（台灯、壁灯和台壁两用灯）、行灯和座行两用灯。中国油灯和中国的技术文明以及造型艺术息息相关，反映了科技的进步和审美的时尚。为了消烟除尘，汉代的青铜灯加装了导烟管；为了节省燃料，宋代发明了夹瓷盏（省油灯）；为了防止老鼠偷吃油，元代设计了内藏式灯（气死猫）；为了方便实用，明清时利用力学原理制造了台壁两用灯。在审美的领域，战国时期出现的人物形灯以及汉代出现的动物形灯，把一定的造型引入到灯具的设计中，使之增加了实用性之外的文化内涵，而尺度适宜、结构合理、造型生动、装饰富丽，无不包含了审美的意匠。明清之际的青花、粉彩，把绘画引入到装饰中，又切合了时代的风尚。

和其他事物一样，油灯也有文野之分，有宫廷和民间之别，反映了地位和阶级的不同，那么朴实与繁华也就自然成为它们在审美上的区别。这种相互对照的关系，构成了中国油灯的两大体系，同样具有研究的价值。因此，从审美的角度来看油灯，通常人们所关注的是那些墓葬出土或宫中传世的作品，因为它们造型考究、装饰繁富，一般都反映了主流社会的审美时尚。但是，民间灯具一般比较朴实，造型又有出奇之处，表现了普通大众的审美爱好和功用要求。它们之间具有不可替代的互为补充性。

九、火能的其他利用技术

受控燃烧有很长的历史，出现在荒地管理中。前农业社会用火来调节植物和动物的生命。历史研究已经证明,北美和澳大利亚的土著人会定期点燃野火。烹饪食物可能会使复杂碳水化合物中的淀粉变得更易消化,并让人类吸收更多的食物,从而引起大脑的发展。人类学家认为,有证据表明,烹调用火技术已有25万年的历史了,主要的证据是古老的火炉、土炉、烧过的动物骨骼和燧石在欧洲和中东的出现。人类学家的主流观点就是认为烹饪技术的进步,增加了人脑的大小。

在战争中的用火有着悠久的历史。火是所有早期的热武器的基础。荷马史诗中记载了特洛伊战争,利用躲在特洛伊木马中的希腊士兵,在进入城后使用明火进攻的案例。后来,拜占庭舰队用火攻击希腊的舰艇和军队。在第一次世界大战中,第一个现代火焰喷射器在步兵中开始使用,并成功地安装在第二次世界大战装甲车。在后面的战争中还使用了燃烧弹,这些都获得了轴心国和同盟国的一致好评,在德累斯顿的战役中,有两次大火是故意制造的。中国古代战争中多次记载有火攻技术的利用。

阅读材料

中国古代的供暖技术

中国古代取暖的设施主要有火塘、火墙、壁炉和炉灶等。火塘是最古老的取暖方式。从半坡、姜寨等遗址发掘来看,其原始房屋中设于门口附近的灶炕,是一种炊事与取暖相结合的设施。它既能吸收自室外吹入的氧气以助燃烧,又能阻挡冬季自门口吹入的寒风。

秦宫的"壁炉"和"火墙"。考古工作者们在咸阳宫殿遗址的洗浴池旁边发现有壁炉,似为供取暖用的设备。研究者认为,这应是在当时条件下比较先进的方式。除此之外,其他宫室中目前虽未发现同样设施,但也应与此一样。遗址中发现三座壁炉。壁炉采暖可以克服火盆、火塘取暖的弊病。由此可知该壁炉使用的燃料是木炭,木炭没有较大的火焰,燃烧的时间比较长,可以使室内温度长时间保持稳定。

汉代的"温室"和"椒房"。在西安西北郊阎家村的汉代建筑遗址中,发现了用于取暖的炉灶,位于屋角,以土坯砌成,灶膛呈方形,灶前有灰坑,灶外侧有曲尺形平面矮墙(灶屏),并有专门的排烟道(突)。在汉代,还有一种温室是用于种植蔬菜的。当时有一种韭菜叫温韭,是主要蔬菜之一。司马迁称当时拥有千畦姜韭者,其富与千户侯相当。《盐铁论》称汉代富人食"冬葵温韭",指为不时之物。所谓温韭,即以温室技术培育的韭菜。汉代长安专为宫廷中设有蔬菜温室,"太官园种冬生葱韭菜茹,覆以屋庑,昼夜燃蕴火,待温气乃生"。葵乃秋季所食,冬季能吃到鲜葵,想来也是温室栽培技术所产。上述取暖方式习惯也一直沿袭到了隋唐时期。

唐代贵族的"瑞炭"和"凤炭"。《开元天宝遗事》记载了数则帝王、贵官冬日的取暖方式:"西凉国进炭百条,各长尺余。其炭青色,坚硬如铁,名之曰瑞炭。烧于炉中,无焰而有光。每条可烧十日,其热气逼人而不可近也。""申王(玄宗弟)每至冬月,有风雪苦寒之苦,使宫妓密围于座侧,以御寒气,自呼为'妓围'。""杨国忠家,以炭屑用蜜捏成双凤,至冬月,则燃于炉中,及先以白檀木铺于炉底,余灰不可参杂也。"奢侈以至于此,不知其中有无卖炭翁被抢去的炭?

“温调殿”靠花椒泥保温。在秦汉时,冬天可以调节室内温度的房间已出现,时称“温调房”,这一名词与现代的“空调房”倒颇相似。温调房又称“温室”,当时一般贵族家庭都有这样的房间,皇家当然更不例外。皇家的温调房空间更大更高级,被称为“温调殿”,《三辅黄图》中则称为“温室殿”。椒房殿的墙壁还挂有锦绣壁毯,地上铺着厚厚的西域进贡毛毯,“翡翠火齐,络以美玉”,设火齐屏风,还用大雁羽毛做成幔帐。在这样的房间里生活,冬天自然不会感觉寒冷。古代这些可升温的“温调殿”是利用什么原理提高房间温度的?从考古发现来看,主要是通过火源传递热量,加热空气。早期是“地上升温”模式,后来是“火地取暖”模式。“地上升温”模式是置火源于房间,直接加热空气,比较高级的是设置壁炉。1974年在“咸阳一号建筑”遗址上就曾发现了这种取暖设施。在“地上升温”模式基础上,明清时期开始流行“火地取暖”模式:在室内地面下事先用砖石砌好循环烟道,炭火的热烟流沿着主烟道、支烟道分流到各个烟室、地面,提高整个建筑各个房间的温度。“火地取暖”并不是明清人的发明,早在魏晋时代已出现。在当时的东北地区已有“火炕取暖”的记录,火地取暖原理便取自火炕取暖。从北京故宫到沈阳故宫,明清皇家都在使用。这两处故宫,当年建的烧火坑、烟囱等现在都还能看到。

中国是世界上最早发现煤炭,并利用煤炭生火做饭、取暖的国家。古人称煤炭为“燃石”,传上古炎帝时已使用燃石。晋人王嘉在《拾遗记》(卷四)记载,“及夜,燃石以继日光……昔炎帝始变生食,用此火也”。唐朝皇家还有用“进口煤炭”取暖的记录。五代时期王仁裕有《开元天宝遗事》“瑞炭”条:“西凉国进炭百条,各长尺余,其炭青色坚硬如铁,名之曰瑞炭。烧于炉中,无焰而有光,每条可烧十日,其热气迫人而不可近也。”古代有条件人家多使用人工烧成的木炭取暖,贵族之家用木炭取暖时,还会有许多讲究。唐玄宗李隆基的宰相、宠妃杨玉环的堂兄杨国忠家,冬天取暖用的炭便非同一般,系用蜂蜜将炭屑捏塑成双凤形,烧炉时用精贵的白檀木铺在炉底,一尘不染。

第二节 水能利用技术

水能和风能的利用,属于原动机的一种类型,按照技术史学家的分析,原动机一共包括五种,对应着人类动力技术进步的五个阶段,分别为人类体力的使用、马和骆驼的使用、水能和风能的使用、蒸汽机的使用,以及原子能的利用①。第一个阶段从远古到文明社会初期,第二个阶段为文明开始到罗马帝国后期,第三个阶段始于罗马帝国后期到工业革命中的1850年,这一年蒸汽机产生的能量超过了水磨和风车。第三个阶段的标志是水磨的大规模使用。

---

① 查尔斯·辛格等.技术史(第二卷).上海科技教育出版社,2004,421页.

一、水车的出现

在奴隶制时代，奴隶是最主要的动力来源。虽然家畜已经非常普及，但是它们却一直都没有代替人力的使用。其原因是相应的配套工具的使用使得家畜的能量难以发挥出来，而且忽视家畜的身体结构的差异会产生适得其反的效果。例如，牛只适合拉重物和大车，而马虽然有15倍于人力的能量，但是只能发挥出4倍于人的拉力。所以，一匹马只相当于4个奴隶，而一匹马的食量正好相当于四个人，所以用家畜不一定比雇佣奴隶经济。此外，古代也没有合适的马掌，知道公元8世纪才出现了能卡住马蹄的新型马掌。由于缺少合适的挽具和适当的蹄掌，古代一直把人作为主要的原动力，直到水磨的出现。

水不仅可以直接被人类利用，它还是能量的载体。太阳能驱动地球上水循环，使之持续进行。地表水的流动是重要的一环，在落差大、流量大的地区，水能资源丰富。河流、潮汐、波浪以及涌浪等水运动均可利用。也有部分水能用于灌溉。水的落差在重力作用下形成动能，从河流或水库等高位水源处向低位处引水，利用水的压力或者流速冲击水轮机，使之旋转，从而将水能转化为机械能。

水磨，又可称为水车，是一个使用流动的水作为动力的磨。它使用水轮或水涡轮机以驱动机械运作，如研磨、滚动或锤击。水车可以完成许多产品工艺，包括面粉、木材、造纸、纺织和许多金属制品等工艺。因此，水车可用于锯材厂、造纸厂、纺织厂、锤磨机、轧钢机与拉丝厂等地方。

水车的分类主要是通过转轮的垂直或水平放置的方向，前者为垂直水车通过一个齿轮来带动机械，而后者则配有水平水车。前一种类型可以进一步划分，取决于水击打拨片的位置。另一种分类方式为通过水车的位置来划分，例如：潮水车为在大潮中移动的水车，船舶水车在船上使用。

1. 早期水磨——挪威水磨

水车的最早的证据是公元前3世纪出现在古希腊的波拉考拉轮，最早的书面记录是在希腊工程师菲罗(Philo，公元前280—前220年)的技术论文中。菲罗所描述的水车以及这些拜占庭机械装置此前已被视为从阿拉伯世界传来的机械，实际上可以追溯到公元前3世纪的希腊。此时期的齿轮已充分发展，这种装置的确切证据在公元前2世纪的希腊以及埃及托勒密王朝的壁画中。

水平水磨出现在公元前3世纪上半叶作为希腊殖民地拜占庭，而垂直水磨出现于公元前240托勒密时期的亚历山大。希腊地理学家斯特拉波在他的地理学报告中指出，水动力的谷物磨已经存在于公元前71年之前的小亚细亚宫殿中。同时，在公元元年前后的文学作品中，也是出现水磨①。

水磨的最早形式为挪威水磨，这也是一种动力的转变形式，即从动物的肌肉转变为流水带动的机器，而不是一种新的能源生产水平。只有当罗马工程师将原始水磨转变成维特鲁威水磨的时候，他们才创造了一种原动机，在最初的形态下，它也能产生3马

① 查尔斯·辛格等. 技术史(第二卷). 上海科技教育出版社，2004：423.

力的动力。但是，这种水磨一直没有在地中海流行起来，只有中世纪的西欧才意识到它的重要性，于是才开始普及和发展，使之成为可以获得 40～60 马力的原动机。在同一时期出现了的风车几乎可以提供同样的能源，这两种动力技术一直到 18 世纪末都占据着能源技术的统治地位，并且决定这这一阶段机械的范围、工艺及产品。

这种最原始的水磨是水平式的，其功能主要为碾磨玉米，因为玉米是每个家庭常年不断的食粮，碾磨的工作量非常巨大，所以亟需将其机械化。这种水磨通过固定在石头孔中的轴，连接若干个拨片，利用水对拨片的推动来使得石磨转动。它的效率非常低，而且需要非常急的水流才能运转，所以它只在水少流急的山区才能够满足部分单个农民的需要，远不能满足商业用途，在埃及与西亚等地区没有被发现过。在公元 3—4 世纪，这种水磨传到了中国等地，一直到中世纪还有很多地区在使用，如设得兰群岛、法罗群岛、挪威、罗马尼亚和中亚等地区。

虽然挪威水磨只能提供很少的动力，而且仅能满足单个家庭的少量面粉需求，但是它是水轮机的先驱。据说被称为佩尔顿水轮机的早期水轮机是中世纪的教皇发明的，在 1430 年就已经出现，这种水轮机一直到 18 世纪还在意大利的一些地方被使用。

2. 古罗马的水磨

公元前 20 年到公元 10 年左右，萨洛尼卡的格言作家安提帕特讲述了一个先进的水磨机，他认为在水磨机在碾磨谷物方面节省了很多人类的劳动。公元 70 年左右，罗马的百科全书式学者普林尼在《自然史》中，提到了意大利的水磨。希腊地理学家斯特拉波在他的地理学报告中，指出在公元前 71 年之前，水动力的谷物磨已经在小亚细亚的宫殿中开始使用。

罗马工程师维特鲁威（Vitruvius）完成了水磨的第一个技术说明，这个水磨可追溯至公元前 40 年左右，该装置配备有一个下冲轮，然后能量经由齿轮机传递到上面的磨盘。图 1.1 是一个由维特鲁威描述的罗马式谷物磨的模型，其中可以看到水车和齿齿轮的两个主要组成部分。

图 1.1　罗马水车模型

小知识

维特鲁威

维特鲁威（Vitruvius）是公元前 1 世纪一位罗马工程师的姓氏，他的全名叫马可·维特鲁威（Marcus Vitruvius Pollio）。可能是在奥古斯都统治时期写作。古罗马御用工程师、建筑师，约公元前50年到前26年间在军中服役。维特鲁威出身富有家庭，受过良好的文化和工程技术方面的教育，熟悉希腊语，能直接阅读有关文献。他的学识渊博，通晓建筑、市政、机械和军工等项技术，也钻研过几何学、物理学、天文学、哲学、历史、美学、音乐等方面的知识。他先后为两代统治者恺撒和奥古斯都服务过，任建筑师和工程师，因建筑著作而受到嘉奖。他并未讨论竞技场，也几乎并未论及浴池和混凝土的使用。维特鲁威在总结了当时的建筑经验后写成关于建筑和工程的论著《建筑十书》，共十篇，写于公元前1世纪末叶，并题献给一位皇帝，可能是奥古斯都。内容包括希腊、伊特鲁里亚、罗马早期的建筑创作经验，从一般理论、建筑教育，到城市选址、选择建地段、各种建筑物设计原理、建筑风格、柱式以及建筑施工和机械等。这是世界上遗留至今的第一部完整的建筑学著作，也是现在仅存的罗马技术论著。他最早提出了建筑的三要素"实用、坚固、美观"，并且首次谈到了把人体的自然比例应用到建筑的丈量上，并总结出了人体结构的比例规律。

图1.2很可能是用于粉碎含金的石英的水动力捣碎机，出现于1世纪末2世纪初。这套设备被一个大型工厂所利用，类似的设备也在欧洲其他罗马时期的矿山中被发现，特别是在西班牙和葡萄牙。在公元1世纪的法国南部，因为水磨的复杂性，它已被形容为最伟大的古代机械的代表，已经可以用水车与普通的面粉加工厂的效率进行对比了。水车面粉厂的产能可以达到4.5万吨每年，足以为那个时候有着12 500户居民的小镇提供足够的面包。

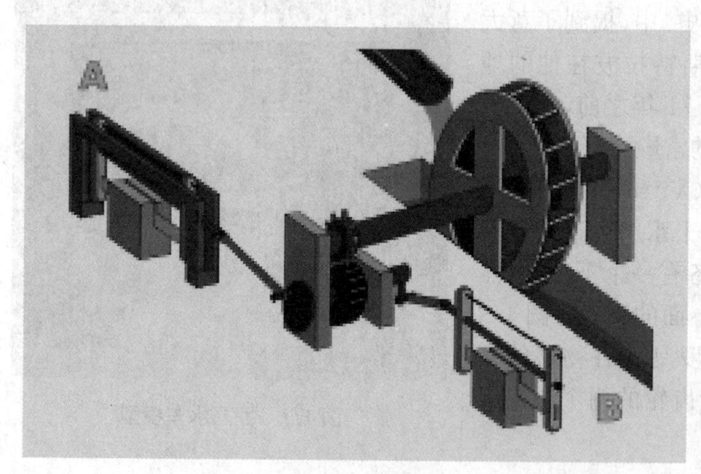

图1.2 水动力捣碎机

出现于3世纪的罗马希拉波利斯锯木厂的水磨，为最早的集成了曲柄连杆装置的水车。考古学家还在6世纪的以弗所发现了水动力锯木厂。水动力的大理石锯最早的考古证据是在4世纪德国的摩泽尔。最早的水轮厂在罗马时期的北非被发现，年代为3世纪末至4世纪初，此外，一个水动力炉在法国马赛被发现。米尔斯磨被普遍用于将谷物研磨成面粉，而且也适用于工业用途的漂洗和切割大理石。罗马人将固定或浮动的水轮引入罗马帝国的其他省份。希腊米尔斯水磨主要为水平轮上配有垂直轮，而罗马的是水平轴上装纵轮。希腊的水磨设计得简单些，只能在高水速和小直径磨石情况下良好运作。罗马的水磨更加复杂，因为它们需要齿轮与一个水平轴将动力传给一个垂直的轮子。

二、中世纪的水车

在1086年左右，仅仅在英国就有5 624个水车，其中只有2%被现代考古调查所发现。后来的研究人员估计，英国当时有6 082个水车，这个数字相对比较保守。其原因是英格兰北部的状况从来没有被正确地记录下来。1300年，这个数字已经上升到10 000～15 000。早在7世纪初，水车就已经在爱尔兰开始建造了，一个世纪之后，水车已经开始从帝国的前疆扩展到德国的非罗马地区。

船舶厂和潮汐磨坊也在6世纪出现了。近年来，一些新的考古发现已经发现了目前为止最早的潮汐水磨，这些就是发现在公元6世纪的爱尔兰海岸小镇沃特福德。一种在公元630年左右使用的双水槽水平轮式的潮汐磨，在另一个小岛屿被发现。

阅读材料

中国古代的水车

中国古代用于排灌的机械种类很多，但可以称为水车的只有三四种，即翻车筒车井车，再加上刮车。水车虽然都是依靠轮轴的转动工作的，但有不同的类型，最主要的是翻车和筒车。翻车和筒车的结构和功能，元王祯《农书》清麟庆《河工器具图说》等文献已经基本上说清楚了。翻车的车身是长形的木槽，里面有行道板，两端比槽板各短一尺，分别安置大齿轮和小齿轮（链轮）。行道板上下通周有用木销子连结起来的龙骨板叶，形成与链轮连接的板链翻车装有小齿轮的一头置于水中，装有大齿轮的另一头靠在岸上，大齿轮连结着的大轴两旁有拐木，人们踩动或摇动拐木，大轴即带动齿轮和板链围绕行道板上下循环运动，把水刮上田岸筒车的车身是一个水轮，轮辐装有受水板，轮周均匀地斜系着挹水筒水轮通过延长的轮轴架于溪流两岸，轮的下部浸入水中，水流冲击受水板不停转动，周围的挹水筒低则舀水于河，高则泻水至田井车王祯农书缺载，以前人们也不大注意它是一个立轮连接着带有一串挹水器的链索；立轮置于井口，链索垂于井水中；人畜通过不同装置推动立轮，立轮带动链索旋转运动，从而使挹水器不断把井水提升到井上。刮车是筒车的衍化形式，也是一个带有挹水筒的水轮，但不是流水激动而是人工转动的。

水车出现以前，桔槔和辘轳一般只能用于范围较小的园圃的灌溉，大田灌溉需要有河渠自流灌溉体系，只有少部分农田能够享受这种利益如果田面（或地面）高于渠面（或河面），即使有水也无法用于灌溉水车尤其是翻车和筒车出现以后，由于它可以把低水提升至高处，而且效率高，适用于大田灌溉，局面因而改观，不但大大增加原有

图 1.3　桔槔

图 1.4　辘轳

图 1.5　《农政全书》中的筒车

图 1.6　高转筒车

农田中可灌溉的部分,而且可以开辟更多可灌溉的农田水车又是防治干旱和洪涝的有力工具。

王祯在其《农书》中说:翻车,今人谓龙骨车也。《魏略》曰,马钧居京都,城内有地可为园,无水以灌之,乃作翻车,令儿童转之,而灌水自覆汉灵帝使毕岚作翻车,设机引水洒南北郊路则翻车之制又始于毕岚矣,今农家用之溉田。这是水车的最早记载,时称翻车,为龙骨车的前身先由东汉末年宦官毕岚创制,用于洒京城洛阳南北马路,后经三国时期发明家马钧改革,效能大为提高,但仅用于菜园灌溉此后这种水车仿佛人间蒸发,数百年悄无声息,直至唐宋才见于文献记载。因为唐以前我国政治经济文化中心在黄河中下游地区,这里气候干旱,降雨稀少,土质疏松,地表水难以存留,适于发展旱作农业,农田灌溉很有限,这样人力水车虽构造巧妙,提水效能较高,但从它一诞生就面临环境制约问题北方的自然地理环境条件使这种水车的推广和普及受到了很多的限制。

唐以后我国经济中心的南移,南方稻作农业迅速发展,水车命运开始发生转折。魏晋南北朝时期,北方战乱不止,北方中原人民和士家大族纷纷南迁,中原先进的生产技术和大量的劳动力也随之进入南方地区,促进了当地的经济开发和生态环境的改善,值得注意的是南方稻作农业发展的需要推动了外来先进生产技术的移植改造和利用,灌溉机械水车可能在这一过程中受到人们的关注和重用,我国南方气候湿润,降水丰沛,河流湖泊众多,稻作农业发达,而晋唐时期南方稻作农业的开发和发展,为水车的运用和推广创造了条件。水车技术一旦与当地的自然环境和水田灌溉结合,便焕发出强大的生命力,并带来巨大的经济效益据史料记载,宋代筒车主要集中在湖南广西四川等丘陵地区,南宋赵蕃激水轮一诗,曾这样描写长沙一带的筒车使用情况:两岸多为激水轮,创由人力用如神山田枯旱湖田涝,惟此丰凶岁岁均。

到了清代,筒车的使用进入全盛时代,几乎遍及我国东南华南西南等各省区的急流大溪处。清代梁九图在紫藤馆杂录卷记载:吾粤及浙江、湖广居民多于两岸巨石相距水湍怒流处,以树石障水为翻车(指筒车)丘陵山地溪流边,架设水轮灌溉,成为清代南方丘陵山地的一大农田景观,对当地稻作农业的发展起到了一定推动作用

明代南方筒车制造技术还被引入西北地区,一种大型水车开始矗立在甘肃兰州的黄河岸边。明嘉靖进士兰州人段续利用他在南方为官的机会,见到当地用竹子制作的筒车,能利用水的冲力,将低处的河流溪水,提往高处灌田,触动很大。他联想到黄河滚滚东去,而兰州段水低岸高,岸边田地受旱却无法灌溉的情景,遂决心仿造水车,造福百姓。段续针对西北地形特色,对筒车做了三点改进:一是兰州不产竹子,利用当地的榆槐柳木取代竹子作为制作水车的材料;二是黄河水深岸高,视河岸高低,做成直径20米或30米左右的巨轮;三是这样的庞然大物增加了水轮重量,需要加大水的冲力才能驱动它旋转,将水提到高处为让庞大沉重的水轮转动起来。段续在水车倒挽河水处,开掘深坑,镶砌硬石,使流水形成较大落差,增强冲击力;同时在水车上游,向河流中心,压一低坝,呈扇形水面,将水逼向岸边,以加大水流量,确保水车转动南方筒车一般架设在江河支流或小溪上,而段续开创了在黄河上架设筒车的

先例。兰州水车是由明代兰州人陆续吸收借鉴南方水车技术基础上创制的,解决了河岸高、水位低难以提灌的困难,使农业大受其益。因此,沿岸农民纷纷效仿,到清代兰州黄河两岸架设的水车已达300多轮,成为黄河兰州段独有的文化风景。清道光年间诗人叶礼赋诗曰"水车旋转自轮回,倒雪翻银九曲。始信青莲诗句巧,黄河之水天上来"。清末兰州山水画家温筱舟的画《汎月》中也有水车的身影。直到1952年,仍有252轮水车立于黄河两岸,之后才逐渐被取代。

(选自:史晓雷,《从古代绘画看我国的水磨技术》,中国国家博物馆馆刊,2011(6):47-56)

第三节 风能利用技术

风能跟水能一样,也是一种常见的能的形式,尤其是在干旱地区比水更常见,但是其稳定性不如水能,所以风能的利用比水能要晚一点,而且一直都没有取代水能的地位。然而,因为风能是非常低廉的能源,所以在不讲究效率的时期非常受欢迎。

一、人类开发利用风能的历史

太阳的辐射造成地球表面受热不均,引起大气层中压力分布不均,从而使空气沿水平方向运动,空气流动所形成的动能称为风能。因此,风能是太阳能的一种转化形式,是一种可再生的自然能源。风能储量非常巨大,理论上仅1%的风能就能满足人类能源需要。风能利用主要是将大气运动时所具有的动能转化为其他形式的能,其具体用途包括风力发电、风帆助航与风车提水等。其中,风力发电是现在利用风能的最重要形式。风车(windmills)也叫风力机,是一种不需燃料、以风作为能源的动力机械。古代的风车,是从船帆发展起来的,它具有6~8副像帆船那样的篷,分布在一根垂直轴的四周,风吹时像走马灯似的绕轴转动,叫走马灯式的风车。这种风车因效率较低,已逐步为具有水平转动轴的木质布篷风车和其他风车取代,如"立式风车""自动旋翼风车"等。在蒸汽机发明以前,风能曾经作为重要的动力,用于船舶航行、提水饮用和灌溉、排水造田、磨面和锯木等。最早的利用方式是"风帆行舟",埃及被认为可能是最先利用风能的国家,约在几千年前,他们的风帆船就在尼罗河上航行。

2 000多年前,中国、巴比伦、波斯等国就已利用古老的风车提水灌溉、碾磨谷物。12世纪以后,风车在欧洲迅速发展,通过风车利用风能提水、供暖、制冷、航运与发电等。我国是最早使用帆船和风车的国家之一,至少在3 000年前的商代就出现了帆船。唐代有"乘风破浪会有时,直挂云帆济沧海"的诗句,可见那时风帆船已广泛用于江河航运。最辉煌的风帆时代是中国的明代,14世纪初叶中国航海家郑和七下西洋,庞大的风帆船队功不可没。明代以后,风车得到了广泛的使用,宋应星的《天工开物》一书中记载有"扬郡以风帆数扇，俟风转车，风息则止"，这是对风车的一个比较完善的描述。当时，我国风帆船的制造已领先于世界。方以智录的《物理小识》记载有"用风帆六幅，车水灌田，淮阳海皆为之"，描述了当时人们已经懂得利用风帆驱动水车灌田的技术。中国沿海沿江地区的风帆船和用风力提水灌溉或制盐的做法，一直延续到 20 世纪 50 年代，仅江苏沿海利用风力提水的设备曾达 20 万台。

中国古代风车具有明显的特点，除卧式轮轴外，风帆为船帆式。帆并非安装于轮轴径向位置，而是安装在轴架周围的八根柱杆上。帆又是偏装，即帆布在杆的一边较窄，在另一边较宽，并用绳索拉紧。如图 1.7，当风作用于 A 时，帆为顺风，帆与风向垂直(受力最大)并被绳拉紧；转到位置 C 时，帆被吹向外，帆面与风向平行；至 E 处再恢复迎风位置。利用绳索的松紧和帆的偏装，它可以利用戗风或逆风，如同在船帆中一样。这种装置方式使帆可以自由随风摆动，而不产生特别的阻力，帆在外周转动的有效风力作用范围，超出 180 度。如在位置 G，开始转入顺风，帆还可以利用部分风力少量作业。这种船帆式风车的特色，为中国所独有。

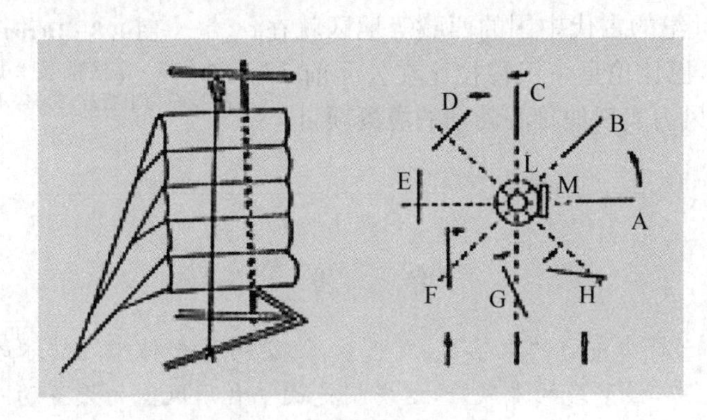

图 1.7　中国的帆与风车

公元 7 世纪在西亚，大概在叙利亚，建造了第一批风车。这个地区经常有强风，几乎总是朝着相同的方向吹，因此就面向风而建造了这些早期的风车。它们看上去不像如今所见到的风车，而是有着竖式轴和横排排列的翼，与旋转木马装置上排列着木马很相似。

12 世纪末在西欧出现了第一批风车。有些人认为，在巴勒斯坦参加了十字军东征的士兵们回家时带回了关于风车的信息。但是，西方风车的设计与叙利亚的风车迥然不同，因而它们可能是独立发明出来的。典型的地中海风车有着圆形石塔和朝向盛行风安装的垂直翼板。它们至今仍用于磨碎谷物。16 世纪，荷兰人利用风车排水、与海争地，在低洼的海滩地上建国立业，逐渐发展成为一个经济发达的国家。今天，荷兰人将风车视为国宝，北欧国家保留的大量荷兰式的大风车，已成为人类文明史的见证。西方风车的不同之处在叶片环绕着垂直面而转动。因为风在欧洲比在西亚较为变化不定，所以风车还另有一个机械装置，以使翼板面对着风来的方向转动。在丹麦圣瑞斯的埃洛岛上，现代风车已经能与发电机相连。

在蒸汽机出现之前，风力机械是动力机械的一大支柱，其后随着煤、石油、天然气的大规模开采和廉价电力的获得，各种曾经被广泛使用的风力机械，由于成本高、效率低、使用不方便等，无法与蒸汽机、内燃机和电动机等相竞争，渐渐被淘汰。近现代以来，风车在如今已很少用于磨碎谷物，但作为发电的一个手段正在获得新生。“装有发电涡轮机的农场”是由驱动发电机的大型风车组构成的。

二、古代风车技术

风车是一个由风力带动的磨，通过叶片称为帆或叶片装置的风的能量转换成旋转能量。以前，风车通常被用来磨谷物或泵水，或两者兼而有之。

亚历山大的希腊工程师希罗在公元1世纪左右发明的风力设备——风力轮，是已知的风动力机械的最早实例(图1.8)。风力轮的另一个早期的例子是经轮，早在4世纪的古代中国的西藏等地区就在使用。还有人称，巴比伦皇帝汉穆拉比在公元前17世纪就计划利用风力实现他雄心勃勃的灌溉项目。

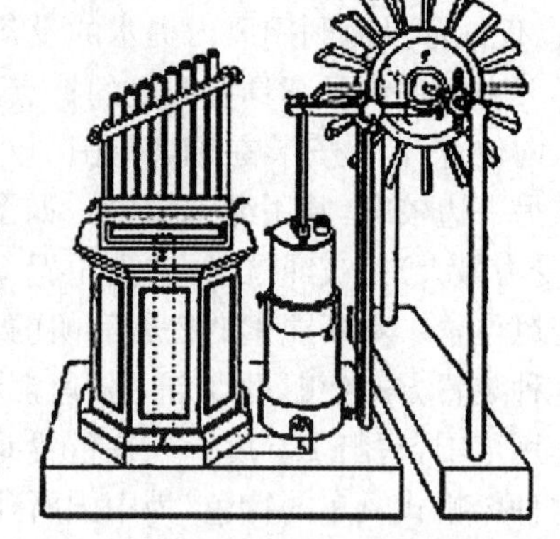

图1.8 Heron的风车

(查尔斯·辛格等.技术史(第2卷).上海科技教育出版社，2004：437)

小知识

希　罗

希罗(Heron)是古希腊的数学家、发明家，他发明了一种叫汽转球的风轮。在他这么多种发明之中，最著名的是风轮，这发明是最早利用风能的设备的一种。一般认为，他也是一位原子论者，他的一些思想乃源自克特西比乌斯(Ctesibius)的著作。他居住于罗马行省，是一名活跃于其家乡亚历山大里亚的工程师，他被认为是古代最伟大的实验家，他的著作于希腊化时期文明(Hellenistic civilization)科学传统方面享负盛名。由于希罗的作品深受巴比伦文化的影响，所以他曾被少数学者认为他是一位带有埃及或腓尼基血统的希腊人。但现代学者却认为他是一位纯希腊人。数学历史学家卡尔·本雅明·博耶(C. B. Boyer)解释，希罗之所以被认为是埃及人或腓尼基人，是因为他的作品带有浓烈的巴比伦色彩。但是，最少自阿历山大大帝时期起至古典古代(Classical World)结束的一段时期，希腊的确与美索不达米亚有许多来往，而且不难看到巴比伦的算术和代数几何学一直对希腊化文明产生重大影响。由于希罗大部分的作品(包括数学、力学、物理和气体力学)都以讲稿的形式出现，所以他被认为曾在缪斯之家教学(包括亚历山大图书馆)。此外，虽然这些学术领域在20世纪之前尚未正式化，但他的发明为模控学的研究资料。希罗发明了许多设备，如汽转球、自动售卖机、注射器、蒸汽风琴等。

1. 横向风车

位于肯特的18世纪欧洲的水平风车，是第一个有帆的实用风车，它绕垂直轴线在水平面旋转。据历史地理学家的记载，这些风车发明于9世纪的波斯东部。但是，历史学家对关于第二任哈里发风车(公元634—644年)的早期故事的真实性提出质疑，因为这些内容出现在10世纪的文献中。这些风车由6～12个用芦苇席子或布料做成的帆，用来碾磨谷物或提水，这些风车与后来的欧洲垂直风车有很大的不同。风车出现于中东和中亚地区，后来蔓延到中国和印度，并在这些地方获得了广泛使用。在中国的辽代，一种类似的水平风车的矩形片状风车已经被发明，并用于灌溉。18世纪和19世纪的水平风车越来越少，在欧洲，主要在伦敦巴特西地区的福勒磨房和肯特的马盖特等地区。这些早期的现代例子似乎并没有受到中东和远东的水平风车直接的影响，而是由工程师在工业革命的影响逐渐独立发明出来的。

2. 垂直风车

这种技术是缺乏考古证据的，历史学家至今还弄不清楚，是否是中东水平风车引发欧洲风车的原始开发。在欧洲西北部，垂直风车被认为是12世纪最后20年在法国北部被发明的，还包括后来的英格兰东部和荷兰的三角形风车。最早的垂直型的欧洲风车建于1185，在约克郡的威德利(Weedley)，这是位于亨伯河河口南端的早期村庄。虽然时间早，但并不过时，12世纪欧洲许多类似的风车也被发现。这些最早的风车都是用来研磨谷物的。

3. 风磨

目前的确切证据是，欧洲最早的风车类型是风磨，之所以这样命名，是因为它的大立柱上的主体结构(可简称“机构”或“降压”)是平衡的。通过这样安装，轧机就能够旋转到面对风的方向。在西北欧，风向是不断变化的，所以风车经济运行的基本要求是可以随着风向的变化而概念朝向。这一时期的风车可以带动几乎所有的粉碎机械，其后风车的支架就被埋上了土堆，以支持它的直立形态。后来，用加工的木条来支撑，称之为栈桥。这样可以支持风车随着风向改变的结构，并可以以保护栈桥不受天气所破坏，而且还提供存储空间。这种类型的风车一直到19世纪还在欧洲使用，然后被更强大的塔式风车取而代之。风磨的中空空间封着轧机，风车在其上安装，内部可以容纳驱动轴。由此，能够驱动下面或外部的机械，同时仍然能够通过转动调整朝向。14世纪的荷兰，一些没有中空柱的风力驱动的铲车轮，还被用来为湿地排水。

4. 塔式风车

塔式风车发明于13世纪末的西班牙，利用砖石搭建塔身，其上承载旋转的风车。塔式风车的传播与发展，来源于人们在经济增长中想获得要大、更稳定的动力来源，但它们的建设是更加昂贵的。与其他类型的风车不同，它需要面向一个主要方向来建设，因此主结构可建得高得多，使帆可以做得更长，这使它们能够在低风速的情况下也可以提供有用的动力。顶部的盖子通过设置在内部的绞盘变成传动装置。同时，通过使用一个小扇尾，自动地保持帆进的朝向，一个小风车安装在风车的后部，是一种直角帆。这些小风车的装置还在英国丹麦和德国的英语地区使用着，但在其他地方是罕见的。地中海周围的一些地方，塔式风车的数量是有限的，因为它要求风的方向在大部分时间内变化不大。

5. 罩式风车

罩式风车在德国的格雷齐尔被发现，罩式风车是塔式风车的改进，其中的砖塔被木

制框架所替换，被称为“罩衫”。罩衫通常是八角形的设计。罩衫其上盖上茅草或由其他材料，如石板、金属板或柏油纸。这就使得罩式风车相对较轻，在排水厂等地方更加实用，因为这些设备往往必须建立在不稳定的低地区域。最早的罩式风车是作为排水机所用的，后来才有了可用于多种目的的罩式风车。当建设这种风车时，往往要建在一个砖石打好的基础之上，以提高它上面的建筑的稳定性。

阅读材料

荷兰的风车

荷兰素有“风车王国”的美称，在荷兰随处可见的一座座古朴而典雅优美的风车，给这个美丽的国度平添了几分姿色。地处欧洲西海岸的荷兰，与大不列颠岛遥遥相望并构成漏斗形尾部的地理特征，大西洋季风从北海长驱直入，荷兰正处在风带要冲，一年四季盛吹西风。同时它濒临大西洋，又是典型的海洋性气候国家，海陆风长年不息。这就给缺乏水力、动力资源的荷兰提供了利用风力的优厚补偿，风车也就应运而生。1229年，荷兰人发明了世界上第一座为人类提供动力的风车，从此开始了人类使用风车的历史。风车首先在荷兰出现主要取决于荷兰独特的地理位置和荷兰人对动力的迫切需求。荷兰这一国名在英语和荷兰语中都是“低洼之地”的意思，很久以前，荷兰是处于原始森林和沼泽树木的覆盖之中。一种生动的形容是：一只松鼠从一个地方“跑”到另一个很远的地方，不是在地面上，而是在树顶上。靠近北海的荷兰，地势低洼，沼泽湖泊众多，很多土地是在海平面6米以下。

今天的阿姆斯特丹国际机场就位于低于北海海平面以下约4米处。因为地势低洼，荷兰总是面对海潮的侵蚀，生存的本能给荷兰人以动力，他们筑坝围堤，向海争地，创造了高达9米的抽水风车，营造生息的家园。16—17世纪，风车对荷兰的经济有着特别重大的意义。当时，荷兰在世界的商业中，占首要地位的各种原料，从各路水道运往风车村内进行加工，其中包括北欧各国和波罗的海沿岸各国的木材，德国的大麻子和亚麻子，印度和东南亚的肉桂和胡椒。在荷兰的大港鹿特丹和阿姆斯特丹的近郊，有很多风车的磨坊、锯木厂和造纸厂。随着荷兰人民围海造陆工程的大规模开展，风车在这项艰巨的工程中发挥了巨大的作用。根据当地的湿润多雨、风向多变的气候特点，荷兰人对风车进行了改革：首先是给风车配上活动的顶篷；为了能四面迎风，又把风车的顶篷安装在滚轮上，这就是典型的荷兰风车。

18世纪，荷兰风车达到了鼎盛时期，全国有1.8万座风车，最大的风车有好几层楼高，风翼长达20米；有的风车由整块大柞木做成。风车除了用来排水灌溉外，还用来磨米发电，荷兰人依靠这些风车变沧海为良田，建设美好家园。一代又一代的荷兰人修筑了坚固的海堤和沟渠，他们采用了风车逐级提水的方法，把倒灌的海水排入大海。然后通过种植不同种类的植物，把大片的盐碱地逐步改造成茂盛的草场和鲜花的种植园。19世纪后，荷兰风车的用途逐渐被蒸汽机和电力所取代。目前，荷兰仅剩970座风车，其中只有210座还在继续使用，余下的均作为历史古迹保留下来供人参观。荷兰人感念风车是他们发展的“功臣”，因而确定每年5月的第二个星期六为“风车日”，这一天全国的风车一齐转动，举国欢庆。

如今的荷兰，已经成为世界上最大的鲜花输出国；人均奶牛拥有量居世界第四，奶酪生产名冠全球。如今的荷兰风车，已经成为荷兰人精神的象征。它默默地矗立着，向每一个到来的人无言地诉说着前人艰苦创业和建设美好家园的动人故事。人们还是更愿意记住从前欧洲流传的这样一句话：“上帝创造了人，荷兰风车创造了陆地。”的确，如果没有这些高高耸立的抽水风车，荷兰无法从大海中取得近乎国土1/3的土地，也就没有后来的奶酪和郁金香的芳香。虽然荷兰已是一个现代化的国家，但是它并未失去它的古老传统，象征荷兰民族文化的风车，仍然忠实地在荷兰的各个角落运转。人们无论从哪个角度观赏荷兰的风景，总是看到地平线上竖立的风车。从正面看，风车呈垂直十字形，即使它休息，看上去也仍是充满动感，仿佛要将地球转动。这种印象给亲临此地的人都留下无法抹去的记忆。风车是荷兰那有着宽广地平线和飘满迷人云朵风景中的佼佼者，风车是荷兰文化的象征与传承。

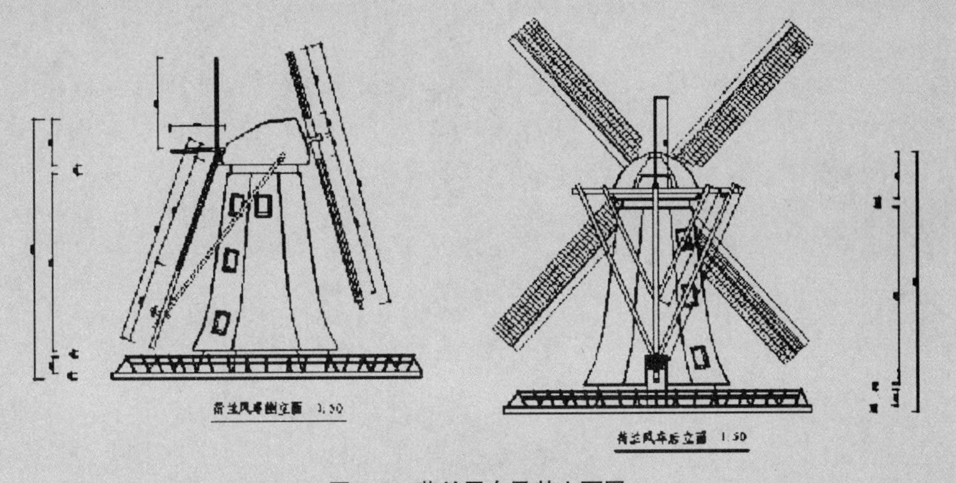

图1.9　荷兰风车及其立面图

（选自：王奉安.走近荷兰风车[J].环境保护与循环经济，58-59）

思考题

1. 人类对自然动力的利用经历了哪些阶段？有哪些共同特征？
2. 思考一下地理环境对自然动力利用的影响。
3. 人类对火的利用是如何发展的。

参考文献与续读书目

[1] 王鸿生.科学技术史[M].中国人民大学出版社，2011.
[2] 查尔斯·辛格等.技术史[M].上海科技教育出版社，2004.
[3] Goudsblom，J. Fire and Civilization [M]. Allen Lane，1992.

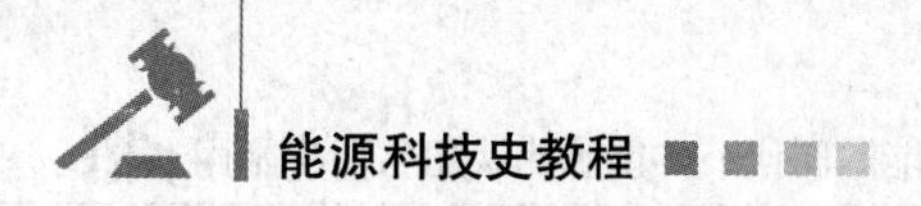

[4] Langdon John. Mills in the Medieval Economy: England, 1300-1540 [M]. Oxford: Oxford University Press, 2004.

[5] Lewis, M. J.. Millstone and Hammer: the Origins of Water Power [M]. University of Hull Press 1997.

[6] Watts Martin. The Archaeology of Mills and Milling [M]. The History Press LTD, 2002.

第二章　化石燃料时代——能源科技的产生（约 15 世纪至约 17 世纪）

随着封建社会经济的发展，人类社会对能量与动力的要求越来越高。古代社会中常用的火能、风能与水能，越来越难以满足社会发展的需求，人类在不停地寻找更加高效的能源。随着文艺复兴的影响，在科学技术领域发生着越来越大的变化，科学家已经逐渐走出神学的影子。他们开始独立思考自然哲学问题，这就使得以近代力学为代表的近代物理学和以燃烧学为代表的近代化学的诞生。近代力学为机械制造提供了理论基础，而近代化学让人类开始重新认识燃烧现象。这两方面都可以看作是能源科学的诞生。同时，人类开始正式将煤炭作为重要的能量来源和燃料，使得人类社会进入了化石燃料时代。以近代科学为基础的，煤炭、蜡烛与火柴技术的利用为标志的近代能源技术也逐渐形成。

第一节　近代物理学与化学的产生

经典力学的建立应该从亚里士多德说起。他对物质世界的解释延续了大约两千年。直到 16 世纪，人们才开始质疑他的观点。伽利略、哥白尼等人否定了亚里士多德的某些错误观点。后来，牛顿集经典力学之大成建立了完整的经典力学理论。

一、近代物理学的建立

亚里士多德的《物理学》一书，是一部关于自然哲学的著作。他在这部书中提出了两条物体的运动原理。第一，他认为物体只有在一个外来的推动者不断作用下，才能保持非自然运动。如果推动者停止作用，那么物体就会立刻停下来。这就是我们后来所说的“力是产生运动的原因”。第二，他认为轻、重两个物体同时降落的话，重的物体比轻的物体下落得快。这两个错误观点流传达 1 500 年之久。他的这些观点在我们今天看来是不正确的。但是，亚里士多德是在以积极的态度去研究自然现象，在技术不发达的古代通过观察与思考得出的这些结论，至少是给后人进一步的研究奠定了基础，提供了研究方向与课题。由于亚里士多德的一些观点与宗教中的某些教义巧合，在中世纪的欧洲被某些人奉为不可更改的神圣教条。出现这种现象连亚里士多德本人都不会

想到。

亚里士多德认为地球是宇宙的中心。天文学家托勒密进一步完善了亚里士多德的地心说,他力求把天文学建立在数学的基础上,增加了描述日、月、行星运动的本轮和均轮的数目。这样一来,按照托勒密体系计算出来的结果和实际观测的结果更加接近。于是地心说广泛传播,在天文学界统治了一千多年。地心说观点与某些宗教的说法"人类处在上帝给予的特殊宝座上"正好巧合,因此被奉为不可动摇的教条。托勒密的行星体系一直流传到16世纪。在这一段时间里天文学家对它进行了许多修正和补充,使得这个行星体系能更加准确地描述行星的运动。然而,一千多年以来人们所追求的宇宙的和谐与完美却被这个复杂的体系打破。英国诗人约翰·唐恩在他的诗歌中抱怨说:"我们曾经遐想,苍穹欣赏自己的球形,匀称的圆形将主宰一切。数百年来的观测,五花八门的复杂运动,却让人们看到,这么多的偏心圆、直线和交点。这些失调的线条,把圆的匀称破坏了,将苍穹撕成了八块、四十块……"①

1. 哥白尼否认地球是宇宙的中心

波兰天文学家哥白尼(Nicolaus Copernicus, 1473—1543年)对旧理论的繁杂极为不满,他认为天体运行的规律应该符合数学的和谐,而托勒密体系太复杂不符合这项原则。他决定,要从根本上修正古代宇宙论的基本假说,即地球不动,恒星、行星都围绕地球转动的假设。哥白尼反驳托勒密理论的主要论点是,托勒密理论中的那些圆周运动的组合都是任意的。尽管组合后的合运动与实验数据相符,但却不是原先假想的匀速运动。哥白尼特别反对托勒密理论中的偏心圆假定,认为这些假定破坏了人们希望的运动的匀速性质。他在《天球运行论》一书中谈了他的想法。"了解到这些不足之处以后,我常常想,能不能找到某种更加合理的组合圆的方法,由它可以把那些显而易见的不均衡现象推导出来,而且在这种圆组合中,全部运动都是围绕一个确定的中心的匀速运动,就像绝对运动法则所要求的一样。"②在列举了古代哲学家关于地球在运动的观点之后,哥白尼说:"受这些看法的启发,我自己也开始考虑地球的运动。虽然我觉得这种看法有点荒谬,但我想,为了解释天体现象,人们可以想象出许多圆,我为什么不能试一次假设地球是运动的,会使我找到更为合理的解释来阐明这些运动。……经过长期的反复的研究,我终于得出了结论,如果把其他漫游天体的运动都归并到地球运动的圆轨道上去,则不仅它们所引起的那些现象可以作为结果推导出来,而且这些天体和整个天空就形成了一个彼此联系在一起的整体。只要在某一部分未发生扰动,其余部分和整体就不会发生任何改变。在这个基础上我阐明了所有行星轨道的位置,同时也阐明了,我认为地球是运动的。"他认识到,如果不是把地球放在宇宙的中心,而把太阳当作地球及其他行星做圆周运动的中心,就会构成一幅简单而和谐的天体运行体系。哥白尼在波兰教堂的一座角塔上建立了简陋的天文台,用自制的仪器进行长期的系统的观测。在他的《天球运行论》一书中记载有日食、月食、火星冲日,春分点的移动等27项观测实例。其中有25项是他自己观测的结果。最终他得出这样的结论:地球不是宇宙

① 李建伟.经典力学的建立及其启示[J].职大学报,2009(2):81-84.
② 同上.

的中心,也不是静止不动的。地球是一颗行星,它在一昼夜之间绕自己的轴线旋转一周,同时也和其他行星一起绕太阳做圆周运动。丹麦天文学家和占星学家第谷·布拉赫用毕生精力系统地观测了行星的运动。1600 年第谷与德国天文学教授开普勒相遇,邀请他作为自己的助手。转年第谷逝世,开普勒接替了他的工作。第谷的大量极为精确的天文观测资料,为开普勒的工作创造了条件,第谷编著经开普勒完成,于 1627 年出版的《鲁道夫天文表》成为当时最精确的天文表。第谷和开普勒一个长于观察,一个长于思考和计算。两人配合默契,相得益彰,在物理学史上被传为佳话。第谷本人不接受任何地动的思想。他认为所有行星都绕太阳运动,而太阳率领众行星绕地球运动。开普勒面对三种行星运动学说:古老的托勒密地心说、哥白尼日心说和第谷提出的第三种学说。开普勒认为通过对第谷的记录做仔细的数学分析可以确定哪个行星运动学说是正确的。但是,经过多年煞费苦心的数学计算,开普勒发现这三种学说与第谷的观察结果都不相符合。

经过反复计算与分析开普勒找到了问题的症结:托勒密、哥白尼、第谷都假定行星轨道是由圆或复合圆组成的。但是,实际上行星轨道不是圆形而是椭圆形。在找到了基本的解决办法后,开普勒进行了精确的计算,以证实他的学说与第谷的观察相符合。他在 1609 年发表的《新天文学》中提出了他的两个行星运动定律。行星运动第一定律认为每个行星都在一个椭圆形的轨道上绕太阳运转,而太阳位于这个椭圆轨道的一个焦点上。行星运动第二定律认为,行星运行离太阳越近则运行就越快,行星的速度以这样的方式变化:行星与太阳之间的连线在等时间内扫过的面积相等。十年后开普勒发表了他的行星运动第三定律:行星距离太阳越远,它的运转周期越长;运转周期的平方与到太阳之间平均距离的立方成正比。

2. 伽利略奠定经典力学的基础

比利时的工程师和力学家斯台文(Simon Stevin, 1548—1620 年)让两个重量相差十倍的铅球从 30 英尺的高处同时下落,他反复测量详细记录了铅球从 30 英尺开始下落到落地所用的时间。在 1586 年出版的一本力学著作中,斯台文详细地记述了这个实验以及由此得出的与亚里士多德相反的结论。他是第一个对"重物比轻物落得快"的观点提出质疑的人。1589 年,意大利物理学家伽利略(Galileo Galilei, 1564—1642 年)首先从逻辑上指出了"重物比轻物落得快"观点的错误。他说,假设有两个物体 A 重于 B,按照这个观点 A 下落得比 B 要快。现在把 A,B 绑在一起下落由于互相牵制下落速度应在两个单独下落时的速度之间。另一方面,绑在一起就形成了一个更重的物体,按照这个观点它又应该比 A 单独下落时还要快。两个互相矛盾的结论都是从同一个观点得出的。因此,这个观点不能自圆其说。伽利略又做了著名的斜面实验,并且进行了定量的计算。通过实验和理论分析,伽利略区分了速度和加速度的概念,总结出落体定律和惯性原理,从而纠正了重物比轻物先落地和力产生速度这两个错误观念。

伽利略在 1638 年发表《关于两门新科学的对话》一书。他的立意是很明确的。"现在我们正在为极其古老的主题建立全新的学科。自然界中再也没有什么东西比运动更为古老。哲学家们写了不少很厚的关于运动的书。但是现在我要阐述的是运动固有的

和值得研究的许多特性。这些特性到目前为止还没有被人注意,或者还没有被证明。”在这篇记录四个人之间谈话的文章中,伽利略这样表述了力学的基础,“人们经常引用某些简单的原理。例如,人们常说下落重物的自然运动不断加速。但到目前为止谁也没有说明加速是如何产生的。据我所知没有人证明过,下落物体在相同的时间间隔内所经过的路程之比是相邻的奇数之比。人们也注意到,抛出的物体或者射出的子弹是沿曲线运动的。然而没有人证明过这条曲线是抛物线。这些原理的正确性,还有许多其他很值得研究的原理的正确性,今后将由我予以证明。这样将打开一条通向科学的更为广阔、更为重要的道路。我们的这些著作将是这门科学的基础。更敏锐的智慧将会解释出它深奥的秘密”。伽利略对力学概念的定义相当严格。例如,匀速运动的定义“如果运动物体在任意相等的时间间隔内,经过的路程相等,我把这种运动称作匀速运动”。这里“任意的”这个词是伽利略补充进去的。用它来表示任意选取的相等的时间间隔。因为有可能在某些特定的时间间隔内,经过的路程相等,而在比这更短一点的时间间隔内,经过的路程不等。在研究非匀速运动时,伽利略把自然加速运动扩展为匀加速运动。他说:“现在我们来讨论加速运动。首先应当对这种自然现象给出相应的确切定义,并予以解释。当然,我们完全可以研究任意一种运动形式,并研究与其相关的现象。然而,我们决定仅仅研究自然界中物体下落时的那些现象,并为类似于自然加速运动的加速运动下一个定义。经过长期考虑之后所找到的这个定义,看来值得我们相信,因为我们的感觉所接受的那些实验结果,完全符合由这个定义所导出的特性。由此我们便得出我们准备采用的定义:匀加速运动是这样一种运动,当脱离静止状态后,在任意相等的时间间隔内速度的增量相等。”①伽利略根据这个定义导出了做匀加速运动的物体所通过的路程与时间的关系。

当时参加对话的四个人中,有一个叫西姆普里丘的人,他对落体运动是否匀加速运动提出怀疑。他说:“如果接受关于匀加速度的上述定义,那么我完全相信,所观察到的现象恰恰应当是这样。但是,在自然界中当重物下落时,实际上存在的加速度是否就是这样,我仍表示怀疑。为了说服我和其他人,最好还是从所做过的实验中,举出几个例子来用以证明物体下落的情况与上述结论相符合。”伽利略的合作者萨里维亚季回答说:“您作为一个真正的学者,提出的要求是完全正当的。特别是对于那些运用数学证明来解释自然规律的学科,这种要求更加合乎情理。这类学科有透视学、天文学、力学、音乐以及其他类似的学科。在这些学科中,人们凭感觉的经验证实了一些原理,这些原理是今后理论发展的基础。但是我不希望您形成一种印象,似乎我们过于细致地讨论了基本的原理。只有在这个原理的基础上我们才能建立起由无数结论构成的大厦。而伽利略在这篇论文中涉及的只是很少一点点。仅仅就他为求知的智慧打开了至今还关闭着的大门这一点来看,他所完成的工作已足够多了。至于实验伽利略并没有忽视它。为了确信自然下落物体的加速运动正是按照前面所描述的方式进行的,我曾多次在伽利略的伙伴中进行过下述实验。”接着他描述了伽利略所做的实验,并以此证明自由落体运动确实是匀加速运动。伽利略测量了下落物体通过的路程和通过该路程所用的时

① 李建伟.经典力学的建立及其启示[J].职大学报,2009(2):81-84.

间。测量数据与匀加速度路程公式计算出来的结果相符。面对这样的事实辛普里丘心悦诚服地说:“如果我当时参加了这些实验,我会感到极大的满足。但是我完全相信你善于进行这些实验并能正确地记录实验结果。我很放心,我承认你的实验结果是正确的和真实的。”亚里士多德认为,石头被抛出后,被石头推开的空气紧贴着石头,并从后面推动它。伽利略假设,在抛出石头时传递给石头一个水平速度。这个速度保持不变。而在竖直方向上作用着一个力,该力迫使物体以固定的加速度落向地面。他认为,被抛物体的运动水平方向的匀速运动和竖直方向的匀加速运动两部分组成的。参加对话的有一个叫萨格列多的人一直保持中立。这时他钦佩地说:“如果运动在横向上保持匀速运动,而自然下落又保持自己的特点,并且这两种运动和速度能够相加,而又互不干扰互不妨碍,那么我不得不承认,这种论断是新颖的、巧妙的和令人信服的。”这样,伽利略以他的实验结果和数学推理赢得了与他同时代物理学家的信服。荷兰物理学家惠更斯进一步推进了伽利略的工作。惠更斯研究了单摆,制造了摆钟,测定了重力加速度的精确数值,并通过对碰撞问题的分析,加深了对物体相互作用的规律的了解,从而为建立作用与反作用定律准备了条件。

3. 牛顿集经典力学之大成

英国物理学家牛顿(Isaac Newton, 1643—1727年)是经典力学的集大成者。1642年伽利略去世,这一年牛顿在这个世界上出生,有点儿像“转世灵童”。牛顿不仅继承了伽利略的事业,而且继承了17世纪科学界几乎所有的知识、观点和方法,并且以自己的发现丰富了这些知识,创立了经典力学的理论体系。物理学界普遍认为,牛顿创立的理论体系决定了其后200年物理学的发展。牛顿总结了伽利略、开普勒等人的工作。1687年他发表了著名的《自然哲学的数学原理》一书。在这篇文章中,牛顿以两个定律的形式概括了伽利略的研究成果,并且补充了第三条定律。同时,牛顿提出了一个假设,他认为所有的物体都遵从一定的规律相互吸引。这个假设就是我们所说的万有引力定律。在这些基本定律的基础上,牛顿运用微积分这一新的数学工具,建立了经典力学的完整体系,统一了天体力学和地面上物体的力学,完成了物理学史上第一次大的综合。

牛顿用他自己推导出来的公式解释了行星的运动。在两千多年的岁月里,天文学家们为解释行星的运动绞尽了脑汁。到了牛顿的时代这个问题变成了应用科学的一个课题。这个课题正好是牛顿运动定律和万有引力定律的用武之地,因为行星的受力情况比地球上物体的受力情况要简单得多。科学界普遍认为,用牛顿的理论解决行星运动问题是17世纪科学研究的最高成就。反过来说,假如牛顿的理论不是明确地提出和解决了行星运动的问题,那就很难说他的理论比别人的理论高明多少。牛顿用他的假设所得出的推论可以解释包罗万象的宇宙体系。无论是行星的运动还是潮汐的涨落都可以用牛顿的推论给予解释。牛顿的宇宙观体系非常详尽,甚至连地轴的进动都给予了圆满的解释。我们知道地轴的旋转非常不明显,其旋转周期为两万年。胡克和惠更斯等人是牛顿同时代的物理学家。他们对物理学的发展也做出了重大的贡献。但是,他们几乎全都承认牛顿在数学和物理学方面的创造才能出类拔萃,远远超过了他的同时代人。难怪波普·亚历山大在为牛顿写的墓志铭中赞叹说:大自然啊,你的规律隐匿于黑夜之中。上帝说："牛顿来吧。"他带来了光明。恩格斯指出："新兴自然科学的第一个时期——在无机界的领域内——是以牛顿告结束的。"①

经典力学建立之后很快应用于生产，并且取得了很大的成就。经典力学是大工业形成时期的科学基础。经典力学的建立对哲学的发展也起到了积极的作用，18 世纪哲学界出现的机械论的自然观就是在经典力学所取得成就的基础上建立起来的。

二、近代化学的产生

近代化学是一门法国的科学，是著名的拉瓦锡（Antoine-Laurent de Lavoisier，1743—1794 年）创立的。拉瓦锡是现代化学的奠基人，拉瓦锡本人并不知道自己的研究所具有的革命性质，他在一本记录新研究工作的笔记本即著名的《实验室记录》一书的第一册的开头就直称："在进行一长串实验之前，我打算制取大量物质，在燃烧时被吸收的气体，利用蒸馏或通过一切方式，利用化合作用从物质中放出的那种弹性流质，为实现我本人所必须实现的计划，我确信应当在这里将这里的一些感想写出来，这项履要任务迫使我做出我认为能给化学和物理学带来变革的实验。"拉瓦锡的革命性学说的传播有赖于他的名著《论化学元素之书》，这部书出版于 200 多年前，这象征着他毕生事业的顶点。在拉瓦锡开始化学研究的时候，亚里士多德的四元素说仍被广为接受，按照后一学说，一切物质都是由四种元索按不周的比例所构成的，这四种元素是水、火、土、气，只要改变比例就可以实现物质的互相转化。罗伯特·波义耳在其 1661 年的著作《怀疑的化学家》中批判了四元素说和由阿拉伯人帕拉塞尔苏斯所提出的三元素说（汞、硫和盐）。

小知识

燃素说的兴衰

燃素说（The Phlogiston Theory）是三百年前的化学家们对燃烧的解释。燃素说认为，可燃的要素是一种气态的物质，存在于一切可燃物质中，这种要素就是燃素（phlogiston）；燃素在燃烧过程中从可燃物中飞散出来，与空气结合，从而发光发热，这就是火；油脂、蜡、木炭等都是极富燃素的物质，所以它们燃烧起来非常猛烈；而石头、木灰、黄金等都不含燃素，所以不能燃烧。物质发生化学变化，也可以归结为物质释放燃素或吸收燃素的过程。例如，煅烧锌或铅，燃素从中逸出，便生成了白色的锌灰和红色的铅灰；而将锌灰和铅灰与木炭一起焙烧时，锌灰和铅灰从木炭中吸收了燃素，金属便又重生了出来。酒精是水和燃素的结合物，酒精燃烧后，便剩下了水；金属溶于酸是燃素被酸夺去的过程。

普利斯特里认为，一切可以燃烧的物体含有硫质的、油性的"油土"，在燃烧过程

① 李建伟. 经典力学的建立及其启示[J]. 职大学报 2009(2)：81-84.

中，它在与其他“土”结合时逃了出来；也就是说，燃烧是一种分解作用，物质燃烧后，留下的灰烬是成分更简单的物质。燃素说认为，燃烧和锻烧的过程牵涉到化合物分解为组成部分的过程，在最简单的情况下，也就是分解为硫质的“油土”和固定的“石土”。理论上，简单的物体不能发生燃烧，因为含有“油土”和另一种土的物质必然是化合物。

18世纪，新的化学概念和燃素学说双方支持者展开激烈辩论。1703年，德国哈雷大学的医学与化学教授格奥尔格·恩斯特·斯塔尔把普利斯特里的“油土”重新命名为“燃素”，并把这个理论发展成更广泛的理论体系，用以说明氧化、呼吸、燃烧、分解等很多化学现象。金属是灰渣与燃素的化合物，加热释放了燃素而剩下灰渣。总的说来，燃素为一切可燃物体的根本要素，油、脂、木、炭及其他燃料含有特别多的燃素。当这些物体燃烧时，燃素便释出，或则进入大气中，或则进入一个可以与它化合的物质中如灰渣，从而形成金属。到1740年，燃素理论在法国被普遍接受；十年以后，这种观点成为化学的公认理论。但燃素学说有很多漏洞，所以遭到一些质疑，在1756年罗蒙诺索夫用实验证明燃素学是错的。但人们到十九世纪后期还多半相信燃素说，到1890年左右罗蒙诺索夫的试验和观点才得到承认，燃素说从此灭亡。

17世纪末和18世纪初，格奥格-恩斯特·斯塔耳首先对化学进行了系统地整理，他从他的老师约翰·乔奇姆·贝歇尔那里发展出了燃素说，他曾提出关于可燃性元素“多脂的地球”的概念。与四元素说和三元素说不同，燃素说不仅解释了化合生成，还解释了化学的反应和过程，这个学说在《论化学元素》一书所包括的思想被接受之前一直占统抬地位。所有可燃物都被认为含有某种假想的燃素原质，这个词源自亚里士多德关于火素的术语。在理论上，燃烧时燃素以火、火焰，有时是光的形式释放出来，同样的概念也适用于金属焙烧的过程。

1772年11月1日拉瓦锡将一件加印封的备忘录提交给科学院，其中描述了他关于燃烧问题的一些原始实验，这就朝着他的“化学革命”跨出了第一步。在备忘录中他写道：“燃烧硫和磷时并没有因燃烧而减少重量，而是吸收了附近空气而增加了重量”；反之，在用木炭从黄丹(PbO)中提取铅时，并未因燃素的增加而增大重量，而是由于损耗了空气，减少了重量，他并没有说明这类“空气”的确切性质是什么。只有在约瑟夫·普利斯特里发现了“不带燃素的空气”之后，拉瓦锡才认识到在燃烧和烙烧时只用光了部分普通空气，普利斯特里新近发现的那种空气就是被吸收的为维持生命所不可缺少的那种空气，剩下的是生命所不需要的的空气，拉瓦锡随后得出如下结论：空气是两种不同的物体的混合物，一种是维持燃烧和呼吸的，另种则相反。以后他又将这部分活泼的空气叫做“宝贵的可供呼吸的空气”，然后他证明：“不变的空气”(CO_2)是一种炭和这种空气的合成物。

拉瓦锡还在一系列的论文中阐明了在磷酸(H_3PO_4)硫酸(H_2SO_4)和硝酸(HNO_3)中都含有“宝贵的可供呼吸的空气，这种空气与非金属化合后便形成了酸。”因此，他根据“酸”和“发生”两词的希腊语说法将这种空气重新命名为“原酸”或“原氧”，这个名子

甚至保持到1810年以后，直到汉弗莱·戴维爵士证明了是氢而不是氧才是酸的主要成分的时候。1782—1783年的冬季期间，拉瓦锡和数学家拉普拉斯共同发明了第一只冰量热计，他们用这只量热计测量了各种化学和生理反应所产生的热量，于是建立了热化学和生理化学学科。这项研究使他们断定呼吸作用是一种燃烧过程。拉瓦锡立即转而抨击燃素说，这些研究使他们断定燃烧和焙烧过程是与氧的化合作用，而不是分解作用。

1783年，英格兰人亨利·卡文迪什(Henry Cavendish，1731—1810年)通过在普通空气中和在"无燃素空气"中燃烧"氢气"而得到了水，但他却假定水作为两种"空气"的成分本来就存在着。拉瓦锡定量地重做了卡文迪什的实验，然后在1783年11月12日向科学院作了历史性的报告：以前被认为是四元素之一的水是由"无燃素空气"和易燃的原水所合成的。这项实验就导致了将酒精和一些别的有机化合物在氧中燃烧的种种实验，这意味着定量有机分析的开端。

拉瓦锡反燃素说的新的燃烧学说慢慢地得到了拥护。1782年初，路易·莫尔维、克劳德·伯叟莱、安东·福克雷等人和拉瓦锡合作以这种新化学为基础制定一个新命名系统，就是1787年出版的《化学命名法》一书。这部力作暂时记录了将尚未能分解的55种物质作为元素。这一命名系统标志着与过去的完全决裂，例如，三氯化锑、焦油和氨水等物质都用与其化学成分相吻合的新名代替了旧俗名。经过一些调整，新名称便构成了现代命名法的基础。

根据《化学命名法》一书编写而成的《论化学元素》一书于1789年3月出版。这不是一本一般的参考书，也不是一本学术专著，而是一本总结了拉瓦锡及其同事的发现并提出了新化学的开山之作。在前言中，拉瓦锡陈述了他如何治学的教育思想、新命名法和他对实验的信赖："我们务必只依靠事实，这是自然界提示于我们的，是不能弄错的。在所有的情况下，我们都应使理论服从于实验的检验，决不能离开实验和观察这条天然的途径去寻求真理。"他拒绝了亚里士多德的四元素说和帕拉塞尔苏斯的三元素说，承认自己的元素表具有临时的性质，他将这些元素称为"简单物质"："我们只能说这种物质达到了化学分析的实际限制，而且在我们知识的状况下不能再分析了。"①

《论化学元素》一书的第一版发表了两册，按照顺序而分为三卷。用拉瓦锡本人的话来说："第一卷我很少应用的一些实验，但这些实验却是我亲手做过的。第二卷中性盐命名的主要表格，我在这些表中仅补充了一般性的说明，目的是指出制取已知的各种酸的最简单方法。这一卷只包含我本人能命名的那些盐，而且只描述从不向作者的著作中引用的制取方法的极简要的结果。第三卷详细说明与现代化学有关的一切工作，这一卷不可能参考任何别的著作，因此本卷所包含的主要内容不可能求助于别处，只能依靠我亲手所做的实验。"

拉瓦锡在该书第十三章公布一项到那时为止尚未发表过的定量实验，以最明确的方式陈述了化学反应中的物质不灭定律："在实验室工作中，或在自然界的种种反应中都没有创造什么物质，所以可作为一种原则而断言：在一切反应中，反应前后物质的量

① 郑长龙.化学科学实验的兴起和化学实验方法论的建立[J].长春师范学院学报，1999(2)：48-51.

相等；这一原则在质和量两方面都是适用的，仅有变化和调整。做化学实验的全部技术，皆以此原则为基础，所以我们必须认为试验一种物质和通过分解提取这种物质时所依据的法则必定是真正等同或相等的。”①

实际上，物质既不能创造也不能消灭的思想源于古希腊的原子论者，以后又被十八世纪的科学家所共同采用。但是，拉瓦锡是将这种思想具体应用于化学反应的第一人。化学史家约翰·帕廷顿也认为，这是在化学方程式的含意上首次使用等式这个词，而具有讽刺的是拉瓦锡的数据中包含有相当大的误差，可是这些误差基本上能互相抵消，从而得到近乎相等的结果。最短的第二卷包含一份简单物质表，一份《化学命名法》的修订说明和第一份现代化学元素表。第三卷几乎占全书的一半，广泛涉及了各种技术和仪器。总之，《论化学元素》是一部真正的现代论著，用道格拉斯·麦凯的话说：“拉瓦锡对化学的贡献正如前一世纪牛顿的《原理》一书对力学的贡献。”在拉瓦锡等人的努力中，近代化学终于产生。这也代表了能源科学的正式出现。

阅读材料

天才化学家——拉瓦锡

安托万·拉瓦锡出生在法国巴黎一个律师家庭，在5岁时因母亲过世而继承了一大笔财产。他在1754年到1761年间于马萨林学院学习。家人想要他成为一名律师，但是他本人却对自然科学更感兴趣。1761年他进入巴黎大学法学院学习，获得律师资格。课余时间他继续学习自然科学，从鲁埃尔那里接受了系统的化学教育和对燃素说的怀疑。1764—1767年他作为地理学家盖塔的助手，进行采集法国矿产、绘制第一份法国地图的工作。在考察矿产过程中，他研究了生石膏与熟石膏之间的转变，同年参加法国科学院关于城市照明问题的征文活动获奖。1767年他和盖塔共同组织了对阿尔萨斯-洛林地区的矿产考察1768年，年仅25岁的拉瓦锡成为法兰西科学院院士。1771年拉瓦锡与同事的女儿，13岁玛丽-安娜·皮埃尔莱特结婚。皮埃尔莱特通晓多种语言，多才多艺，她替拉瓦锡翻译英文文献，并为他的书籍绘制插图并保存拉瓦锡实验记录，协助丈夫进行科学研究。

1772年秋天开始拉瓦锡对硫、锡和铅在空气中燃烧的现象进行研究。为了确定空气是否参加反应，他设计了著名的钟罩实验。拉瓦锡用实验证明了化学反应中的质量守恒定律。拉瓦锡的氧化学说彻底推翻了燃素说，使化学开始蓬勃地发展起来。1787年之后拉瓦锡社会职务渐重，用于科学研究时间较少。主要进行化学命名法改革，自己研究成果的总结和新理论的传播工作。他先与克劳德·贝托莱等人合作，设计了一套简洁的化学命名法。基于氧化说和质量守恒定律，1789年拉瓦锡发表了《化学基本论述》这部集他的观点之大成的教科书，在这部书里拉瓦锡定义了元素的概念，并对当时常见的化学物质进行了分类，总结出三十三种元素（尽管一些实

① 郑长龙．化学科学实验的兴起和化学实验方法论的建立[J]．长春师范学院学报，1999(2)：48-51.

际上是化合物)和常见化合物,使得当时零碎的化学知识逐渐清晰化。这部书也因此与波义耳的《怀疑的化学家》一样,被列入化学史上划时代的作品。到1795年左右,欧洲大陆已经基本全部接受拉瓦锡的理论。

由于拉瓦锡的很强的工作能力,他参与了很多任务并负责起草报告。其中影响很大是统一法国的度量衡。1790年法兰西科学院组织委员会负责制定新度量衡系统,人员有拉瓦锡、孔多塞、拉格朗日和蒙日等。1791年拉瓦锡起草了报告,主张采取地球极点到赤道的距离的一千万分之一为标准(约等于1米)建立米制系统。接着,科学院指定拉瓦锡负责质量标准的制定。经过测定,拉瓦锡提出质量标准采用千克,定密度最大时的一立方分米水的质量为一千克。这种系统尽管当时受到了很大阻力,但是今天已经被世界通用。拉瓦锡还曾在政界被推选为众议院议员。对此,他曾感到负担过重,曾多次想退出社会活动,回到研究室做一个化学家,然而这个愿望一直未能实现。当时,法国的国情日趋紧张,举国上下有如旋风般混乱,处于随时都可能爆发危机的时刻。对于像拉瓦锡这样大有作为和精明达识的科学家的才能也处于严重考验的时刻。到了1789年7月,革命的战火终于燃烧起来,整个法国迅速卷入到动乱的旋涡之中。

这时,拉瓦锡作为最后的手段是通过教育委员会向国民发出呼吁。他指出,作为教育界的许多元老,曾经为法国的学术繁荣而贡献了毕生精力,然而他们的研究机关被剥夺,衣食的来源被切断,宝贵的晚年受到了贫困的威胁,学术处于毁灭的边缘,法国的荣誉被玷污了。这样,如果学术一旦遭到毁灭,恐怕就是再经过半个世纪也难以再得到恢复了。他虽然这样提出了警告,结果是仍然无效。

1769年,在拉瓦锡成为法国科学院名誉院士的同时,他当上了一名包税官,在向包税局投资五十万法郎后,承包了食盐和烟草的征税大权,并先后兼任皇家火药监督及财政委员。1793年11月28日,包税组织的28名成员全部被捕入狱,拉瓦锡就是其中的一个。学术界震动了。各学会纷纷向国会提出了赦免拉瓦锡和准予他复职的请求,但是,已经为激进党所控制的国会,对这些请求不仅无动于衷,反而更加严厉了。1794年5月7日开庭审判,结果是把28名包税组织的成员全部处以死刑,并预定在24小时内执行。拉瓦锡的生命已经危在旦夕。人们虽然在尽力地挽救,请求赦免,但是遭到了革命法庭副长官考费那尔(J. B. Coffinhal)的拒绝,全部予以驳回。他还宣称,"共和国不需要学者,而只需要为国家而采取的正义行动!"第二天,1794年5月8日的早晨,就在波拉斯·德·拉·勒沃西奥执行了28个人的死刑。拉瓦锡是第四个登上断头台的。他泰然受刑而死……著名的法籍意大利数学家拉格朗日痛心地说:"他们可以一眨眼就把他的头砍下来,但他那样的头脑一百年也再长不出一个来了。"

拉瓦锡出身名门,他继承了父母和姨母的巨额遗产,即使不靠征税承包业的收入,也完全可以过上富庶的生活。仅为追求更多金钱使名誉受到玷污,甚至赔上性命,令人惋惜。然而,瑕不掩瑜,他的一生仍是充满着光辉的一生。

第二节　煤炭的早期利用技术

煤炭的大规模开采和利用，标志着化石燃料时代的正式开始。在历史记载中，中国是最早使用煤炭作为燃料的民族，然而煤炭正式作为工业中的重要燃料，还是在近代的欧洲。随着资本主义的快速发展，对动力燃料的要求越来越高，煤炭逐渐取代了自然燃料，成为最主要的能量来源。

一、煤炭与化石燃料时代的来临

能源结构的变迁历史上，伴随着新的化石资源的发现和大规模开采与应用，世界的能源消费结构经历了数次变革。18 世纪的以煤炭替代柴薪，到 19 世纪中叶煤炭已经逐渐占主导地位。20 世纪 20 年代，随着石油资源的发现与石油工业的发展，世界能源结构发生了第二次转变，即从煤炭转向石油与天然气，到 20 世纪 60 年代，石油与天然气已逐渐称为主导能源，动摇了煤炭的主宰地位。但是，20 世纪 70 年代以来两次石油危机的爆发，开始动摇了石油在能源中的支配地位。与此同时，大部分化学能源的储量日益减少，并伴随着许多环境污染问题。而人类对能源的需求却在与日俱增。全球电力消耗逐年增加。根据统计，人口若每 30 年增加一倍，电力的需求量每八年就要增加一倍。于是，20 世纪末，能源结构开始经历第三次转变，即从以石油为中心的能源系统开始向以煤、核能和其他再生能源等多元化的能源结构转变。特别是随着时间的推移，核能的比例将不断增长，并将逐步替代石油和天然气而成为主要的大规模能源之一。

人类利用能源是以薪柴、风力、水力和太阳能等可再生能源开始，后来才发现了煤炭和石油。中国大约在春秋末(公元前 500 年)开始利用煤炭作燃料，但是直到 13 世纪英国开采煤矿，才把煤炭推上了能源的主角地位。18 世纪瓦特发明高效蒸汽机，英国进行产业革命，大量的动力机械逐渐替代了手工业生产方式，交通运输业也迅速发展，使世界能源结构起了重大变革。煤炭能源时期以煤为主要能源，它是利用它燃烧反应所释放的热能。18 世纪 60 年从英国开始的产业革命，使能源结构发生第一次革命性变化从生物质能转向了矿物能源，即由木炭转向了煤炭。至今煤炭仍是人类最重要的能源之一。煤炭是不可再生能源；分布广、储量大，开发和利用难度不大，发热量和燃烧效率不高，输送和使用不方便，灰渣、粉尘多，易污染环境。

12 世纪末开始，煤开始进入人们的社会生活，尤其是在英格兰和苏格兰，煤在海岸地区碳系地层暴露的地方被发现并引起人们注意力。基于这种情况，煤的原始名称可能是“海煤”。诺森伯兰海滨和福思湾海岸的条件特别适于早期煤的开采。它们的煤层暴露于地表，很容易获取并且运输至市场，历史记录表明这些地区是煤炭贸易的发源地。从这时起，煤已经进入人们日常生活中并成为一种商品。13 世纪开始，煤的开采和使用多了起来。爱德华一世统治结束以前，煤的开采已经成为国家的普遍活动。14 世纪北方的煤田开始进入开发阶段，尤其是泰恩河沿岸，这里有进行煤炭贸易的有利

条件。

这一时期的采煤技术还处于起步阶段，一般是矿坑或平坑，这种设计简单且有效，采用自由排水的方式是这个时代的开采特色。立井上方有一个人力操作的小绞车或类似于起重机的机械，用于从采掘面排水，这两者结合起来产生一种自然通风，对于早期这些有限且狭窄的采掘面是有效的。直到14世纪末期为止，虽然煤炭贸易已经相当的活跃，但是采煤业仍然只是一个规模有限，技术、管理简单的原始工业，它的发展有待于需求的进一步刺激。

二、煤炭的早期利用技术

煤炭开采技术包括生产技术和安全技术。开采技术主要包括生产煤炭的几个关键环节展开，从开采方式、运输以及提升，筛选等工艺的发展历程入手，认识近代英国煤炭生产技术的发展过程，以期对煤炭工业和英国工业化进程有一个更加具体深入的理解。

煤炭生产工业有时候通俗地被称为采煤业，采煤业是采矿工业的一个重要组成部分。在采矿工业中，开采部门是技术的中心在开采部门中，开采方法是生产的心脏。我们知道，采矿工业与其他工业不同，一般的工业是利用原料制成产品，而采矿工业是开采天然生成的矿产原料。煤呈层状矿床分布，埋藏比较规整，因此在开采煤矿的过程中需要遵循一定的方法，按照开采方式的不同，一般开采方法有房柱式和长壁式。有关英国煤炭开采方式的演变我们会在下文具体讲到。在煤炭开采之后，采煤活动中另一个重要程序就是采用工具将煤炭从煤井中运出去，这一过程在采煤业中被称为煤炭地下运输。煤炭地下运输工作是一项艰辛的工作，矿工们需要在漆黑的环境中将煤从采掘面运送到主道路，再经由提升工具运出矿井。因此，运输和提升是煤炭生产的关键环节，这两方面的技术进步也经历了漫长的过程。从原始手工、完全的人力劳动向机械化过渡。其中还涉及运输以及提升工具的变化，这构成了煤炭生产的两个重要的技术环节。当煤炭被开采并经由地下运输及提升送出矿井之后，随着煤炭贸易的发展，出现了两个新的环节——筛选和洗煤，它们出现的时期不同，这两项工作是在煤炭贸易及竞争的刺激下产生的，它们也是煤炭生产的技术要素。在经历了以上生产环节之后，煤被运往各地，进入工厂和家庭中。

从技术上讲，要开采深埋于地下的煤炭需要具备一定的安全技术。主要包括煤矿通风、排水、照明。在地面我们可以自由地呼吸，不需要任何设施，花任何代价，而对于地下生产的矿井却必须进行通风。通风的目的主要有三个。第一，供给井下工作人员适量的新鲜空气。第二，稀释并排除有害气体与粉尘。在采掘过程中，对煤层或岩层进行爆炸作业时，会产生大量的有害气体（瓦斯），诸如二氧化碳、一氧化碳、二氧化氮和二氧化硫等。这些气体有的能爆炸，有的有毒，有的虽然无毒，但当空气中其浓度较高时，会使空气中的氧气浓度相对减少，氧气浓度过低时能使人窒息。此外，在开采过程中还会产生大量的粉尘，其中煤尘能爆炸，岩尘和煤尘能使人得尘肺病。为了防止有害气体及粉尘危害矿工们的安全和健康，必须对井下进行通风。第三，通风为井下创造了良好的气候条件。井下比较潮湿，空气温度比较高，工作人员长期处于这种环境，既对身体健康不利，又降低劳动效率。矿井通风就可以为井下制造一个较为舒适的气候条件。

除了通风之外，矿工们在开采过程中遇到的另一个重大难题就是地下水的出现。随着矿井的加深，矿井中汇集的大量积水给开采活动造成极大不便。此外，在开采深入的情况下，有些煤矿开采活动深入水层以下，大量地下水成为煤炭安全生产的一大难题，矿井排水技术应运而生。排水技术是采煤过程中安全的技术要素之一，英国煤矿排水技术也经历了一个漫长的发展过程，针对不同时期的问题，从原始自然排水向机械化排水发展。煤炭安全生产的第三个技术要素就是地下煤井的照明技术。在漆黑的地球内脏中，为了展开生产活动，照明是必不可少的。在电力被安全地运用于矿井之前，由于地下气体的复杂性，照明方式成为影响矿井安全生产的关键环节。为了实现安全、可靠的地下照明，英国的工程师以及煤矿工人们进行了反复试验和探索。照明技术也是影响英国煤炭生产的技术要素之一。

三、煤炭生产技术的进步

开采方法是一种综合性的技术，这种技术不但包括全矿坑道的系统布置和采煤的工艺过程，而且与运输、通风、排水、机械、动力、安全以及组织管理等技术有密切的联系。

大约从太古时代起，英格兰北部就已经采用了一种被称为“房柱式”的方法。采用这种方式开采出一部分煤层，留下剩余的部分支撑地层，将煤层开采成宽约一码的“煤房”，煤房之间的柱子矿柱用于支援顶部地层最后被留在地下。由于开采水平或技术的落后，通常有一半煤为了支撑地层永久地丧失了。斯塔福德及其他一些城市使用了一种完全不同的开采方法，从矿井沿着地层或矿脉向前掘进，一般是完全开采里面的煤，这种开采方式有时被命名为“斯塔福德方式”，它的另一个更广为人知的名称是“长壁式”。在房柱式和长壁式之间还有一些中间方式，它们是在因特殊的地理环境下产生的，多数是以上两种开采方式联合或融合的结果。东北地区的煤矿场大多数使用房柱式，它经常被称为“纽卡斯尔方式”最初大多数煤矿场的开采方式几乎都是房柱式的，但是渐渐向着长壁式方法转变。

除了开采方式外，煤炭生产中另一个明显的进步就是开凿工具的演进。整个十八世纪和十九世纪中期煤炭的开凿都是手工劳动。虽然房柱式和长壁式开采方式之间有很大区别，但是两个工作过程中煤炭都是由凿子和楔形物或是铁锹等工具从采掘面取下来的。为了提高煤炭生产效率，矿主们要求矿工的开凿工作能尽量挖掘有效煤炭，要求矿工们使用的开凿方式尽可能多的生产大块煤炭而尽量避免出现大量的废煤。随着煤炭生产规模的扩大和工业化的发展，这个环节有一些新的技术出现，主要表现在煤炭切割过程中火药的使用和机械化切割的尝试。

19 世纪初切割的基本方式有一些变化。这一工程的艰辛及其劳动的困难性刺激人们对机械的向往。火药已经用于凿井和开发水平巷，虽然它是一种很有效的方法，但是在使用过程中会有明显的危险，现实利益中，采用它产生的末煤也很多。

随着矿场深度的增加和产量的增大，18 世纪地下运输煤炭的工作日趋复杂化。18

世纪和 19 世纪初,地下运输成为煤炭生产的一大难题,它成为煤炭生产成本中的一个重要环节。地下运输一般是指在采掘面填装煤炭,然后用一个运输工具或拖拽方式在粗糙的地下通道上穿过一定距离到达井底。这个时期,地下运输工作的进步主要体现在运输工具和运输方式两个方面。18 世纪之初煤炭的运输工具是"煤篮""煤箱"或木制箱子,有时叫做"木板筐"或货舱,它们被普遍用于地下煤炭运输,偶尔也使用手推车。18 世纪中期地下运输工具有所改革。到 19 世纪初,虽然有的矿场仍可见到柳条筐,但是他们不断地被木制箱子所替代。大型的矿场中,手工劳动根本达不到所需要的工作效率,因而发明了地下运输工具如装有车轮的小推车或四轮马车。到 1830 年地下运输工具基本上告别了煤筐时代,使用由人力或马匹带动的雪橇或带轮马车。在运输方式上,18 世纪期间效法地面马车道,在矿场使用地下轨道。首先得到应用的是木制地下轨道。据巴德尔记载,第一次使用地下木制轨道的时间是 1778 年。也有记载讲到汉弗莱在麦克沃思的尼思煤矿上,已经于 1698 年安装了地下马车道。

煤炭运输方式的革命性进步是铁轨的应用。到 1767 年,除了使用小铁片加固轨道连接处外,英国所有的铁路几乎都是木制的,但这种轨道容易退化,铁的广泛应用推动了人们对铁轨道的试验。铁轨道被铺在木制轨道之上,人们发现这种铁轨具有很大的优势,因此开始以相同方式对所有轨道进行改造,到 18 世纪末铁路的建设已经具有相当的规模。

与此相较,从 18 世纪末到 19 世纪初期,地下运输方式发生显著进步。伴随着蒸汽机的广泛使用,结合环境的变化,使得铁路上利用蒸汽机拖运煤车成为一种令人向往的方式,在英国出现了将机器运用于运输的新尝试。

19 世纪中期,煤炭地下运输技术获得了极大地进步。煤炭生产过程中的地下运输环节在前一个阶段的发展基础上进一步完善和革新。首先需要说明的一点是自 18 世纪以来,一直用于地下运输的煤筐和木箱继续得到使用。其次,19 世纪中期蒸汽机开始普遍用于地下煤炭运输当中。19 世纪初期地下蒸汽机已开始成为采煤活动的一个重要组成部分,瓦特专利权终止后不久,特里维西克发明了非凝汽式高压蒸汽机,从这时开始人们设计并展开了利用蒸汽动力进行地表运输的试验。随着地面铁路系统的不断推广,这种运输方式上的革新也延伸到了地下运输当中。

煤炭生产的最后一个技术环节便是经过各种各样的程序后将矿井中的煤炭送至地面上,这个任务被称为提升。当井筒达到百英尺深时,这成为一件不容易的事。一度煤筐、木箱或马车等用于地下运输的工具不用卸载就直接被提升,有一个挂钩工负责这项工作。18 世纪最初的时间里,提升的动力是马力。马力起重机或绞盘是这一时期几乎每一个煤矿的特征之一。直到 1794 年曲柄驱动的蒸汽机的专利权终止时,蒸汽机开始成为担负提取煤炭的主要工具,水轮迅速衰落了下去。正如一位学者所说"十八世纪中期被广泛用于采矿中的排水方式,证实了解决提升问题的办法或许就在于蒸汽动力①"。

19 世纪下半期到 20 世纪初,煤矿生产技术进步的一个显著特征就是机械化。它表现在切割、运输、通风等煤炭生产及安全的各个环节中。

① 吴云霞. 论近代英国采煤技术的发展[D]. 陕西师范大学,硕士学位论文,2011:26.

四、煤炭安全技术的进步

排水平坑、排水沟是早期采矿的一个普遍特征。直到19世纪这种方式在一些地区仍在使用。重力、风力以及马力对当时的煤矿排水的贡献是非常有限的。排水问题的解决方法要依靠新的动力——蒸汽机。最先开始探索是托马斯·萨弗里,他设计了一种利用空气压力的提水装置叫做萨弗里抽水机,用于煤矿排水。1698年萨弗里获得专利权,此后又通过议会,将专利权由14年延长至21年(1733年为止)。1706年斯塔福德威林沃斯矿场上仅有一台这种机器用于煤矿排水。萨弗里抽水机在18世纪最后二十年中得到最大的使用。但是,它可以提升水的高度最大不超过或英尺,这种限制不利于它发挥更大的作用。除此之外,萨弗里抽水机的其他一些缺点如气锅爆炸、没有安全阀都是这个时代的技术能力无法克服的。尽管如此,在采矿技术史上萨弗里抽水机占有重要地位,萨弗里是第一个成功体现了空气压力规律,制造压力抽水机的人。

在接下来的时间里英国出现了更先进的机器,那就是达特莫斯的铁器商人托马斯·纽可门发明的蒸汽机。据了解,第一台纽可门蒸汽机安装在斯塔福德的一个煤矿中。他发明的机器被誉为是"造成英国采矿和商业利益新时代的机器",并且瞬间适用于被所有者视之为失败的每一个煤田。矿工们迅速接受了这项发明,短短几年时间里英国所有主要的采矿地带都安装了这种机器。纽卡门蒸汽机的传播非常迅速,但是受专利权及工程师人数的限制,早期蒸汽机的使用是很零散的。随着蒸汽机数量的增加外,它们的体积和抽水能力也增大了。十八世纪中期复合气锅开始普遍应用,尤为关键的是1769年瓦特对蒸汽机的改进,使得蒸汽机更加具有效益。它所具有的节省燃料的优越性极大地满足了国内采矿业者的利益需求。

18世纪末,蒸汽机已被广泛地用于各个煤矿,纽卡门蒸汽机继续生产且大量地安装在英国的各个煤矿场。除了瓦特蒸汽机外,还存在许多非法且"杂交"的机器。据估计,到1800年英国煤矿中的机器总数可能在950～1 000台之间。它们既用于抽水又用于提升煤,与这一时期其他环节中蒸汽机的使用相比较,我们有理由认为那个时代的大多数蒸汽机仍是负责抽水工作。从19世纪开始用于抽水的蒸汽机数量和类型越来越多,然而在任何规模的开采区以及超过英尺的深度上,纽卡门或者瓦特蒸汽机以及它们的复合型机器是具有统治权的。排水工作中蒸汽机的使用成为这一时期英国煤炭技术进步的一个突出表现。

原始的通风方式如自然通风、爆破或火灯等已无法满足日益复杂的环境以及日益扩大的开采需要,人们渴望了解地下气体的活动规律。从这一时期开始,从事采矿工作的人们开始关注矿井中的气体,试图对它们的化学成分进行分析以应对因它们所导致灾难,1733年詹姆斯·劳瑟把他在坎伯兰收集的气囊送到伦敦皇家协会检查①。

在采用原始的自然通风、爆破方式已经远远不足以维持煤矿的安全生产的情况下,十八世纪开始后在通风方面也出现了一些进步。主要表现在两个方面。第一,除了小

① 吴云霞.论近代英国采煤技术的发展[D].陕西师范大学,硕士学位论文,2011:40.

型煤矿外几乎所有的煤矿都有个矿井通向地下开采区，这种设计成为普遍现象。第二，有些地方还利用隔板将空气流通分成几个部分以扩大通风面积。这时火炉通风已经成为普遍现象，但是这种通风设计的简单，有着各种缺陷且效率低下，甚至闪电也会使一个气体聚集通风不利的井筒着火。18 世纪末到 19 世纪最初几年，矿井的深度和开采规模都大大增加，尤其是东北地区，地下爆炸导致的灾难也日趋严重，甚至开始造成人们的恐慌。爆炸使人们开始寻求更安全的解决方式，其中最有效的方法就是提高通风技术消除煤矿中的气体。

为此，矿场观察员针对通风问题进行了许多有价值的新尝试。当时有两位伟大的视察员在技术上做了重要贡献。约 1760 年怀特黑文矿场的视察员詹姆斯·斯佩丁设计了一种空气流动方法，叫做"穿越气流"，它将整个煤矿开采地区划分为一个巨大的迷宫或输送道，采用门或隔墙的方式迫使煤矿空气自由通过每个通道，在通风坑和排气坑之间的道路上前进，使通风得以顺畅，约 1760 年首次被引入沃金矿场。1808 年詹姆斯·瑞安为了清除煤矿的沼气设计出了一个新计划，他根据沼气重力特征，提议使用一系列小通道或水平巷从其上方排出气体，他的方法被称作"排泄方式"。这个时期在发明的安全灯中最具有特色的是戴维灯。它由汉弗莱·戴维设计发明。1815 年底他制造出线规灯，1816 年 1 月被送往英格兰北部矿场。

煤矿照明技术在继承上一阶段的成就继续创新，但是新发明——安全灯在英国的应用受到一系列因素的限制。十九世纪中期以来安全灯得到迅速推广，但随之人们对安全灯的批判和指责也越来越多。议员戈德斯沃、格尼阿普顿和罗伯特等人在南希尔兹委员会中强调并宣传安全灯的不安全性，其影响甚至扩展到国外。

小知识

煤炭将逐渐退出英国的历史舞台

煤炭在英国工业革命历史上曾占有举足轻重的地位，不过，随着世界能源生产消费结构改变，煤炭工业在中国逐步衰退，眼下即将到退出的时候了。持续恶化的煤炭行情，让英国煤炭控股有限公司(下称英国煤炭公司)做出决定，关闭旗下最后一个深层煤矿。这一消息也意味着始于 300 年前工业革命的英国煤炭工业将彻底消失。2015 年 7 月 10 日，英国煤炭公司声明，计划在 12 月关闭的这个深层煤矿，这是位于英格兰西约克郡的凯灵利煤矿。凯灵利煤矿在一个世纪以前的兴盛时期，曾雇佣超过 100 万名工人在 3 000 个井下工作。"关闭煤矿主要是因为国际煤炭价格走低以及矿石质量的下降。"英国煤炭在声明中表示，旗下索尔斯比煤矿于 1925 年开挖，历经 90 年；凯灵利煤矿的开采始于 1965 年，已有 50 年的历史。

据英国煤炭生产商联合资料显示，自 2000 年以来，英国电力发电、法国电力公司、德国公用事业公司 RWEAG 从欧洲以外的地区进口了更多的燃料。其中，澳大利亚、哥伦比亚的煤炭价格更低。贸易数据也印证了英国煤炭工业的颓势。据美国能源部数据，2015 年 4 月，英国进口的煤炭为 190 万吨，国内产量为 75.7 万吨。

2014年进口煤炭占英国国内总消费记录的84%，这一数据在1995年仅有21%。在撒切尔夫人执政的1979年，英国共生产了1.22亿吨煤炭，其中井工矿有19个，露天矿有58个；2013年，英国的煤炭产量只剩下1979年的1/10。之后，英国仅剩索尔斯比煤矿、哈特菲尔德煤矿、凯灵利煤矿三个深层煤矿。截至今年4月，深层矿山的产量占英国煤炭产量的38%。随着中东等地的廉价石油大量涌进国际能源市场，世界能源生产消费结构改变，全球煤炭价格暴跌以及全球范围内煤炭出口增加，英国煤炭工业进一步衰退。英国煤炭公司的日子更不好过。

目前，英国煤炭公司的所有者是英国国家养老基金会。他们在2015年年初曾试图将凯灵利煤矿和索尔斯比煤矿的运作再维持三年，但英国政府认为实现这项计划而花费3.38亿英镑(约合5.24亿美元)的资金不能做到"物有所值"，因而拒绝为此提供补贴。2015年初，英国煤炭公司宣布在两年内关闭国内剩余的深层煤矿。"对于这样的消息我们并不感到惊讶。但这对于仍然在煤矿工作的员工以及对于英国曾经辉煌的煤炭工业来说，是沉重的打击。"即将关闭的两家煤矿的矿工们对BBC表示。全球煤炭供过于求又进一步导致煤炭价格下跌。截至2015年4月，欧洲的煤炭价格也跌至八年来的最低点。2016年欧洲为阿姆斯特丹-安特卫普-鹿特丹地区供应煤炭的合约价格，相比2008年下跌了73%，至2015年7月10日，为58.7美元/吨。目前世界最大煤炭进口国是中国。据预测，中国2015年的煤炭进口量较2014年同期下降了42%。

阅读材料

中国古代煤炭技术的发展

我国是世界上发现、利用煤炭最早的国家。1973年，在辽宁省沈阳市北陵附近新石器时代的新乐遗址下层发现了为数不少的精煤制品。其中有：圆泡形饰25件，耳形饰6件，圆珠15件，和这些煤制品同时出土的还有碎煤精、精煤半成品和煤块97块。这些煤制品，经过前辽宁省煤田地质勘探公司科研所鉴定，"呈弱油脂光泽，均一状结构，硬度、韧性均很大为其特点"，很容易用火柴点燃，燃烧时发出明亮而带黑烟的火焰，并发出一种烧橡皮的气味。经过工业分析和元素分析证明，其原料就是烛煤。这是世界上用煤最早的确凿证据，也是说明我国早在六七千年前就已发现并开始利用煤炭的历史见证。煤炭的开发与利用，有利地推动了社会发展和进步，极大地便利和丰富了人民的生活。

1. 远古时代

我国一些流传久远的神话传说充分说明，我国很早就已发现和利用煤炭。众所周知女娲氏炼石补天的神话，这就与煤的发现和利用有关。相传女娲氏在山西平定东浮山上设灶炼石，使用的燃料就是煤炭。明代学者陆深根据民间传说和当地人民自古以来用煤烧塔火的习俗("家家置一炉焉，当户，高五六尺许，实以杂石，附以石

炭,至夜炼之达旦,火焰焰然,……是之谓补天”),认定女娲氏用煤来炼石补天,并为此写了《浮山遗灶记》碑文。明末清初学者顾炎武则进而认为“此即后世烧煤之始”。明代另一学者甄敬也认为“石火(烧煤)之利,其始于女娲乎”。所谓女娲氏补天,并不可信,但平定地处盛产煤炭的阳泉矿区,那里很早就利用露头煤来烧火则是十分自然的。此外,在山西大同矿区还流传着天火把石头引着,人们于是知道这里的黑石头能烧、可以取暖做饭,以及“木头不着石头着”的传说等,都是中国人民很早就发现煤炭的间接例证。

2. 从新石器时代到先秦时期

在新石器时代,我国个别地区一经发现煤炭的可燃性能并从煤层露头处零星拾取和利用煤炭。50 年代中期和 70 年代中期,考古工作者先后在陕西省 4 处西周墓中出土了煤雕制品,其中,宝鸡市茹家庄一处就出土了 200 余枚之多。据此可以判断,早在西周时期,作为当时全国政治、经济中心的陕西地区,煤炭已经被开采利用。战国时期,除继续利用煤炭雕刻生活用品外,还在当时的著作中出现了关于煤的记载。先秦时期的地理著作《山海经》就有 3 处有关石涅的记载:一处见于该书的《西山经》,“女床之山,其阳多赤铜,其阴多石涅”;另二处见于《中山经》,“岷山之首,曰女几之山,其上多石涅”,“又东一百五十里,曰风雨之山,其上多白金,其下多石涅”。据有关专家考证,女床之山、女几之山、风雨之山,分别位于今陕西凤翔、四川双流、什邡和通江、南江、巴中一带。古今对照,以上各地均有煤炭产出,证明《山海经》的记载基本是对的,同时说明当时这些地方的煤炭已被发现,而且已积累了一些找煤的初步地质知识。

3. 两汉时期煤的开发与利用

从汉代始煤炭已经用于冶铁过程中,西汉(公元前 206—公元 25 年)时期,开始采煤炼铁。这是因为周代已出现了铁器,到了汉代时铁制兵器数量猛增,汉武帝元狩四年(公元前 119 年)实行盐铁官营政策,分别在产盐和产铁地区设盐官和铁官。从而使汉代的冶铁业得到较快发展。于是,解决燃料问题成为开办冶铁业的先决条件。汉代的冶铁业一般都靠近燃料产地,三国时期东汉末年,煤炭的开采和使用得到了进一步发展,曹操在建安十五年(公元 210 年)前后,以城为基,修建三台(铜雀、金虎、冰井)之一的冰井台中就贮藏了大批煤炭。当时煤称石墨,墨井即石墨井,故《魏都赋》中的墨井以及李善所注的石墨井即煤井无疑。魏都即指邺都,这条关于墨井的记载及其注释正好是曹操在三台贮藏煤炭的补充说明,它提示了煤井的位置在伯阳城西。邺镇以西,乃今安阳、磁县以及峰峰、邯郸一带矿区。至于井深八丈,当指立井井筒深度,并非包括井下巷道的延深,当时已用深八丈的立井采煤,其生产规模也大致可知。

4. 西晋南北朝时期的煤炭开采与利用

西汉至魏晋南北朝,出现了一定规模的煤井和相应的采煤技术,煤的用途,不仅用作生产燃料,而且还用于冶铁;不仅能够利用原煤,而且还把粉煤进行成型加工成煤饼,从而提高了煤炭的使用价值。煤的产地不仅在北方,而且在南方,甚至新疆也都有了产煤的记载。同时,煤雕工艺在这时已初步普及。晋代以及南北朝时期(公元

265—589 年)，江西高安、新疆库车和山西大同等地区煤炭开发比较突出。这是我国南方用煤的最早记载。新疆一些地区煤炭开采的程度，利用规模更为庞大。

5. 隋唐时期的煤炭开采与利用

隋、唐至元代，煤炭开发更为普遍，用途更加广泛，冶金、陶瓷等行业均以煤作燃料，煤炭成了市场上的主要商品，地位日益重要，人们对煤的认识更加深化。特别应该指出的是，唐代用煤炼焦开始萌芽，到宋代，炼焦技术已臻成熟。1978 年秋和 1979 年冬，山西考古研究所曾在山西省稷山县马村金代砖墓中发掘出大量焦炭。1957 年冬至 1958 年 4 月，河北省文化局文物工作队在河北峰峰矿区的砚台镇发掘出 3 座宋、元时期的炼焦炉遗址。焦炭的出现和炼焦技术的发明，标志着煤炭的加工利用已进入了一个崭新的阶段。到了唐元和四年(公元 809 年)炼丹家清虚子发明了黑火药，使采矿业进入了爆破开采的时代。从唐代开始，我国煤炭开发利用的知识逐渐传播到国外，在一些外国著作中，记述了中国人民利用煤炭的情况，成为中外友好交往的象征。唐代开采煤炭的地区已较多，利用煤炭的范围也更加广泛。因此唐代诗人李婉有“长安分石炭，上党结松心”的诗句。据山西地质资料记载，太原西山煤田“远自唐宋年间即有土窑开采”，经地质调查，那里“虎峪的神底窑，官地附近的林沟窑以及晋祠、梁泉沟的西沟窑等，就是唐宋年间开凿的”。辽宁抚顺在唐五代时期，特别是辽金时期，已进入了煤炭采掘高潮。当时烧制陶器普遍用煤作燃料。《东北的矿业》一书载：“唐朝时，有国人李氏者，首先开掘，知用煤之方法，惟今日尚可发现高丽人采掘之遗迹，亦即圆形斜坑与容油器等。”《满铁十年史》一书也讲：“烟台(今辽阳境内)煤炭采掘和利用的方法，是由唐朝李某所传，且和抚顺矿一样，在唐宋时期为高丽人所采掘。”在唐代，我国已大致掌握了炼焦技术，当时虽没有出现正式炼出的焦炭，但已经有焦炭的雏形。

6. 宋代煤炭的开发与利用

宋代的煤炭开发利用以河南、河北、陕西、山东等省最为突出。宋代文人朱翌讲：“石炭自本朝河北、山东、陕西方遂及京师。”足见石炭产地之广。据《汝州全志》卷四载：“宋时宝丰清岭镇产煤、矾，故名兴宝。”此外，河南文物工作队于 1960 年在鹤壁矿区发现了包括一个井口、4 条巷道、10 个采区和 1 处排水井在内的宋元时代煤矿遗址，说明当时已经有了很完整的采矿技术。此外，在辽宁抚顺大官屯金代瓷窑遗址以及山东淄博、河南鹤壁、新安，陕西铜川、旬邑，河北曲阳、观台等地的宋代或宋元时代瓷窑遗址中，都发现了烧煤的遗迹。这些发现表明，上述地区已经开采利用煤炭了。特别应该提出，至迟在宋代，我国人民就已经利用焦炭，炼焦技术已臻成熟。宋朝已用焦炭冶铁了。1961 年，在广东新会县发掘的南宋咸淳六年(1270 年)前后炼铁遗址中，除找到炉渣、石灰石、矿石外，还找到焦炭，这说明那时已用焦炭来冶铁了。目前所知，这是世界上冶铁用焦炭的最早实例。欧洲到 18 世纪才开始炼焦，比中国晚了 500 多年。

7. 元代煤炭开采业

元代，在全国统一之后，以蒙古贵族为首的统治集团为了巩固统治，大力发展生产，注重矿业。特别是都城大都(今北京)的西山地区，采煤业发展较为普遍，成为最

大的煤炭生产基地。在元朝时，从意大利来中国的马可·波罗(Marc Polo，1254—1324年)，看到中国用煤的盛况，很感新鲜惊奇。回国后，他写了一部《游记》，书中描述了中国有一种“黑石头”，像木材一样，能够燃烧，火力比木材强，晚上燃着了直到第二天早上还不熄灭，价钱比木材便宜。于是欧洲人把煤当作奇闻来传颂。至于欧洲人用煤炼铁，到16世纪才开始。元明以后，使用煤炭已经普及。明朝著名科学家宋应星在他的著作《天工开物》“冶铁”条下说：那时全国冶铁，用煤炭的约十分之七，用木炭的约十分之三。可见在明末，煤炭已是冶铁的主要原料了。

8. 明代煤炭开采业

明代(公元1368—1644年)，我国煤炭开发利用得到了比较明显的发展。当时煤炭业不仅在河南、河北、山东、山西、陕西等省有了普遍进步，且在江西、安徽、四川、云南等省也不同程度地得到了发展。煤炭在炽铁燃料中占70%之多，说明煤和铁的密切关系，再联系到明代冶铁业的发展，不难想象这一行业用煤量之大。在明代，煤炭的勘查、采掘和提升运输技术都有很大发展。在嘉靖以前一段时间，河南安阳一带煤窑井下延深已经到数十百丈，煤炭可以大规模地开采，产量不断增加，煤炭开采范围十分广泛，主要产煤区几乎都得到了不同程度的开发。

9. 清代煤炭开采业

清代的采煤业，在明代的基础上，得到了进一步发展。从清初到道光，历代统治者对煤炭生产都是比较重视，并对煤炭开发采取扶植措施，雍正十三年(公元1735年)六月十五日，两广总督鄂弥达、广东巡抚杨永斌奏请开发广东煤炭，陈述了“煤斛为民间日用炊爨之物，未便概为封禁”的道理，雍正皇帝明确指示道：“煤始于薪，乃日用所需，非矿厂之比，何须封禁。”这些区别对待的矿业政策对于煤炭开发是十分有力的。由于和各级官府对煤炭开发比较重视，加上社会的迫切需要和各地人民的辛勤劳动，从而使清代采煤业有了普遍的发展，尤其是在乾隆年间(公元1736—1795年)，出现了我国古代煤炭开发史上的有一个高潮。从明朝到清道光二十年(1840年)的时间里，当时的封建统治者比较重视煤炭的开发，对发展煤炭生产采取了一些措施，矿业管理政策也发生了某些利于煤业的变化，煤炭行业的各个环节，比以前都有较大的进步。煤炭开发技术得到了发展，形成了丰富多彩的中国古代煤炭科学技术。尽管当时都是手工作业煤窑，但因其开采利用早于其他国家，因此17世纪以前中国煤炭技术和管理许多方面都处于世界领先地位，这是值得我们自豪的。

(选自：吴晓煜.中国古代煤矿史的基本脉络和煤炭开发利用的主要特征[J].中国矿业大学学报，2010(3)：91-98)

第三节　日常生活中的燃烧技术

随着科学技术的进步，生活用火的技术也在逐渐成熟。尤其是人们的物理学和化学知识越来越丰富，对燃烧的认识也越来越深刻。人们已经不再满足于自然界中的燃料供应，而是在寻找更加稳定可靠的燃烧技术产品。在人们的日常生活中，用得最普遍的燃烧技术人工物就是蜡烛和火柴。

一、蜡烛的历史

原始人的主要照明工具是纤维浸透油脂的火把，逐渐的，油脂包裹纤维的蜡烛在很多国家被独立发明出来。显然，蜡烛比火把和油灯更加便携轻巧，而且烛芯可以使它完全直立燃烧。

人类早期制作蜡烛的原料是动物脂肪，5 000 年前的埃及人把芦苇插在牛羊的脂肪中点燃，这可以算是蜡烛的雏形。后来蜜蜂腹部蜡腺分泌出的蜂蜡、提炼自鲸鱼油脂的鲸蜡、从棕榈树叶和月桂果等植物中提取的蜡油，很快取代了牛羊脂蜡。不过那时民间照明用的多是油灯，只有贵族和皇室才能使得起蜡烛，因为脂蜡是可以食用的，大多还非常有营养，人们可以用它来充饥。

蜡烛真正放下身价是在 19 世纪。化学家从煤焦油中分离出石蜡，商人们开始用机器大量生产石蜡蜡烛，就是我们最常见的细长白蜡。此后，曾经的“照明贵族”也就变得不那么稀罕了。作为照明方式，蜡烛迎来了属于它的辉煌时代。可惜好景不长，随后而来的电灯让这种亦真亦幻的光亮逐渐退出了历史舞台。

现代一般认为蜡烛起源于原始时代的火把，原始人把脂肪或者蜡一类的东西涂在树皮或木片上，捆扎在一起，做成了照明用的火把。也有传说在先秦上古时期，有人把艾蒿和芦苇扎成一束，然后蘸上一些油脂点燃作照明用，后来又有人把一根空心的芦苇用布缠上，里面灌上蜜蜡点燃。大约在公元前 3 世纪出现的蜜蜡可能是今日所见蜡烛的雏形，在西方，有一段时期，寺院中都养蜂，用来自制蜜蜡，这主要是因为天主教认为蜜蜡是处女受胎的象征，所以便把蜜蜡视为纯洁之光，供奉在教堂的祭坛上。

蜡烛还有待进一步完善，它的材料一般是有许多缺点的动物油脂，解决这一难题的是法国化学家米歇尔·欧仁·舍夫勒尔(Michel Eugene Chevreul)等人。1809 年 6 月—7 月，舍夫勒尔收到一家纺织厂的来信，请他分析、确定他们寄来的一个软皂样品的成份。他拿着这封信思索了很长时间，心想：要研究肥皂，看来还得从原料油脂入手。在仪器设备非常简单、朴素的学校实验，他研究了皂化过程中需要使用的各种油脂。经过大量实验，他第一次发现了这样的事实：在一切油脂中，不论其来源如何，脂肪酸的含量均占 95%，其余的 5%则是皂化过程中生成的甘油。通过研究他搞清了皂化过程的本质，同时他还有一项重大的发现：当时用油脂做成的蜡烛，由于里面有甘油，燃烧时火焰带烟，气味难闻。若改用硬脂酸做成蜡烛，燃烧时不仅火焰明亮，而且几乎没有黑烟，不污染空气。舍夫勒尔把他的发现告诉盖·吕萨克，并建议两人共同研究如何具体解决这个问题。他们用强碱把油脂皂化，再把得到的肥皂用盐酸分解，提取出硬脂酸。这是一种白色物质，手摸着有油腻感，用它制成的蜡烛质地很软，价钱更加便宜。1825 年，舍夫勒尔和盖·吕萨克获得了生产石蜡硬脂蜡烛的专利。石蜡硬脂蜡烛的出现，在人类照明史上开创了一个新时代。后来，有人在北美洲发现了大油田，于是可从

石油中提炼出大量的石蜡，较理想的蜡烛因此在全球得到了普及、推广。

1830 年，科学家在实验室中从煤炭沥青中分离出石蜡。1845 年，卡那巴蜡开始大量的商品化生产，随后化学家李比希确认了蜂蜡的基本化学组成。到 1857 年，在英国的伦敦人们最初用石蜡生产蜡烛，1897 年德国开始从褐煤中提取蜡，最早的蒙旦蜡开始生产出来，正式名为“Montanwachs”。1933 年聚乙烯蜡的生产方法被发明，在 1950—1960 年间，聚乙烯蜡的技术有了较大发展。1945 年以后蜡在工业上的应用得到了较大的发展，蜡被广泛使用在包装工业、粉胶剂工业、蜡烛工业、食品工业、蜡笔的制造、上光蜡工业、橡胶工业、金属加工等。

蜡烛的主要原料是石蜡，石蜡是从石油的含蜡馏分经冷榨或溶剂脱蜡而制得的。蜡烛，是几种高级烷烃的混合物，主要是正二十二烷（$C_{22}H_{46}$）和正二十八烷（$C_{28}H_{58}$），含碳元素约 85%，含氢元素约 14%。添加的辅料有白油、硬脂酸、聚乙烯、香精等，其中的硬脂酸（$C_{17}H_{35}COOH$）主要用以提高软度，具体添加要视生产什么种类的蜡烛而定。易熔化，密度小于水难溶于水。受热熔化为液态，无色透明且轻微受热易挥发，可闻石蜡特有气味。遇冷时凝固为白色固体状，有轻微气味。

在古代尚未使用电力的情况下，蜡烛的照明作用尤为重要。在高科技迅猛发展的今天，人们在日常生活中已经一般不再使用蜡烛了，蜡烛则更多的被赋予了感情色彩，如情侣相约、生日晚餐、对亡灵的悼念、对未来的祈祷等等，特别是在纪念日和喜庆的日子里，人们便会点起蜡烛。另外，蜡烛也常会作为一种物理或化学实验的用品。

二、火柴

虽然火柴与打火机属于 19 世纪的发明，但是他们的原理相对简单，而且是现代取火技术，所以在此一并进行介绍。

火柴有摩擦火柴（又称硫化磷火柴）与安全火柴之分，其发火原理不同。摩擦火柴药头的主要成分是氯酸钾和三硫化四磷，稍在粗糙表面摩擦、产生的热足以使这两种物质起化学反应而发火。安全火柴药头中以硫磺取代三硫化四磷。一般的摩擦热不足以使药头起反应，只有在火柴盒侧面的磷层上擦划时，摩擦热先使硫与氯酸钾发生反应，放出较多的热能，促使药头中的化学物质产生反应而发火。其化学反应过于剧烈，发火太猛，不利于使用。为了控制发火速度，药头中还需加入一些石英粉等填充剂，使药头发火缓和、稳定；此外，还加入重铬酸钾和颜料等，以改善抗潮性能和外观。若以淀粉、虫胶等代替硫磺并加入一些香料，便制成无硫芳香火柴，燃烧时不产生刺激性气体 SO_2，且能散发香味，使人感到舒适。

早期生产的火柴有两个非常致命的缺点：(1) 白磷是非常稀少及遇热容易自燃，非常危险，(2) 白磷是有毒的，造火柴的工人一不小心就会中毒身亡。在 1852 年经过瑞典人距塔斯脱伦姆的改进，发明了安全火柴。以磷和硫化合物为发火物，必须在涂上红磷的匣子上摩擦才能生火，安全程度提高。在安全火柴发明之前，人们经历了一代代不停的探索。

安全火柴中的成分分别是：火柴头主要由氧化剂($KClO_3$)、易燃物(如硫等)和粘合剂等组成；火柴盒侧面主要由红磷、三硫化二锑、粘合剂组成。当划火柴时，火柴头和火柴盒侧面摩擦发热，放出的热量使 $KClO_3$ 分解，产生少量氧气，使红磷发火，从而引起火柴头上易燃物(如硫)燃烧，这样火柴便划着了。

安全火柴的优点在于把红磷与氧化剂分开，不仅较为安全，而且所用化学物质无毒性。所以也被称为安全火柴。火柴头上主要含有氯酸钾、二氧化锰、硫磺和玻璃粉等。火柴杆上涂有少量的石蜡。火柴盒两边的摩擦层是由红磷和玻璃粉调和而成的。火柴着火的主要过程是：(1) 火柴头在火柴盒上划动时，产生的热量使磷燃烧；(2) 磷燃烧放出的热量使氯酸钾分解；(3) 氯酸钾分解放出的氧气与硫反应；(4) 硫与氧气反应放出的热量引燃石蜡，最终使火柴杆点燃。

其后在马可波罗时期传入欧洲，后来欧洲人就在这个基础上发明一度被中国人称为"洋火"的现代火柴。"洋火"能借着摩擦生火。在欧洲，火柴出现于古罗马时期。当时一些小贩，将木柴浸泡在硫磺中出售。这种被浸泡在硫磺中的木柴本身并不起火，而是可以用来引火。人们用铁块撞击火石，让溅出的火星落在这些木柴上，就能获得火种。到了中世纪时期，欧洲人又用芦苇取代了木柴，成为引火的材料。

1669 年，德国人布兰德提炼出了黄磷。人们利用黄磷极易氧化发火这一特性，在小木棒一端沾上硫磺，然后再沾黄磷而发光。1805 年，法国人钱斯尔将氯酸钾和糖用树胶粘在小木棒上，浸沾硫酸而发火。这些都是现代火柴的雏形。1826 年，英国人 J·沃克把氯酸钾和三硫化锑用树胶粘在小木棒端部作药头，装在盒内，盒侧面粘有砂纸。手持小木棒将药头在砂纸上用力擦划，能发火燃烧。这是最早具有实用价值的火柴。1831 年，法国人 C·索里亚以黄磷代替三硫化锑掺入药头中，制成黄磷火柴。这种火柴使用方便，但发火太灵敏，容易引起火灾，而且在制造和使用过程中，因黄磷有剧毒，严重危害人们的健康。1845 年，奥地利人 A·施勒特尔研制出赤磷(也称红磷)，它是黄磷的同素异形体，性能比较稳定，且无毒。1855 年，瑞典人 J·E·伦德斯特伦创制出一种新型火柴，它是将氯酸钾和硫磺等混合物粘在火柴梗上，而将赤磷药料涂在火柴盒侧面。使用时，将火柴药头在磷层上轻轻擦划，即能发火。由于把强氧化剂和强还原剂分开，大大增强了生产和使用中的安全性，称之为安全火柴，应用广泛。1898 年，法国人 H·塞弗纳和 E·D·卡昂以三硫化四磷取代黄磷制成火柴，称为硫化磷火柴。这种火柴与黄磷火柴一样随处可以擦燃而没有黄磷的毒性，但仍不如安全火柴安全。

火柴工业开创于欧洲。1833 年，世界上第一家火柴厂建立于瑞典卡尔马省的贝里亚城。1865 年，火柴开始输入中国，当时称之为"洋火"或"自来火"。中国的第一家火柴厂是卫省轩于 1879 年在广东省佛山县创办的巧明火柴厂。到 1900 年，中国共开设了 19 家火柴厂。1921 年，刘鸿生在苏州创办鸿生火柴厂，改进了火柴配方，改善了生产管理，生产出质优价廉的"美丽"牌火柴。刘鸿生于 1930 年又创建了上海大中华火柴公司。1949 年后，中国火柴生产逐步实现了机械化和半自动化。1967 年，第一台火柴自动连续机试制成功。1982 年在济南火柴厂建成了中国第一条连续生产线。

三、打火机

现代打火机的鼻祖应该是16世纪的火绒盒及打火铁盒,两者工作原理相同,都是利用打火铁产生火花来引燃火绒,所不同的是火绒盒的打火铁是由链子拴在一边的,而打火铁盒完全是一体的。当世界上第一支手枪问世不久,第一只早期的打火机也就出现了,它是用手枪改装而成的,叫火绒手枪,这种打火机还长期作为身份象征和办公室的摆设。

手枪型的火种到现在还在生产,只不过原理不同。利用玻璃折射或反射阳光生火的工具也是打火机的一种。中国古代有一种计时方法,用一口炮筒指向太阳每天正午的方向,炮筒上装上透镜,下面放火药。正午到来时,透镜把阳光聚集并引燃火药。火药爆燃表示正午了,然后再重新放好火药。另一种早期取火的技术,是使用一个透镜或聚光反射器(如燃烧玻璃),以从太阳聚焦能量到引火物。它是深色的火种,它吸收热量和光能比浅色的火种更好的最为有效。凹面镜,诸如抛光苏打罐底,可以用作以及集中太阳光线对打火。

文艺复兴后的德国,化学取得了很大的进展,歌德的一个叫杜博莱纳的朋友发明了氢气打火机。18世纪出现了用绳点火的打火机。然后,出现了磷和没有或者蜡的打火机、刚玉砂轮和火绳及汽油打火机。打火机使抽烟也变得越来越方便,之前欧洲盛行嚼烟。打火机也发展到由打火轮引燃火绳,再由火绳点燃汽油的方式。这个时期,火柴也问世了,当时的很多打火机也同时是火柴盒。燃料问题容易解决,问题是产生火花的方法一直笨拙。今天所用的打火机的转轮是奥地利人奥尔(Auer)发明的,他发现铁铈合金制成的金属在打火时容易产生更多的火花。这种金属就以奥尔来命名了,经过一番摸索,或是装在火石管里,伙食下面还放有一个弹簧来增加接触的压力。直到今天,主流打火机都是用这种大火方式。随着科技的进步,人们发明了电打火,现代液体燃料与气体燃料的汽车都是通过火花塞放电点火的。

小知识

打火机传奇

Zippo打火机(芝宝打火机),1932年诞生于美国,0.027英寸厚的镀铬铜制外罩,再加上0.018英寸厚的不锈钢内衬,构成了Zippo打火机坚固的外壳,由上盖与下盖通过铰链焊接而成。1932年,正值美国大萧条的中期,一个雾气蒙蒙的夏夜,在宾夕法尼亚州的布拉福的乡村俱乐部里,乔治·布雷斯代与一个朋友在神侃,那朋友在用一个1美元的奥地利产的打火机点烟。那是一个难看的、拔下铜盖子就可点火的玩意。布雷斯代受此启发,买下了这种打火机在美国的分销权,但是销售并没给他带来什么利润。这种打火机用起来麻烦。布雷斯代开始设计好使而又好看的机型。布雷斯代很了解自己的实力。他年轻时就在父亲的车间里学手艺,每周工作59小时，每小时挣10美分。他将奥地利打火机改成方块盒，握在手中很合手。打火机盖用一合叶与机身相连，棉芯周围有个风网。“好使又好看”的打火机诞生了。受当时另一个伟大的发明——拉链(Zipper)启发，布雷斯代决定把他的新打火机起名为Zippo。除了打火轮和机壳表面处理方面的一些改进外，布雷斯代的原作至今基本没变。

1932年，第一只Zippo打火机面世，10年后，生产量打破百万大关。到了1969年，市场上的Zippo打火机已超过一亿只。1996年4月15日，第三亿只Zippo打火机出厂了。若把这三亿只打火机平放，足以把一个包括射门区在内的足球场铺满12.8厘米厚的一层。Zippo所生产的三亿多只打火机都享有终身保养服务，一只不遗。第一代Zippo早就成为收藏家们的囊中之物，已绝版的1932年原型的复制品的售价也远远高于常规Zippo打火机的价格。

阅读材料

中国古代的蜡烛与火柴

中国南北朝(公元420—589年)时期。根据记载最早的火柴是由中国人在公元577年发明的，当时是南北朝时期战事四起，北齐腹背受敌，物资短缺，尤其是缺少火种，烧饭都成问题，当时后妃和一班宫女神奇地发明了火柴，将硫磺沾在小木棒上，借助于火种或火刀火石，能很方便地把“阴火”引发为“阳火”，不过中国古代的火柴都只不过是一种引火的材料，这可视为最原始的火柴。

元末明初学者陶宗仪的《辍耕录》中的《发烛》条说：“杭人削松木为小片，其薄如纸，熔硫磺涂木片顶端分许，名曰发烛，又曰粹儿，盖以发火及代灯烛用也。史载周建德六年，齐后妃贫者以发烛为生，岂即杭人之所制矣。”文中的发烛就是原始的火柴。《资治通鉴》中记载：“陈宣帝太建九年，齐后妃贫苦，至以卖烛为业。”北宋人陶谷的《清异录》说：“夜有急，苦于作灯之缓。有智者，批杉条染硫磺，置之待用，一与火遇，得焰穗然。既神之，呼引光奴。今遂有货者，易名火寸。”这是说当时民间百姓非常流行用一种涂上硫磺的杉木条引火，这也说明了原始的火柴，应该是在《清异录》成书年代之前就已经发明，也就是公元950年前。据一则重要史料记载：“汉淮南王招致方术之士，延八公等撰《鸿宝万毕方》，法烛是其一也，余非民所急，故不行于世，然则法烛之起，自刘安始也。”这里的法烛就是后来说的发烛，都是火柴的前身。按照高承的记述，我们可得知，原始的火柴是在公元2世纪，由早期的炼丹家所发明的。我们也知道硫磺是炼丹家的主要药物，所以他们发明原始火柴更加合理。

到了南宋时期，杭州的大小街道上，已经到处都有出售火柴的小贩。那是有人把松木削成如纸张薄的小片，用硫磺涂满它的一端。但它不叫“火柴”，而是叫“发烛”“粹儿”，这已经是早期的火柴了，但人们没有注意和重视。从现存文献看，蜜蜡在我国产生的时间大致与西方相同，日本是在奈良时代(公元710—784年)从我国传入这种蜡烛的。蜡烛的普及经历了一个很长的历史时期，《西京杂记》中记载，汉朝时南越

向高帝进贡的贡品当中有蜡烛,有说法认为当时在寒食节禁火的时候君王赏赐给侯爵以上的官员、上品官员以蜡烛,说明当时的蜡烛极为稀少。到了南北朝时期蜡烛稍微应用得普遍了一些,但也主要是在上层社会,而不是一般的百姓家照明用的。唐朝时也记载了在晋州上贡时的贡品当中有蜡烛,另外唐朝的官员还专门设置一个官员来管宫廷蜡烛。宋朝记载有当时和西夏的边境贸易中,交易的用品就有蜡烛。蜡烛作为外贸、对外交换的一种东西,说明虽然当时用的比较普遍,但还是比较珍贵的。到了明清以后,蜡烛才渐渐地走入了寻常百姓家,人们日常生活中使用的也比较多了,但是一般的灯具,像油灯、火把依然不能和蜡烛同日而语。

和现代蜡烛相比,古代蜡烛有许多不足之处。唐代诗人李商隐有“何当共剪西窗烛”的诗句。诗人为什么要剪烛呢?当时蜡烛烛芯是用棉线搓成的,直立在火焰的中心,由于无法烧尽而炭化,所以必须不时地用剪刀将残留的烛心末端剪掉。这无疑是一件麻烦的事,1820年,法国人强巴歇列发明了三根棉线编成的烛芯,使烛芯燃烧时自然松开,末端正好翘到火焰外侧,因而可以完全燃烧。

烛火和蜡烛还是不太一样的。古代所说的“烛”是一种照明工具,但不是蜡烛的模样,而是类似于火把。古人讲究礼仪,在别人家做客,如果天黑还不走的话,主人会点起火把,待火烧到木把处时,客人就应该告辞了,这叫做“烛不见跋”,“烛”指的是火把,“跋”就是火把的木把。

战国时候,又出现了灯。灯的繁体写法是“燈”,“登”在古代是一种陶制的容器,也叫“豆”,平时用来盛放肉酱。秦汉时期,“登”的形态发生变化,盘中出现了一根长钉,用于固定可燃物,手柄下端也有了底座,为的是摆放更平稳。因为“登”基本上是青铜制作,于是就写成“鐙”。至于“燈”字,直到魏晋南北朝时期才有。点灯时,人们会将麻绳、苇草、松木条、树皮等捆起来,固定在灯的长钉上,作为捻子,盘中装满动物油脂,当点燃捻子时,就可以当照明工具使用了。有的灯也装有植物油脂,不过那是隋唐以后的事了。

现代人说的蜡烛,到汉朝才出现,这是《西京杂记》中说的,西汉初年,南越王向汉高祖刘邦敬献了石蜜5斛、蜜烛200枚等,汉高祖大喜。研究表明,其中的蜜烛便是我们现代蜡烛的雏形,在当时还是属于进贡呢。韩愈在《寒食》中写道“日暮汉宫传蜡烛,轻烟散入五侯家”,寒食节禁火的时候,帝王要给侯爵以上的官员、上品官员赏赐蜡烛,这说明蜡烛那会儿极为稀少,属于珍品。

蜡烛的贵族身份在南北朝稍微降低了一些,但也主要应用在上层社会,除了王公大臣,只要家里有钱还是能享受到的,但让普通百姓家照明使用还是天方夜谭。唐朝也有文献记载,古晋州(今河北省境内)给朝廷上贡的贡品中有蜡烛。唐皇帝们对宫廷蜡烛很重视的,设置专人管理。

到了宋朝,蜡烛出现在和西夏的边境贸易中,作为对外交换的一种商品,说明当时用得已经较为普遍了,但还是比较珍贵的。明清鼎盛时期,对外交流进一步增加,老百姓才有机会用上蜡烛。

古代没有电力,蜡烛的照明作用尤为重要。在科技迅猛发展的今天,家家使用蜡烛照明的情景已经成为老黄历,多数是用在纪念日和喜庆的日子里。

思考题

1. 煤炭技术为何在两百年内几乎没有什么进展?
2. 未来真的会淘汰煤炭吗?
3. 思考一下你身边都有哪些燃烧技术。

参考文献与续读书目

[1] [美] 巴巴拉·弗里兹著,时娜译.煤的历史[M].中信出版社,2005.

[2] 刘兵.新编科学技术史教程[M].清华大学出版社,2011.

[3] Freese, Barbara. Coal: A Human History [M], 2003.

[4] Rottenberg, Dan. In the Kingdom of Coal; An American Family and the Rock That Changed the World [M]. Routledge, 2003.

[5] Outwater, Alice. Water: A Natural History. New York, NY: Basic Books, 1996.

[6] Smith, Duane A.. Mining America: The Industry and the Environment, 1800-1980. Lawrence, KS: University Press of Kansas, 1993.

第三章　蒸汽时代——能源科技的发展
（约18世纪至19世纪中期）

随着化石能源的使用，伴随着17—18世纪的近代科学革命的兴起，工业革命的策源地——英国的能源科技飞速发展，其主要体现为物理学与化学中对热的研究，使得近代热力学迅速发展起来，并构成了近代经典热力学。科学知识的进步，进一步带动了能源技术的进步，随着技术人员对更高效率的动力的追求，第一次工业革命的代表性机器——高效蒸汽机，终于出现了。蒸汽机不仅仅代表着能源技术的发展，更使人类社会进入了第一个工业化的时代——蒸汽时代。

第一节　物理与化学热力学的进步

化学热力学主要是研究物质系统在一定条件下的化学变化和物理变化所伴随的能量变化，从而对化学反应发生的方向和进行的程度作出准定量的判断18世纪至19世纪初，化学反应与热现象的大量实验，为化学热力学的建立提供了事实依据；19世纪中叶以后，经典热力学为化学热力学的诞生奠定了理论基础；尤其是霍斯特曼、吉布斯等人的杰出工作，使之逐步形成为一门独立的分支学科，不断地向物理化学的其他分支学科拓展。

一、反应亲和力的探索

化学反应发生的内在实质是化学领域中最古老又最富吸引力的问题。古希腊人曾用“爱”和“憎”表示物质化合和分解的倾向，并先后形成了观念上的两派。以赫雷克利特(Heracletus，公元前500年)为代表的一派认为相反物质乃相吸引；而希浦克拉茨(Hippoclates，公元前400年)为代表的一派则认为相似物质乃相吸引。13世纪，德国的炼金家马格努斯(Alberta Magnus，1193—1282年)接受了这种观点，提出把导致化学反应得以发生的力称为化学亲和力。

17世纪以后，牛顿的物理学理论赢得了人们的普遍承认，化学家们自然不能不受到很大影响。他们开始努力运用牛顿的学说研究化学亲和力的本质问题。他们的基本思想是：物质的每个微粒都具有某种吸引力，这种力是发生化学反应和物理变化的唯一原因。从而摆脱了用“爱”和“憎”之类的超自然力对化学反应亲和力的解释；并列出能表现化学亲和力的亲和力表，借以反映化合物相互之间的反应能力。1718年，法国药剂师杰夫鲁瓦(C. J. Geofrog，1672—1731年)作了第一次尝试，列出了一张化学亲和力表。类似的化学亲和力表曾经十分流行，而以1775年瑞典化学家伯格曼(Bergman，1735—1784年)精心编制的表较为完备。他编制的化学亲和力表中，列出了59种物质的亲和力状况。1786年，戴莫维(Guyton de Morveau，1734—1816年)为《方法论百科全书》写了一篇论述化学亲和力的长篇论文，基本上重述伯格曼的主张。可见，这种思想在18世纪末得到了广泛地流传。

1798年，随拿破仑远征的化学家贝托雷(Lauqe Berthollet，1748—1822年)曾对埃及盐湖中苏打碱的生成过程和生成条件进行过多次观察，在此基础上总结出有关化学亲和力的许多新观点。1799年，贝托雷在开罗的埃及研究所宣读了他的科学报告，并于1801年以“亲和力定律的研究”为题发表，1803年以《静化学论》为题出版。在这些著述中，贝托雷首次提出如下论断：化学反应的方向取决于反应物的质量和其他物理作用力，如内聚力、挥发力、溶解力、弹力(压力)。贝托雷把化学看作是应用力学的一部分，因此，他认为化合物应当受牛顿力学的支配，贝托雷在他的《化学静力学实验》(1803)一书中介绍化学亲和力学说时写道：只有当人们把亲和力这个概念作为一切化合物成因而提出来之后，方才可以认为化学是一门具有普遍性原理的科学。在相当长的时间内，探索如何解释化学亲和力的活动，一直成为化学研究的动力。

在19世纪前半叶，化学家们对化学亲和力的研究继续付出了很大的精力，又作了一些新的尝试，如试图用“对立电荷说”解释亲和力，用“亲和力单位”表示价键等。然而，也就是在那时，有些化学家则觉得物理学家提出的能量概念似乎为理解化学亲和力提供了一条比较理想的途径，历史事实也说明，在经过热化学家的一番努力，并运用热力学基本定律才实现了化学亲和力的定量化量度。

二、经典热力学的奠基

1780年，法国化学家拉瓦锡(Lavoisier)和拉普拉斯(Laplace)就报道过关于化学反应热的研究，并设计了第一台简陋的量热计。他们证明了一个反应所放出的热量等于其逆反应所吸收的热量；还研究过一些物质的比热、潜热及燃烧过程放出的热量。半个世纪以后，盖斯(Germain Henri Hess，1802—1850年)于1836年发现：在任何化学反应中，不论该化学过程是一步完成，或者是经过几个阶段完成，它所产生的热量始终是相同的。

1840年，他在圣彼得堡发表了一篇关于各种化学反应热的研究报告，指出生成物的制得不论经过多少中间步骤，释放的总热量总是相等。这一总热量守恒定律被命名为盖斯定律。19世纪50—60年代，法夫尔(R. Farue，1513—1580年)、西尔格曼(T. Silbermann，1806—1865年)和汤姆生(J. Thomson，1826—1909年)进行了热化学的研究，尤其是汤姆生出版了《热化学》著作，提出了化学亲和力与反应热效应有联系的思想。以后，贝特罗(M. Berthelot，1827—1907年)发明了精确测定燃烧热的方法(贝特

罗热弹)，提出了沿用至今的"放热"和"吸热"等术语，并指出"凡是没有外部能量输入的化学反应都有生成可以释放出更多热量的物质或物系的倾向"，被命名为贝特罗-汤姆生原理。贝特罗-汤姆生原理虽有相当大的局限性，但它预示了判断化学反应方向性的端倪。在化学家们着力研究反应热效应的这一时期，经典热力学取得了重大的成就。

1842 年，迈尔(Robert Mayer，1814—1887 年)提出了热功转化的规律；1845 年，焦耳(James Joul，1818—1889 年)进行热量的精确测量；1847 年，赫姆霍兹(H. Helmholz，1821—1894 年)发表了《论力的守恒》，全面论述了能量守恒与转化定律后，才算最终确定了热力学第一定律。1853 年，开尔文(Lord Kelvin)，即威廉·汤姆逊(William Thomson，1824—1907 年)给出能量函数 u 的定义：把给定状态中的物质系统的能量表示为"当它从这个给定状态无论以什么方式过渡到任意一个固定的零态时，在系统外所产生的用机械功单位来量度的各种作用的总和"，并把能量转化与物质系统的内能联系起来，给出了热力学第一定律的数学表达式：$du = \delta Q - \delta W$。热力学第一定律揭示了各种形式的能量之间相互转化和守恒的规律。

问题又出现了，即不违背热力学第一定律的过程是否都能发生呢？热力学第二定律则解决了热能与其他能量形式运动形式之间转化的特殊规律，即热功转化的方向性问题。热力学第二定律的思想始自 1824 年卡诺(Sadi Carnot，1796—1832 年)发表的《关于火的动力的研究》论文，提出了著名的卡诺循环和卡诺原理，并在论述热机的效率时指出：任何时候，不可能利用燃烧的全部推动力 1834 年，克拉佩隆(B. Clapegron，1799—1856 年)给出了卡诺循环的几何表示。1850 年，克劳修斯(Rudof Clausius，1822—1888 年)在进一步研究了卡诺和克拉佩隆的工作的基础上，发现其中包含着一个新的自然规律，即热力学第二定律。克劳修斯把这一规律表述为：不可能把热从低温物体转移到高温物体而不引起别的变化。1851 年，开尔文独立地提出了热力学第二定律的另一种表述方法：不可能从单一热源取热使之完全变为有用功而不产生其他影响。后来，奥斯特瓦尔德(W. Ostwald，1853—1932 年)用"第二类永动机不可能造成"来表述热力学第二定律。

1854 年，克劳修斯在《热的机械理论的另一形式》的论文中，提出把任意的可逆循环等效地看作由无数个卡诺循环构成，得出克劳修斯等式；1865 年，克劳修斯在《论热的机械论中主要公式适于应用的各种形式》的论文中，把上述关系推广到不可逆过程，得出克劳修斯不等式。同时，就是在这篇论文中引入了新的热力学函数——熵，给出了力学第二定律的数学表达式：$dS - \frac{\delta Q}{T} \geqslant 0$。在热力学第一、第二定律建立之前，开尔文于 1848 年基于卡诺和克拉佩隆的工作提出了绝对温标。开尔文指出此温标的特点是"这一温标系统中的每一度都有同样的数值，也就是说，只要一单位热从温度为甲的物体 A 传至温度为($T-1$)的物体 B，无论 T 是什么数值，都将给出同样数量的机械效应，这个温标的特点是它完全不依赖于任何物质的物理性质"。热力学第二定律建立之后，绝对温标易名为热力学温标，荷兰物理学家昂内斯(Onrles，1853—1927 年)又定义了一个热力学函数焓：$H = U + VP$；赫姆霍兹定义了赫姆霍兹自由能；吉布斯(Gibbs，1839—1903 年)定义了吉布斯自由能；麦克斯韦(Jamesclerka Maxwell，1831—1873

年)建立了热力学基本关系式;到 1906 年,能斯特(Nernst, 1864—1941 年)提出"热力学第三定律:若将绝对零度时完美晶体中的每种元素的熵值取为零,则一切物质均具有一定的正熵值;但是在绝对零度时,完美晶体物质的熵值成为零"。至此,经典热力学的基本定律已经确立。

虽然热力学建立过程并没有和几乎同时在进行的热化学的研究结合起来,但热力学基本定律却是反映化学反应体系中最一般的规律,所以很快就被化学家们所应用。例如,盖斯定律被看作热力学第一定律的直接结论;贝特罗-汤姆生原理被热力学特性函数所取代,用于判断化学反应自发的方向和限度。

三、化学热力学的确立

从物理化学的意义上讲,化学热力学的内容包括:热化学、热力学基础、化学平衡和相平衡等。狭义上讲,化学热力学则是把热力学基本定律应用于化学过程,解决化学平衡和相平衡的一般规律。因此,自然科学史家一般认为德国科学家霍斯特曼(A. F. Horstmann, 1842—1929 年)是第一个用热力学基本定律解释化学过程的人。1868 年,他在研究氯化铵的升华过程中发现蒸汽压随温度的变化关系服从克劳修斯—克拉佩隆方程。进一步利用这一方程式计算了一些水合物和碳酸盐的离解热。并在此后的几篇论文中,他继续应用热力学第二定律研究化学反应取得了一些成就。1884—1886 年,范霍夫(J. varrt Hoff, 1852—1911 年)将克劳修斯—克拉佩隆方程加以推广,使之适用于气体或稀溶液的物质之间化学平衡的所有情况,并提出用化学反应平衡常数 K 代替方程式中的压力(P 分解压),即得到范霍夫关于化学平衡的等压方程。他称之为化学反应的动态平衡原理,并叙述为:在物质体系的两种不同状态之间的任何平衡,因温度降低,向着产生热量的两个体系的平衡方向移动。

这一原理也分别在 1874 年和 1879 年由穆迪埃(J. Moutier)和罗宾(G. Robin)提出:压力的增加,有利于相应的体积变小的反应发生。差不多在范霍夫提出动态平衡原理的同时,勒夏特里(H. Le Chateller, 1850—1936 年)在研究了各种因素对化学平衡的影响之后,于 1884 年指出:任何一个处于化学平衡的系统,当某一确定系统平衡的因素(如温度、压力、浓度等)发生改变时,系统的平衡将发生移动。平衡移动的方向是向着减弱外界因素的改变对系统的影响的方向。这被称之为勒夏特里平衡移动原理。化学平衡移动原理是勒夏特里提出来的,范霍夫在这方面的工作主要是给它以热力学的阐述①。

吉布斯提出了处理化学平衡和相平衡的更一般的方法,可以说是牢固地构筑了化学热力学理论体系的基础。他对问题的研究完全是纯理论的,达到了高度的抽象性和普遍性。吉布斯对化学热力学的研究开始于 1873 年。这一年,他撰写了两篇论文——《图解方法在流体热力学中的应用》和《用曲面方法对物质热力学性质进行几何表示》,论述了用二维图形或三维空间曲面表示热力学的各种关系。用压力和体积为坐标表示

① 白锦会. 化学热力学的历史发展[J]. 华中师范大学学报,1991(2):241-247.

热力学的过程,这种方法以前就有人采用(如赫姆霍兹对一卡诺循环的表示),而吉布斯却研究取其他的量为坐标。他表示,如果取熵和体积为坐标,那么也能应用于不同凝聚状态共存时的场合,并倡导了当时科学家们不十分熟悉的状态方程,又在内能、熵、体积的三维坐标图中,给出了完全描述系统全部热力学性质的几何曲面。此后,吉布斯的第三篇论文《关于复相物质的平衡》,分别于1876年和1878年分两部分发表。文章长达300页,包括70多个公式,对问题的讨论进入多组分复相体系。在这篇论文中,吉布斯首次引入了化学势的概念。吉布斯针对由几种物质组成的不均匀系统,得到多组分体系的热力学基本方程,利用吉布斯的热力学基本方程,能够导出不均匀系统的一切热力学性质。由于吉布斯用来表述自已思想的数学推导相当严谨,除少数专家外,一般人无法理解其论文的真正含义,差不多20年以后,人们对吉布斯学说的评价才有定论,并逐渐传播开去。化学热力学发展到19世纪末还只能处理理想体系,或者将一些实际体系近似地当做理想体系处理,而与多数实际体系有较大的偏差。

路易斯(Gilbert Newton Lewis, 1875—1946年)于1901年和1907年先后发表过两篇论文,提出"逸度"和"活度"的概念,代替理想体系的压力和浓度,从而修正了实际体系和理想体系的偏差,扩大了化学热力学理论在实际体系中的应用。1924年,路易斯和兰德尔(M. Randall, 1888—1950年)合著《化学物质的热力学与自由能》,在这部著作中,他们把"亲和力"都改用为"自由能"一词。在热力学文献中,"亲和力"一词虽未被彻底更换,但其确切的含意在1922年以后被唐德尔(Theophile De Donder)阐述得更明确了。至此,应该说,化学热力学的理论框架已基本建立起来了。尤其对于化学亲和力的思考和理解,化学家的认识仅仅是一种原子间的价键概念,而物理学家则认为是化学过程的"能量"的概念,为理解化学亲和力(即产生这种化学作用的根本原因)指出了一条比较理想的途径。

四、化学热力学的拓展

在化学热力学形成的过程中,化学热力学的概念、理论、方法等都在向物理化学的其他领域,如溶液、电化学、胶体化学、表面化学等渗透,显示了化学热力学的实用性和生命力。1882年,法国化学家拉乌尔(F. Raoult, 1830—1901年)在系统地测定了29种有机化合物水溶液的凝固点降低值以后,发表了关于稀溶液凝固点降低值的研究报告,提出了凝固点降低公式。此后不久,有人发现溶液沸点的升高服从于类似的规律。在这期间,范霍夫对浦菲弗(Wilhelm Pfeffer, 1854—1920年)在1877年提出的稀溶液渗透压公式进行了研究,证明了其中的常数等于理想气体常数,并利用热力学方法,从渗透压公式导出凝固点降低公式等,证明了它们之间的联系,从而把稀溶液依数性的经验规律统一起来。1929年,希尔德布兰德(J. Hildebrand)提出正规溶液的概念;1932年,斯卡查德(George Scatchard)导出混合液体分子间相互作用能的公式,到1933年,建立了关于正规溶液混合热的斯卡查德-希尔德布兰德公式。至此,溶液理论的研究便建立在热力学的基础上。

能斯特把化学热力学应用于电化学的研究并取得成功，1889年，他得出了电极电位和电动势的渗透理论，认为电极电位是由金属-溶液的电位差决定的，电池的电动势是两个单电极的电位差的差值。由此得到了电极电位与电解质溶液活度之间的关系式，即能斯特公式，奠定了可逆电池的热力学基础，对通过电动势测定热力学量作了开创性的工作。

1878年，吉布斯应用热力学研究吸附现象，他将界面相视作二维的几何面，界面相只有面积而没有体积，但有其特殊的热力学性质，并建立了吉布斯吸附等温式，奠定了表面化学的基础。1916年，朗格谬尔(I. Langmuir，1881—1957年)导出了理想单分子层的朗格谬尔吸附等温式。1938年，布仑诺厄(Brunauer)、爱麦特(P. Emmett)和特勒(E. Teller)把朗格谬尔公式推广到多分子层吸附现象，得出BET公式，成为测定固体比表面的标准方法。1940年，古根海姆(E. Guggenheim)将界面视作三维的热力学相，具有一定的体积、内能、熵等，使表面化学的处理方法更接近于实际的物理状态。

由于吉布斯等杰出物理学家的贡献，使化学热力学建立起了一个演绎性质的理论体系。但是，热力学本身是在人类实践经验的基础上完成的理论，这种经验受到人们感觉能力的制约，必然停留在近似的程度上。对此，吉布斯在19世纪80年代也曾指出：由经验确定的热力学定律表达的是大量粒子组成的体系之近似与可几的行为，热力学的合理基础建立在力学的一个分支上。吉布斯把这一力学分支叫统计力学，并坚信“热力学定律能够轻易地从统计力学的原理得出”。经过吉布斯前后几代科学家的努力，到20世纪初叶已经建立起统计力学的理论体系。统计力学作为对化学热力学的补充和提高，使得化学家们根据分子和原子的内部结构、微观机制、光谱性质等计算其宏观热力学量、预测化学反应的宏观规律成为可能，从而极大地丰富、发展和完善了化学热力学的理论和方法。

阅读材料

永动机

永动机是一类所谓不需外界输入能源、能量或在仅有一个热源的条件下便能够不断运动并且对外做功的机械。不消耗能量而能永远对外做功的机器，它违反了能量守恒定律，故称为“第一类永动机”。在没有温度差的情况下，从自然界中的海水或空气中不断吸取热量而使之连续地转变为机械能的机器，它违反了热力学第二定律，故称为“第二类永动机”。这两类永动机是违反当前客观科学规律的概念，是不能够被制造出来的。1775年法国科学院通过决议，宣布永不接受永动机，现在美国专利及商标局严禁将专利证书授予永动机类申请。“第三类永动机”泛指永远都在动的机器，指将一种能转化为功，既消耗能量无限做功。

永动机的想法起源于印度，公元1200年前后，这种思想从印度传到了伊斯兰教世界，并从这里传到了西方。在欧洲，早期最著名的一个永动机设计方案是十三世纪

时一个叫亨内考的法国人提出来的。轮子中央有一个转动轴,轮子边缘安装着12个可活动的短杆,每个短杆的一端装有一个铁球。方案的设计者认为,右边的球比左边的球离轴远些,因此,右边的球产生的转动力矩要比左边的球产生的转动力矩大。这样轮子就会永无休止地沿着箭头所指的方向转动下去,并且带动机器转动。这个设计被不少人以不同的形式复制出来,但从未实现不停息地转动。后来,文艺复兴时期意大利的达·芬奇(Leonardo da Vinci, 1452—1519年)也造了一个类似的装置,他设计时认为,右边的重球比左边的重球离轮心更远些,在两边不均衡的作用下会使轮子沿箭头方向转动不息,但实验结果却是否定的。

16世纪70年代,意大利的一位机械师斯特尔又提出了一个永动机的设计方案。斯特尔在设计时认为,由上面水槽流出的水,冲击水轮转动,水轮在带动水磨转动的同时,通过一组齿轮带动螺旋汲水器,把蓄水池里的水重新提升到上面的水槽中。他想,整个装置可以这样不停地运转下去,并有效地对外做功。实际上,流回水槽的水越来越少,很快水槽中的水就全部流进了下面的蓄水池,水轮机也就停止了转动。浮力也是设计永动机的一个好帮手,这是一个著名的浮力永动机设计方案。一连串的球,绕在上下两个轮子上,可以像链条那样转动。右边的一些球放在一个盛满水的容器里。设计者认为,右边如果没有那个盛水的容器,左右两边的球数相等,链条是会平衡的。但是,右边这些球浸在水里,受到了水的浮力,就会被水推着向上移动,也就带动整串球绕上下两个轮子转动。上面有一个球露出水面。下面就有一个球穿过容器底,补充进来。这样的永动机也没有制成,是不是因为要下面的球能够通过容器底,而又不能让水漏出来,制造起来技术上有困难呢?技术上的困难并不是主要问题,主要问题还是出在设计的原理上。当下面的球穿过容器底的时候,它和容器底一样,要承受上面水的压力,而且是因为在水的最下部,所以它受到的压力很大。这个向下的压力,就会抵消上面几个球所受的浮力,这个永动机也就无法永动了。此外,人们还提出过利用轮子的惯性,细管子的毛细作用,电磁力等获得有效动力的种种永动机设计方案,但都无一例外地失败了。

19世纪中叶,一系列科学工作者为正确认识热功能转化和其他物质运动形式相互转化关系做出了巨大贡献,不久后伟大的能量守恒和转化定律被发现了。人们认识到:自然界的一切物质都具有能量,能量有各种不同的形式,可从一种形式转化为另一种形式,从一个物体传递给另一个物体,在转化和传递的过程中能量的总和保持不变。能量守恒的转化定律为辩证唯物主义提供了更精确、更丰富的科学基础。有力地打击了那些认为物质运动可以随意创造和消灭的唯心主义观点,它使永动机幻梦被彻底的打破了。在制造第一类永动机的一切尝试失败之后,一些人又梦想着制造另一种永动机,希望它不违反热力学第一定律,而且既经济又方便。比如,这种热机可直接从海洋或大气中吸取热量使之完全变为机械功。由于海洋和大气的能量是取之不尽的,因而这种热机可永不停息地运转做功,也是一种永动机。然而,在大量实践经验的基础上,英国物理学家开尔文于1851年提出了一条新的普遍原理:物质不可能从单一的热源吸取热量,使之完全变为有用的功而不产生其他影响。这样,第二类永动机的想法也破灭了。层出不穷的永动机设计方案，都在科学的严格审查和实践的无情检验下一一失败了。1775年，法国科学院宣布"本科学院以后不再审查有关永动机的一切设计"。这说明在当时科学界，已经从长期所积累的经验中，认识到制造永动机的企图是没有成功的希望的。永动机的想法在人类历史上持续了几百年，这个想法被驳倒，不仅有利于人们正确的认识科学，也有利于人们正确的认识世界。能量既不能凭空产生，也不能凭空消失，只能从一种形式转化成另一种形式，或者从一个物体转移到另一个物体。在转化和转移过程中，能量的总和不变，这就是能量守恒定律。

第二节 工业革命前的蒸汽机技术

蒸汽机是第一次工业革命的最重要的技术之一，但是历史中对整机技术的研究早就开始了，从古希腊到中世纪，工程师们对如何利用整机技术的研究一直都没有停止过，到了17世纪终于由萨弗里和纽可门制造出了现代意义上的蒸汽机。

一、早期的蒸汽机技术探索

人们很早就发现做功能使物体发热，但很晚才明白让一个热的物体冷下来也可以用来做功。一般人们认为，古希腊亚历山大城的数学家希罗(Hero)在公元前后150年之间发明了第一部蒸汽机。而最早的较有意义的尝试，是从罗马林琴学院创始人波尔塔开始的，他在《神灵三书》中提出：可以让蒸汽机的压力使水提升，而蒸汽冷却后形成的真空又可以将水从低处吸进来。但这只是一种实验装置，没有多少实际意义。在接下来的几个世纪，被称为为数不多的蒸汽为动力的"引擎"是一样的，使用这个发明基本上是利用了蒸汽的动力属性。一个基本的汽轮机设备是在1606年发明出来的，它为了从被淹没的矿井中进行排水。丹尼斯·帕潘，一个胡格诺难民，做了一些蒸汽技术的有益工作，并于1679年首次使用了活塞，并在1690年后逐渐被采用。

此后，工程师苏默塞脱发明蒸汽提水装置，并开始在布拉兰堡得到实际应用。但机器结构的图样没有留下。据记载，沃塞斯特侯爵因为从事这个发明弄得倾家荡产，他不愧为蒸汽机发明史上的先驱者。前面提到的装置都是利用蒸汽压力作功的装置。到了17世纪，很多学者和发明家都在考虑如何利用蒸汽遇冷凝结，形成真空，而使大气压力作功的课题。在这些学者中，我们要特别提到德尼·巴本。1690年他应用汽缸和活塞的装置，制造出第一部活塞式动力机械模型。先使汽缸下部盛水，加热使水变成蒸汽。蒸汽压迫活塞，使它向上运动。活塞上行到头后，被插销固定起来。移去热源，蒸汽冷凝，汽缸内形成真空。拔去插销，外部的大气压迫活塞，使它向下运动，从而通过杠杆提起重物。他认为这种机器可以用于排除矿井积水，推进船只等。巴本的技术虽然没有

成功，但是他却为以后的活塞式动力机械的发展开辟了道路。

二、萨弗里的蒸汽泵

17世纪末，英国的许多矿井遇到了严重的积水问题。当时一般只有靠马力拉动辘轳来排除积水。据说有一个矿竟要用50匹马来做这项工作。这样就大大影响了矿主的赢利。而对于较深的矿井，还有各种技术上的困难。针对这种情况，军事工程师出身的托马斯·萨弗里积极进行了蒸汽排水机的研究。1698年他制成了这种机器。随后他写了一本名叫"矿工之友"的小册子，分送给各矿主，介绍他这部"用火来提水"的机器。萨弗里机器的特点是把蒸汽压力和大气压力的利用结合起来。将锅炉产生的蒸汽导入汽箱。利用蒸汽把水从另一管压出，达到提水的目的。萨弗里的机器在一些矿井上得到应用，也曾用于城市或私人住宅供水，但是用于排除深井积水却遇到困难。要排除深井积水就必须加大锅炉的蒸汽压力。但是，在当时的锅炉材料和焊接技术的条件下，产生三个大气压的蒸汽压已是最大限度了。这样，每部萨弗里机器最多只能提水60到80英尺。这种机器的燃料消耗也很大。所以塞弗里的机器虽然取了"矿工之友"的雅名，却还没有具备在矿山上普遍推广的条件。

图3.1　托马斯·萨弗里发明的蒸气驱动的泵

萨弗里制成的世界上第一台实用的蒸汽提水机，在1698年取得标名为"矿工之友"的英国专利。他将一个蛋形容器先充满蒸汽，然后关闭进汽阀，在容器外喷淋冷水使容器内蒸汽冷凝而形成真空。打开进水阀，矿井底的水受大气压力作用经进水管吸入容器中；关闭进水阀，重开进汽阀，靠蒸汽压力将容器中的水经排水阀压出。待容器中的水被排空而充满蒸汽时，关闭进汽阀和排水阀，重新喷水使蒸汽冷凝。如此反复循环，用两个蛋形容器交替工作，可连续排水。萨弗里的提水机依靠真空的吸力汲水，汲水深度不能超过六米。为了从几十米深的矿井汲水，须将提水机装在矿井深处，用较高的蒸汽压力才能将水压到地面上，这在当时无疑是困难而又危险的。

三、纽可门的活塞蒸汽机

第一个较为实用的蒸汽机是英国铁匠纽可门(1663—1729年)于1705年制成的。这台机器吸取了巴本和萨弗里机器的优点。最大的改造在于他在汽缸里装了一个冷水喷射器，这样冷凝速度和热效率大为提高。同时，他的机器是靠大气压力作用，不存在高压蒸汽的危险性，实用效果良好。

纽可门蒸汽机比萨弗里机要优越得多。例如，1712 年建立在杜德来堡煤矿的纽可门机，每分钟 12 冲程，每冲程能将 10 加仑水提高 153 英尺，即功率为 51 马力；而塞弗里的“矿工之友”功率只有 1 马力。纽可门机很快在英国很多矿井得到推广，也用于城市供水和农田的排灌。据估计，在七八十年内，英国每年平均有两部纽可门机制造出来。

小知识

纽可门

纽可门(Thomas Newcomen)是英国工程师，蒸汽机发明人之一。纽可门生于英国达特马斯的一个工匠家庭，年轻时在一家工厂当铁工。从 1680 年，与工匠考利合伙做采矿工具的生意，由于经常出人矿山，非常熟悉矿井的排水难题，同时发现萨弗里蒸汽泵在技术上还很不完善，便决心对蒸汽机进行革新。他发明的常压蒸汽机是瓦特蒸汽机的前身。纽可门于 1705 年取得“冷凝进入活塞下部的蒸汽和把活塞与连杆联接以产生运动”的专利权。为了研制更好的蒸汽机，纽可门曾向萨弗里本人请教，并专程前往伦敦，拜访著名物理学家胡克，获得厂一些必要的科学实验和科学理论知识。此后，纽可门继续改进蒸汽机，于 1712 年首次制成可供实用的大气式蒸汽机，被称为纽可门蒸汽机。这台蒸汽机的汽缸活塞直径为 30.48 厘米，每分钟往复 12 次，功率为 5.5 马力。但热效率低，燃料消耗量大，仅适用于煤矿等燃料充足的地方。鉴于科尼什锡矿用畜力排水代价太高，于是他同助手一起用了 10 年多的时间试制成一台蒸汽泵。纽可门机器的压强不受限于蒸汽压强，当蒸汽凝结，在汽缸里形成真空时，则由大气压强将活塞推下。有记载的第一台纽可门蒸汽机是 1712 年在斯塔福德郡的达德利堡附近安装的。为了在汽缸里造成真空，纽可门发明了内凝喷嘴和自动阀动装置。利用相当于大气压的蒸汽，他保持材料在其工作极限以内。纽可门的机器多年用于矿井排水，也用来提水以推动水车。纽可门蒸汽机被广泛应用了 60 多年，在瓦特完善蒸汽机的发明后很长时间还在使用。纽可门蒸汽机是第一个实用的蒸汽机。他为后来蒸汽机的发展和完善奠定了基础。

纽可门认为，萨弗里蒸汽泵有两大缺点：一是热效率低，原因是由于蒸汽冷凝是通过向汽缸内注入冷水实现的，从而消耗了大量的热；二是不能称为动力机，基本上还是一个水泵，原因在于汽缸里没有活塞，无法将火力转变为机械力，从而不可能成为带动其他工作机的动力机。对此，纽可门进行了改进。针对热效率问题，纽可门没有把水直接在汽缸中加热汽化，而是把汽缸和锅炉分开，使蒸汽在锅炉中生成后，由管道送入汽缸。这样，一方面由于锅炉的容积大于汽缸容积，可以输送更多的蒸汽，提高功率；另一方面由于锅炉和汽缸分开，发动机部分的制造就比较容易。针对火力的转换，纽可门吸收了巴本蒸汽泵的优点，引入了活塞装置，使蒸汽压力、大气压力和真空在相互作用下推动活塞作往复式的机械运动。这种机械运动传递出去，蒸汽泵就能成为蒸汽机。纽可门通过不断地探索，综合了前人的技术成就，吸收了塞弗里蒸汽泵快速冷凝的优点，吸收了巴本蒸汽泵中活塞装置的长处，设计制成了气压式蒸汽机。纽可门蒸汽机，实现了用蒸汽推动活塞做一上一下的直线运动，每分钟往返16次，每往返一次可将45.5升水提高到46.6米。该机即被用于矿井的排水。

1729年，纽可门去世的那年，他的机器就已经传到匈牙利、法国、比利时、德国、奥地利、瑞典等国家了。

图3.2　纽可门发明的蒸汽引擎的矿井抽水

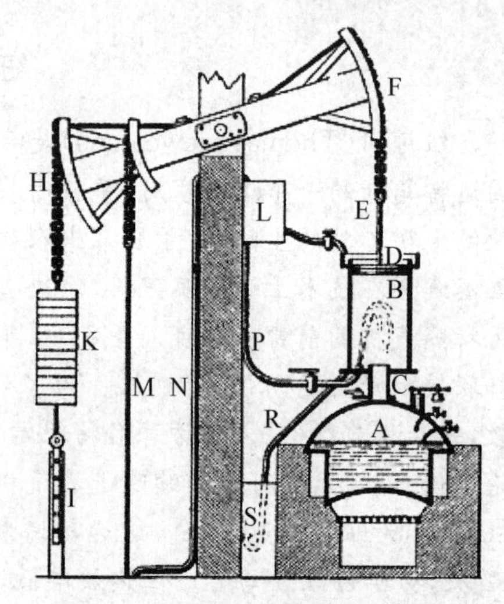

图3.3　纽可门的气压蒸汽机

一些纽可门蒸汽机至今还在英国一些不易排水的深矿中使用，比起常见的发动机，这些都是大型机器，需要大量的资金来建设，并且能产生约5马力的动力。按现代标准来看它们极其低效的，但是当地的煤很便宜。尽管具有很多缺点，纽可门蒸汽机依然是非常可靠的，易于维护，并一直在煤矿中使用，直到19世纪最初几十年一直在使用。

阅读材料

瓦特的故事

1736年1月，瓦特(James Watt)在苏格兰的格斯哥市附近的格里诺克镇降生，其父工匠出身，中年发迹，办了造船厂及海运业务，家境殷实。瓦特少年时代在镇上最好的中学上学，成绩优秀，数学尤为突出，校长曾拟荐送他去上大学。瓦特的父亲在瓦特很小的时候，就在工厂里给他设立了一个工作台，让他动手修理工具、仪器。几年以后他居然可以做出合格的器具，工匠们认为他心灵手巧。但在瓦特中学即将毕业的时候，一场重大海难事故使他家破产，不久母亲去世，家道中落。瓦特主动要求放弃上大学，出门拜师学艺，帮助父亲维持家中生计。1755年，19岁的瓦特到伦敦一家仪器制造厂当学徒，除了白白给厂主干活以外，还要交20个基尼的学费。12个月后学徒期满，瓦特回到老家格里诺克镇，半年没有工作。

1756年，一位富商捐给格拉斯哥大学一批"二手"的天文仪器，在海运途中遭损。大学主管找瓦特来清洗修理这批仪器。瓦特一个人把全部仪器修好，正常使用，显示了高超的工匠技艺，得到5英镑报酬。1757年，21岁的瓦特成了格拉斯哥大学实验室的"编外员工"，学校给他一个"大学数据仪器制造者"的头衔，提供一个工作间和宿舍，但是没有基本工资，只按完成的工件给报酬。瓦特在此住到1763年(27岁)。也是在1757年，格拉斯哥大学的一台纽可门式蒸汽发动机坏了，送到伦敦去修理，未修好。取回后，让瓦特来修，要求是"能转起来"。瓦特很快将这台纽可门式蒸汽发动机修好，"转了起来"，受到校方赞许。但是，瓦特发现这台发动机热量的浪费是如此之大——它所配备的锅炉产出的蒸汽只能供发动机运行几十个冲程，无法长期运转。这使瓦特开始了对蒸汽机的研究。

瓦特对蒸汽机的实验研究，得到教授们的支持。修好那台旧的纽可门式蒸汽发动机以后，瓦特思考了3个问题：

(1) 一定数量的水能产生多少数量的蒸汽；

(2) 产生这些蒸汽要用多少热量；

(3) 让这些蒸汽冷凝成水，又要用多少冷水。

为此，他设计了一些实验，在自己的小工间里测试。格拉斯哥大学当时有一个好校风：不少大教授与普通工匠是好朋友。原因有两个。一是教授们认为，再好的设计思想，没有技术高超的工匠的参与，也只能停留在理论上，很难变为发明创造的现实。例如，布莱克教授是用瓦特为他特制的精密仪器仪表，定量地测定了"潜热"，建立了潜热理论。二是工匠们从教授那里学到知识，开阔眼界，知道很多外部的事情。例如，正是布莱克告诉瓦特，水变为蒸汽所需要的热量，比加温到100℃时大得多的原因就是"汽化潜热"。后来，布莱克教授、罗比森教授等在瓦特研究蒸汽机的过程中，给过他很多帮助，他们3人成为终身好友。瓦特通过一系列的实验研究，一直在思考如何解决蒸汽机的热量损失问题。他试做过各种各样的"冷凝器"，但一直没有成功。造成热量损失的另一个问题是：汽缸和活塞之间漏气十分严重。瓦特一直未找到办法解决汽缸内壁的精加工问题。研究工作拖延了好几年，以致于瓦特已无力继续搞下去。

后来，大学里瓦特的几位教授朋友，介绍大企业家马修·博尔顿来加盟。博尔顿以企业家的远见，认为这项研究可以取得巨额财富，决定投入资金和精力来做这件事，同时提出了研究的运作模式要改变，要运用企业机制来运作。他主要的意见如下。

(1) 成立"瓦特—博尔顿公司"，按股份制模式运作，博尔顿的资金和精力的投入，要拥有发明股权的2/3，瓦特拥有股权的1/3。

(2) 瓦特要全力投入研究工作中去，博尔顿提供生活经费，并建立新厂房和提供研究设备与器材。

(3) 到社会上招募优秀的工匠来试制新发动机的部件,不能把新发动机的制作交给一般的工匠去做。

(4) 通过博尔顿的广泛的社会渠道,引进方方面面的先进工艺技术,例如博尔顿的好友——工厂主威尔金森,当时已发明了镗床,因此他建议将新发动机的汽缸加工交给威尔金森去做。

(5) 及早进行发动机的小批量生产,利用博尔顿的商业渠道和朋友关系,进行样机试销,为研究资金不枯竭创造前提,不再重蹈过去几位实业家资金维持不下去的覆辙。

开始,瓦特并不完全赞同这些意见,但当时他处于无奈境地,也就接受了。事后证明,博尔顿的这些意见是正确的。

博尔顿这一整套办法的实施,大大加快了发动机的研究进度,终于在1770年前后投产了首批2台样机,分别安装在矿井和炼铁厂。尽管样机还存在不少毛病,但它强大的功率和较高的热效率,比原来使用的纽可门发动机好得多,煤矿里深层的水抽得出来了,深层的煤挖得出来了,而且运行成本低得多。使用样机的厂矿主人获得了巨大的利益,邻近一些厂矿纷纷要求订购新型发动机。

但在,当时又出现了新问题,即人们不熟悉这种新机器,不会正确安装和操作这台机器,运行中出了许多不该出的问题,导致人们对新发动机的可靠性产生了怀疑。瓦特和博尔顿四处奔波解决各种问题,再扩大生产就成了问题。在博尔顿的主导下,组成了"售后服务"的专业队伍,并物色到优秀的技师威廉·默多克来主持。默多克是一位类似瓦特的人物,对工作十分敬业,并且喜欢创新,对新发动机进行了多项改进,使它日益完善。由于这一系列工作,矿区安装运作的发动机很快增加到55台。新型蒸汽发动机进入了批量生产,资金不断涌入。蒸汽机的研发—生产—研发进入良性循环。有了这个前提,进一步的研究从多方面展开了,先后成功研制出离心稳速器和将往复运动转变为旋转运动的机构,等等。到1781年前后,新型蒸汽发动机已被社会广泛接受。从1757年开始研发新型发动机,到1781年成功,共渡过了24年艰难岁月。

(选自:宋子良.瓦特成功的奥秘何在[J].哲学研究,1985:22-28)

第三节 工业革命中的蒸汽机技术

从英国人纽可门的蒸汽机开始,经过1775年瓦特完成的新式蒸汽机机,发明和工程开始形成紧密的伙伴关系。博尔顿和瓦特的合作成了工业革命的最重要的贡献之一,并形成了英国的经济创新技术中心。这种合作伙伴通过解决技术难题和传播将技术转移给其他公司。类似的公司也做了同样的事情在机器行业尤为重要。从矿山到钢厂,蒸汽机用于越来越多的行业。蒸汽机的引入不仅提高了生产效率和技术,还给其他领域带来了更多的变化。

一、瓦特改良蒸汽机

在瓦特之前，1720年雅各布·莱波尔德对蒸汽机进行了改进，这是蒸汽机的第一个成功的商业应用，因为它可以持续产生动力，并传送给一台机器，是真正意义上的蒸汽发动机，这是在纽可门和萨弗里技术上进行改进的结果。纽可门的发动机相对效率低，而且在大多数情况下，只能用于泵水。而莱波尔德记载的两缸的高压蒸汽发动机，用两个引入加权活塞提供连续运动。每个活塞由蒸汽压力升高并靠重力返回到其原来的位置。两活塞共享一个共同的四通旋转阀，并直接连接到蒸汽锅炉。

纽可门的机器虽然在水的排水上有实用价值，但是它的煤耗却很大。据后来有人计算，纽可门机只利用了不到百分之一的燃煤热量。这就使它在使用上很不经济。同时，它只能产生往复运动，这也限制它成为一部能在各种生产部门普遍推广的动力机器。纽可门机的这些缺点正是瓦特工作的起点。年轻的瓦特经过一系列改进，他发现纽可门蒸汽机为了产生真空，每一冲程还要用冷水将汽缸冷却一次，造成巨大的热量损失，这也是机器运转不好的主要原因。为了彻底掌握纽可门机的各种细节，瓦特还专门仿造了几部纽可门机。这样瓦特就既能继承纽可门机的优点，又能改进其缺点。

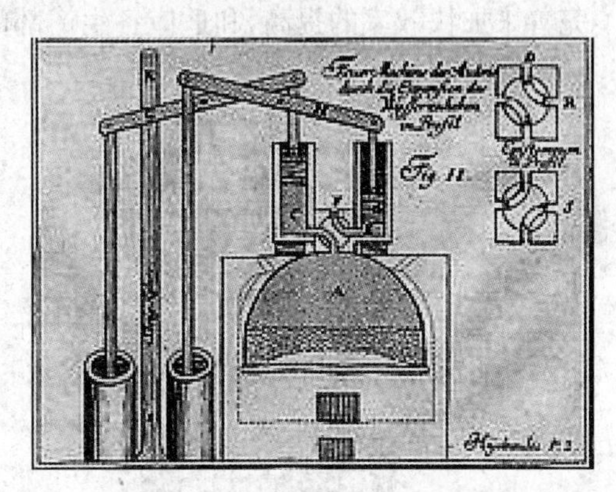

图 3.4　1720年莱波尔德的蒸汽机

同时，他还研读了许多多关于蒸汽机发展的历史的书籍。瓦特后来能成为蒸汽机发明的巨人，就因为他首先是站在纽可门和其他蒸汽机发明的先驱者的肩膀上。经过对纽可门机的修理、仿制，对蒸汽性质、燃煤消耗、各种材料的比热等方面的分析，瓦特认识到要克服纽可门机热量损失过大的缺点，使机器正常运转，必须使汽缸“保持蒸汽的温度”。

瓦特花了好几年时间对纽可门蒸汽机进行改进，终于在1769年制造出了带有分离冷凝器的蒸汽机，显著提高了热效率，并且获得了他的第一项专利。为了解决活塞只能作往返直线运动的局限性问题，瓦特以十年磨一剑的精神，发明了带有齿轮和拉杆的机械联动装置，让活塞往返的直线运动转变为齿轮旋转的圆周运动，从而可以把动力传给任何工作机，用来带动车床、锯、粉碎机、车轮和轮船推进器等，使蒸汽机真正成为通用的原动机，并于1781年获得第二项专利。紧接着，瓦特又把原来的单项汽缸装置改装成双向汽缸，使蒸汽可以从两端进入和排出，并首次把引入汽缸的低压蒸汽变为高压蒸汽，再次提高了热效率，于1782年获得第三项专利。通过对改进纽可门蒸汽机的这三次技术飞跃，纽可门蒸汽机完全演变为了瓦特蒸汽机。1784年，在瓦特又开始接触了纽可门蒸汽机后整整20年，瓦特以其带有飞轮、齿轮联动装置和双向装置的高压蒸汽机的综合组装取得了他的第四项专利，无可动摇地确立了他作为广泛应用的蒸汽机的发明者的地位。1788年,瓦特发明了独创性的离心调速器和节气阀,当机器到达一定速度时,该阀门能自动关闭——它通过机器本身的反馈工作,使整个系统自我调节,起到了动力自动化的决定性作用。1790年,瓦特又发明了汽缸示工器。至此,从28岁到54岁,通过长达26年的不懈努力,瓦特终于完成了集原始创新、集成创新、引进消化吸收再创新于一体的定型蒸汽机发明的全过程。

后来,瓦特还发明了根据输出功率的需要来控制输入蒸汽的调速器,瓦特的调速器也是历史上最一早的一种自动控制装置。再加上其他的一些改进,到了1788年,瓦特的双动机成熟起来,近代蒸汽机的雏形业已形成。以后的发明大都属于机械结构上的完善来加快效率的提高,和适应各生产部门的专门要求所作的各种改进。

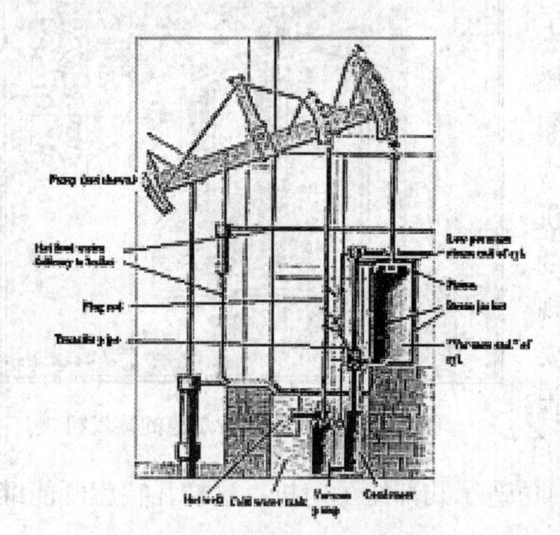

图3.5 早期的瓦特蒸汽机

瓦特改进的纽可门发动机(1763—1775年)是工业革命中的蒸汽机的一个最重要改进,它包括一个独立的冷凝器。瓦特着手进一步发展自己的发动机,对其进行修改,以提供适合驱动机械厂的旋转运动。这使工厂从河流选址中解放出来,并进一步加速了工业革命的步伐。从此,蒸汽动力扩展到了各种各样的实际应用。起初,它被应用到往复泵,但18世纪80年代开始用旋转引擎(即那些将往复运动转变为旋转运动),带动机械厂的骡机和动力织布机。在18世纪、19世纪之交,海上和陆地蒸汽动力逐渐占据了主导地位。蒸汽机

图3.6 瓦特改良后的蒸汽机①

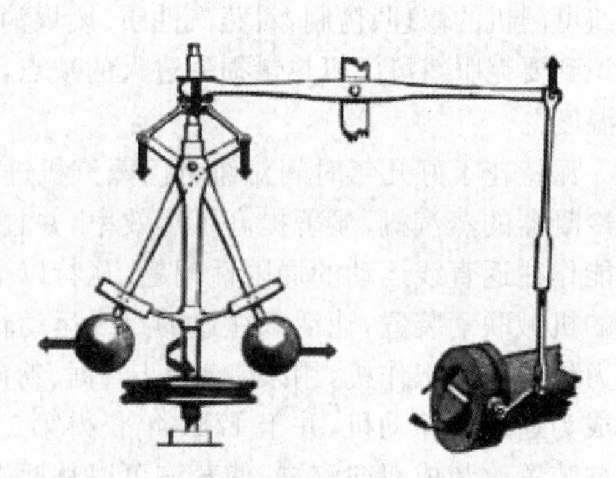

图3.7 瓦特发明的飞球离心调速器②

① 刘亚俊.科学研究从工程问题中汲取养分:跟蒸汽机相关的科学研究[J].物理与工程,2014(4):54-58.
② 同上。

可以说一直是工业革命背后的动力，受到了广泛的商业应用，包括磨坊和矿、抽水站以及推进运输设备，如铁路机车、船舶、轮船和公路车辆等。它们在农业上可用于栽培。锅炉和冷凝器的重量通常会使比内燃机蒸汽装置的功率重量低。对于移动应用蒸汽机械，已在很大程度被内燃机或电动马达上取代。然而，大多数发电的汽轮机厂，还一直依赖于蒸汽动力。工业革命其实就是一场先进的蒸汽运动。

二、高压蒸汽机技术的进步

1781 年，霍恩布洛尔取得了第一台复合式蒸汽机的专利，利用双缸使蒸汽二级膨胀，以产生较高的热效率和功率，提高蒸汽压力。这种蒸汽机经过伍尔夫的改进，并在 1803 年取得专利，节约了燃料 50%，经过多次改进，至 1816 年热效率分别达 12%和 17%，功率分别增加到 104 和 149 马力。

1802 年，特维西克制造了一台高压蒸汽机，开拓了使用增加压力提高蒸汽机热效率和功率的方法。1803 年，弗里曼特尔申请了“蚱蜢式”机构的专利，实现了直接作用式蒸汽机。1830 年作用蒸汽机的实践情况如下：在大型工厂中使用的标准原动力是瓦特的喷射冷凝式杠杆蒸汽机。在较小的企业，通常使用“蚱蜢式”蒸汽机。在矿山和水利过程中，使用的是特维西克的高压蒸汽机

卧式固定发动机的发明。固定式蒸汽机的早期发明者认为，卧式气罐将会被过度磨损。因此，它们的发动机都是垂直的。随着技术的进步，蒸汽机功能逐渐强大，所占的空间也越来越小，于是卧式水平发动机成为可能。水平蒸汽机机的专利于 1849 年被科利斯获得，而在瓦特的时代没有人发明这样高效率蒸汽机的。它除了少用 30%的蒸汽，还提供了更均匀的速度，从而使其非常适于制造业，特别是棉纺。

三、蒸汽机车

蒸汽机的问世，改变了人推车与马拉车的运输局面，1787 年英国工程师默多克发明了一辆用蒸汽机驱动的无轨火车。然而，作为火车的出现，蒸汽机动力用于陆地运输首先应该有陆轨。早在矿井掘煤时期，用木头铺就的路轨有效地提高了运输能力，以后矿工们又发现用铁皮包着木轨摩擦力更小，且运输量更大，得以广泛采用。随着冶金业的发展，铸铁路轨出现了，木路演变成铁路，将铁路与蒸汽机车相联系，造出真正意义上的火车的，是英国的一位矿山技师特维西克。1802 年，特维西克制造出第一台成型的蒸汽机车，在机车点火烧汽的时候，特维西克却离开现场去喝水了，待他返回时锅炉已烧得通红，水早已烧干，结果机车损坏了。1804 年，特维西克又造了一台名叫“新城堡号”的机车，这是世界上第一台行驶在铁轨上的蒸汽机车，有一个 1.5 米长的锅炉和一个大飞轮，用方向盘来操纵驾驶，在冶炼厂投入运行，牵引着敞篷货车，可以拉 10 吨货物。但是，这台机车实在太笨重了，由于行驶中的振动发生车轴断裂，所铸铁路轨很脆，承受不了沉重的负载和冲击，导致铁轨断裂，常常使列车不能正常运行。

面临技术上的一大堆难题，由于得不到应有的支持和配合，令特维西克陷入困境。

为解决蒸汽机车自重问题，他又设计了轻型机车，但影响运输效率且不实用，特维西克束手无策，他决定终止研制而转向其他事业了。特维西克虽然未获成功，但他以事实证明了蒸汽机车光滑的金属轮子在光滑的金属轨道上完全可以产生足够的牵引力。特维西克放弃试验后，1812年英国人莫莱和布雷金索浦及以后的赫德利，都相继展开过火车头的研制试验，但都以失败告终。蒸汽机的使用大大地扩展了社会生产的范围，然而交通运输成为突出的薄弱环节，远远不能适应生产力日益发展的需要，人们企盼“铁路时代”的到来。

为铁路正式登上历史舞台作出卓越贡献的，是一位在科学的道路上持之一以恒艰苦探索的英国机械工程师——乔治·斯蒂芬森(1781—1848年)。

1812年，伦敦工业博览会展出了特莱维克西的蒸汽机车，激发了斯蒂芬森立志完成这项伟大发明的雄心壮志。他认真对火车头进行研究分析，总结前人的失败教训，采取将蒸汽活塞的连杆与机车车轮直接连接的创举，由于车轮和机车自身的惯性就足够了，就省去了毫无必要的飞轮和齿轮，经过反复试验，1814年他制造出一辆命名为“半统鞭号”的蒸汽机车，并成功投入基林沃斯矿区行驶，机车时速虽仅为6.5千米，但能牵引8辆装有30吨煤的货车运行。运货效果比较理想，但也暴露出运行时车体严重振动及噪声太大，曾造成路轨破裂，烟囱里冒出的滚滚浓烟火星飞溅把车道两侧的树木都烧焦了。当时有人开始诅咒这辆蒸汽机车了。

斯蒂芬森继续改进机车，他在机车上装上压力弹簧来减震，还采用蒸汽鼓风法，将机车喷出的蒸汽引进烟管，促使气流合理循环，还可以让煤炭燃烧得更旺，火车头的牵引力也就更大了。经过这些改进之后，蒸汽机的性能更加改观了。

1821年，他大胆的放弃了那种带导向凸缘的所谓“铁轨”，而选择了需要配合以带凸缘车轮的机车和车辆的形状简单的“边轨”。针对铸殊易脆裂而选择不易断裂且具有韧性的熟铁材料制造铁轨。英国政府立刻采纳了斯蒂芬森的建议，轧制出熟铁轨(钢轨)，并在枕木下加铺小石块，1822年英国建成了世界上第一条标准铁路。

1828年，斯蒂芬森和他的儿子罗伯特·斯蒂芬森改进研制出新型的蒸汽机车——“火箭号”，不断突破机车行驶速度，在蒸汽机科技发展史上意义重大。“火箭号”获得如此成功，归功于斯蒂芬森父子攻克了关键技术：使用了管式锅炉，并把汽缸改装在锅炉侧面，由于有了火箭号的优越机车，1830年，斯蒂芬森支持投入运营的曼彻斯特到利物浦的铁路成为世界上第一条完全依靠蒸汽动力运输的铁路线，此后20多年间，铁路运输在欧美各国迅速发展起来，形成铁路网。据统计：到了1900年，全世界的铁路总长已达80万千米。

乔治·史蒂芬森

乔治·斯蒂芬森(1781—1848年)是一位从底层的穷苦矿工中走出来的发明家，他被公认是“蒸汽机车之父”。很多国家如德国、比利时、波兰、圣马力诺、刚果等，都把他和机车的画面作为纪念邮票发行。1975年,他的祖国英国也发行了一版面值7便士的纪念邮票,来纪念这位使一个冒着黑烟的庞然大物在铁轨上飞驰的发明家。斯蒂芬森出生于一个贫穷的矿工家庭。他10岁做童工,14岁下矿井,17岁开始独立操作矿井里的蒸汽抽水机。后来他当了一名矿井升降机的司机,这在当时属于"技术含量高"的工作。直到18岁时他还是个文盲,不过斯蒂芬森对机械有着巨大的兴趣,他常常把自己管理的机器拆成零件后再组装起来,以熟悉机械结构。19岁时他才开始上夜校,学会了写自己的名字。有一次,他修复了一台被判定报废了的泵机,这件事让他声名大噪,他被煤矿老板任命为动力机匠,负责管理矿上所有的机器。

18世纪末,当时的煤炭运输是用马拉货车在木制的轨道上将煤炭从矿井运往各港口,再通过船舶送往各地。虽然瓦特改进过的蒸汽机已经用于矿井里抽水(斯蒂芬森父子两代都是这种蒸汽抽水机操作工),但怎样使蒸汽机带动车辆飞驰却是很多人思考的问题。准确地说,火车头的发明者不是斯蒂芬森,而是大他10岁的特维西克。但特维西克没有使他的火车头成为实用的发明,而斯蒂芬森通过自己坚韧不拔的努力,不断的失败,不断的改进,终于在1814年造出了自己的第一台火车头。这个火车头有两个汽缸,一只8英尺长的锅炉,车轮是凸缘的,载重30吨,时速4英里。斯蒂芬森同时获得铸造铁轨的专利权。1829年1月8日,在尚未完全修通的利物浦-曼彻斯特铁路线上,有5辆机车在进行比赛,其中有斯蒂芬森的"火箭号"机车,甚至还有一辆马匹牵引的"机"车。这场擂台赛盛况空前,吸引了全英国的工程精英和美、法、德等国的同行及上万看热闹的观众。在这场擂台赛上,其他4辆机车都先后因故障不得不停止比赛,唯有斯蒂芬森制造的"火箭号"机车满载12吨货物以时速10英里的速度跑完全程,而且可随时表演以满足观众的要求。这次比赛使他获得了500英镑奖金。但更重要的是他获得了利物浦-曼彻斯特铁路的全部订单,从而奠定了他在铁路发展史上应有的位置。

(选自:杨桂珍.蒸汽机车之父——斯蒂芬森[J].知识就是力量,1998(6):57)

四、蒸汽涡轮机与蒸汽机船技术

自从发明蒸汽机以后,就有不少人研究将它用在船上作为动力。美国人约翰·菲奇(John Fitch, 1743—1798年)是发明蒸汽机船的先驱。1785年起,菲奇对造船发生了兴趣,并开始经营航运。1787年8月22日他建造的一艘长仅13.72米的蒸汽机船在特拉华河上试航成功。后来,他又造了一艘较大的蒸汽机船,该船用明轮推进,定期航行于费城和新泽西州的伯灵顿之间。1791年8月26日菲奇获得美国的蒸汽机船专利权,同年又获得法国的专利权。由于他建造的另一艘蒸汽机船在暴风雨中沉没,使他失去了资助人的支持。1793年,菲奇到了法国,试图引起法国政府对蒸汽机船航运的关注,但没有成功。菲奇是建造蒸汽机船和进行蒸汽机船航运的先行者,但未能引起社会的重视。另一位在建造蒸汽机船上有很大贡献的人是英国工程师威廉·赛明顿

(Syminton William, 1763—1831年)。1789年,他建造的蒸汽机船在航行中速度达到每小时11.3公里。1801年,赛明顿将曲柄连杆机构用在蒸汽机上,这种机构很适合于带动明轮。1802年,他将这种动力装置和明轮装用在"夏洛特·邓达斯"号船上,该蒸汽机船航行于福斯-克莱德运河上。赛明顿也是研制蒸汽机船的先行者,但也未能打开蒸汽机船的实用局面。

蒸汽机船得到社会认可,成为一种全新的具有实用价值的运输工具,作出巨大贡献的当推美国发明家罗伯特·富尔顿(Robert Fulton, 1765—1815年)。1807年,富尔顿回国后制造成功的第一艘蒸汽机船在纽约哈德逊河下水了。这艘船的蒸汽机的功率只有14.7千瓦,用以驱动装在两舷的明轮;船身全长45米,宽4米,装有高大的烟囱。这艘备受揶揄的"富尔顿傻瓜"号就是名扬后世的"克莱蒙特"号蒸汽机船。从此,人们接受了蒸汽机船这一新生事物,内河蒸汽机船运输也迅速发展起来了。

蒸汽机船最初用于内河航运,不久海运也开始用蒸汽机船了。美国发明家约翰·史蒂文斯(John Stevens, 1749—1838年)是最早以蒸汽机船作海上航行的人。史蒂文斯很仰慕美国研制蒸汽机船的先驱,他自己也投入了这一个行列。1802年,他建成第一艘用螺旋桨推进的蒸汽机船。一年后,经改进的双螺旋桨蒸汽机船制造成功,并在哈德逊河上顺利航行。1809年,史蒂文斯建成了长达30米的"凤凰"号蒸汽机船,但由于富尔顿已获得在哈德逊河上航行的垄断权,他只好将"凤凰"号由海路驶往费城,蒸汽机船在海上航行就是由此而始的。1819年,美国人M·罗杰斯以他建造的"萨凡纳"号蒸汽机船用27天时间横渡了大西洋。"萨凡纳"号实际上是一艘蒸汽机帆船。它在横渡大西洋的整个航程中,只有60小时是用蒸汽机推进的,其余时间都利用风力。

早期的蒸汽机船不论海轮还是内河船,大都装有全套帆具,风力是主要动力,蒸汽机由于功率小只能作为辅助动力;这是早期蒸汽机船的一大特点。早期蒸汽机船的第二个特点是沿用明轮。《古代战船和海战》一文中曾介绍过明轮是我国南北朝时代的大科学家祖冲之(公元429—500年)发明的,后来传到了世界各地。我国古代将明轮驱动的船称为"明轮船"或"轮船"。但古代的明轮船装在两侧船舷的明轮是由人力或畜力带动的。前面提到的早期蒸汽机船在两侧船舷装的明轮,就是中国明轮的翻版,所不同的是其明轮是以蒸汽机带动的;这是古代轮船和近代轮船的不同之处。由此看来,近代轮船实是由帆船和明轮船进化而成的。现代的运输船舶已几乎不用蒸汽机为动力,用得最多的动力为柴油机,也有用汽轮机的,但不论用何种动力机器,都已不用明轮为推进器,而仍沿用轮船这个名称,则是因为古代有明轮船(简称轮船)且明轮曾长期作为船舶的有效推进器之故。作为船舶的推进器而言,明轮比桨、橹进步多了。明轮从南北朝开始出现,沿用达1400年之久。但是,明轮有一个很大的缺陷:装在两侧船舷的明轮,在遇有风浪的情况下,两侧明轮划水的力量会不一致,使船舶难以操纵。因此,到18世纪末期,就有人对它进行研究改进。最初的改进可能受到阿基米德螺旋汲水器的影响,做成一根很长的螺旋形杆来代替明轮,但试验没有成功。尔后出现螺旋桨,但早期的螺旋桨优越性不显著,而明轮在内河航行上的缺点不明显,且明轮的效率不逊于早期的螺旋桨,故而明轮在内河航行的蒸汽机船上使用了很久才被螺旋桨所代替。螺旋桨在海船上使用有明显优点，前面谈到的史蒂文斯是最早将螺旋桨用在蒸汽机船上作海上航行的人，不过那时螺旋桨的先进性尚未能充分体现出来。

1837年，英国海军部以2万英镑奖金悬赏征求替代明轮方案，结果有两位发明家获奖。一位是瑞典发明家约翰·埃立克，他发明的螺旋桨推进器是由两个转动方向相反的螺旋桨组成，试验结果该螺旋桨推进器可以使船快速行进，但结构复杂，海军部不够满意。另一位是英国发明家史密斯，他的最初方案是一只很长的锥形螺旋桨推进器，它在伦敦附近的一条河上试验时因受力太大而突然折断，出人意料的是该螺旋桨虽折断了，轮船反而走得更快了。史密斯由此领悟出长螺旋桨做推进器并不合适，他就将它改进为带有两片桨叶的螺旋桨，结果推进性能良好，试验船的平均速度达到每小时15公里。这一方案得到英国海军部的认可，并为蒸汽机船"大不列颠"号所采用。"大不列颠"号于1843年下水，船长98米，吨位3 270吨，是当时世界上最大的也是第一艘铁壳船；即使是这样大的船，它仍然用6根船桅来张帆助航。螺旋桨问世后，由于当时的蒸汽机转速很低，与螺旋桨匹配不够好，加之螺旋桨的防水密封轴承也未过关，因此，对用不用螺旋桨还有很大争议。为此，1845年英国海军部举行了一次别开生面的比试，他们让两艘吨位相同(800吨)、蒸汽机功率相同(147千瓦)的军舰做拔河比赛，其中的"阿莱克脱"号军舰安装明轮，而"拉脱拉"号军舰则安装螺旋桨。比赛开始，两舰开足马力各向相反方向拉对方；结果，安装螺旋桨的"拉脱拉"号拉动对手并以每小时5公里的速度拖着对方前进。比试表明，螺旋桨是一种比明轮更先进的推进器。此后，螺旋桨还替代了明轮。到19世纪的中后期，蒸汽机船不再使用风帆，螺旋桨代替了明轮，船壳由木壳发展为铁壳和钢制船壳，这些标志着蒸汽机船进入了成熟期。

五、蒸汽机技术与经济进步

蒸汽机发明出来以后，人类决定性地脱离了人力、水和风的长期限制。蒸汽发动机以无生命的动力源代替有生命的动力源，通过利用机器——迅速、有规律、精确、不知疲劳的机器——变热为功，使经济增长变得更具"集约性"，人均收益以及在个人层次上的物质福利都有所提高。1750—1850年，英国的煤产量提高了9倍。19世纪20年代，操纵动力织机的人，其产量是一个手工工人的20倍，而一台动力驱动的"骡"(即纺纱机)具有200台手纺车的能力。英国在1870年的蒸汽机的能力约为400万马力，这相当于4 000万个男人所能产生的力。

蒸汽机的发明与珍妮纺纱机有着根本性的区别：它带来的不是一个领域内的革命，而是整个工业领域内的革命。其根本原因是蒸汽机所生产出的不是某一种能吃穿用的具体产品，而是能量，几乎任何工业部门、任何一架机器，它用不着穿衣吃饭，但能不用能量吗？能量对于机器，就像食物对于人一样，是最基本的需要。以至于1824年法国人萨蒂·卡诺观察了一台正在运转的蒸汽机后感慨，"如果今天把英国的蒸汽机拿走，就相当于抢走英国的钢铁和煤炭，枯竭她的财富源泉，毁灭她的繁荣手段，摧毁她的伟大力量"。因为创造财富的动能不同，尽管1830年中国制造业产量占整个世界份额

的29.8%,远远高于联合王国9.5%的份额,但由于中国生产的大部分都很快被消费了,远远不能形成剩余财富,供扩大再生产。

蒸汽机在欧洲和世界其他部门之间"挖开了一道鸿沟"。19世纪后半期,蒸汽动力已渗透到西方世界及其各地的经济生活的方方面面。动力技术与其他发明携手并进,在欧洲和世界其他部分之间"挖开"了一道"鸿沟"。在此之前,欧洲几乎没有任何优势,欧洲需要从亚洲获取很多东西,而亚洲人几乎不需要从欧洲获取任何东西。欧洲人发现,除黄金以外,他们几乎没有什么东西可运往亚洲。16世纪后,因为胡椒、生姜、肉桂和丁香等香料贸易的发展,从欧洲运往东亚的金银就更多了。为了筹措资金以满足对亚洲产品的不断增长的需求,欧洲人必须经常补充他们的金银储备。

在棉纺业,亚洲的手艺仍然超过欧洲——欧洲一直没有生产出在价格上能与印度竞争的棉织品。在1780年以前,对印度棉织品需要之多使羊毛、亚麻和丝绸行业感到惶恐不安。他们不能生产出像马士林薄纱布(来自阿拉伯摩苏尔)和鲜艳的卡利科印花布(来自印度的卡利卡特城)那样能引起大众喜爱的纺织品,而许多国家的政府为了保护与古老的欧洲纺织工业有关的行业和资本,干脆直接禁止印度棉织品进口。但是,当时是法律制定得多而实施得少的时期,被禁止的纺织物仍源源不断地流入,所以丹尼尔·迪福在1708年说,不管法律如何,棉布不仅被各阶层人用来做衣服,而且"悄悄潜入我们的房屋、我们的衣橱和卧室;窗帘、坐垫、椅子,甚至床本身不是卡利科布就是印度其他织物做成的"。① 但在欧洲"新兴工业"的关税保护和欧洲棉制品迅速发展的情况下,从亚洲进口的棉布和其他制品在逐步减少。

有了蒸汽机之后,不但老机器有了新作用,而且还像催生婆一样催生出了大量新机器,使许多原来就有的机器发挥出了更大的威力。例如,蒸汽机发明之后,原来的水力纺纱机和水力织布机都可以采用蒸汽机来做动力了,这比水力不知要强多少倍。众所周知,水力虽然有力又廉价,但它有个致命的毛病,一到枯水季节就不能用了,而且非得把工厂建在靠近河流且水流湍急的地方,这些地方大都在偏僻乡村甚至深山老林,交通不便,大大增加了建工厂的难度,也提高了产品成本。有了蒸汽机之后,这两个问题都迎刃而解了。以前按季节运行的水力纺纱机和织布机现在能一年到头不停地织出质优价廉的布匹,销往世界各地,为工业的进一步革命积累了大量资本。

蒸汽轮船的发展引燃了繁荣的引线,超越了前现代时期最乐观的梦想。丰富多彩的消费品,如果不能有效地在各地流动,其价值就微乎其微。衣服、食品、电器,不管生产效率有多高,如果不能以廉价快速的方式送到消费者手里,其价格依然会令人望而却步。不过,如果运输成本过高而商家毫无利润而言,就没有人愿意把谷物从丰饶之地贩卖到贫瘠之地。19世纪以前,不管在航海领域或商业机制上取得多大的进展,大自然通过制约运输,左右了贸易的周期变化和贸易的地点。从广东到摩卡,整个亚洲海域的贸易时间和形成都受制于季风。

贸易商主要考虑的是在一个季风期里从这里能航行多远,而不是这里能生产什么商品。于是,亚洲海岸沿线出现一连串贸易发达、充斥着外地客商的港口城市,但这些

① 张奋勤.蒸汽机改变世界[N].湖北日报,2009年9月23日,第五版。

城市往往和近邻的内陆地区没什么往来。缺乏有效的交通运输途径不仅阻碍了商业贸易的发展，而且使人的生存成本大大提高。1820年，坐马车从纽约到当时的文明前沿西俄亥俄得花80美元，这可是当时一个人两个月的工资。在英格兰，60英里的旅行需要花掉1镑纯银币，那是一周的工资。交通运输对社会公平原则的损害也是致命的。现代社会里，人们可以很容易把食物从有盈余的地区运送到短缺的地区，因而即便出现谷物歉收的情况，也不太容易导致大面积的饥荒。相反，在中世纪，一个城镇遭遇大灾难，而隔一条山谷的邻镇人们很可能正过着富足的生活。

小知识

李鸿章与第一台中国自制的蒸汽机车

1881年初，李鸿章授意开平矿务局奏请修建唐胥铁路，为避免清政府中的顽固守旧派以机车响声会震动皇陵为借口予以否决，他声明用骡马施拉。铁路于当年6月建成通车，并用骡马来施拉煤车，效率当然很低，于是按照李鸿章的意愿，中国工人和技术人员经过反复修造试验，终于制成了一台蒸汽机车。这时清廷仍以机车会震动皇陵，黑烟会熏坏庄稼为由，下令禁止机车行驶。后来经过李鸿章多方疏通，这台我国自制的蒸汽机车才开始启用。这台蒸汽机车的使用，不仅促进了开平煤矿的生产，也是晚清洋务派在修建铁路事业上冲破封建顽固派重重阻挠而取得的初步胜利。

19世纪中期，蒸汽机在轮船和火车机车上的应用极大地扩大了世界贸易版图，大幅提高了货运的速度和数量，降低了成本，使轮船逆流而上几乎和顺流而下一样轻松，而且一年到头都可以在海上航行，在时间、空间和商品化的概念上引起了一场革命。从1815—1850年，横越大西洋的大部分货物，每磅运费下降了80%，1870—1900年又下降了70%，累计下降了近95%。随着时间、距离的阻隔消失，买家、卖家之间的中间人被打入冷宫，制造商和金融资本家的地位开始凌驾于贸易商之上。全球超级市场开始形成，奢侈品不再是长途贸易最重要的商品。阿根廷、乌拉圭、美国的牛、羊肉，澳洲、美国、印度的小麦，养活饥饿的欧洲人。一场蒸汽推动的交通工具的革命，很快满足了城市工人对食品和必需品的日益增长的需求，同时也能运送其他国家的剩余农产品和原材料，来满足英国发展的需要。总之，蒸汽机不只决定了利润、损失、贸易量，还创造了新邻居，深刻地影响了时间观念，重画了地图，开启了今天称之为商品化、全球化的革命。

阅读材料

世界最早的蒸汽机轮船

“克莱蒙特”号轮船是世界上最早出现的蒸汽机轮船，它是一艘使用蒸汽机的明轮船。蒸汽机轮船的出现是船舶动力发展史上的革命性发明。它的发明者是美国发明家罗伯特·富尔顿(Robert Fulton, 1765—1815 年)。富尔顿出生于宾夕法尼亚州兰开斯特。他幼年丧父,青少年时期做过多种工作,曾学过气枪制造、机械制图和绘画。1787 年,他到了伦敦,一边工作,一边自修。他是一个勤奋好学的人,自学了高等数学、化学、物理学等科学和法语、德语、意大利语等外语,为他后来的创造发明打下了基础。在伦敦期间,富尔顿结识了瓦特。1793 年,富尔顿到了巴黎;此前已有数人建造和试验过蒸汽机船,富尔顿对建造蒸汽机船也产生了浓厚的兴趣。富尔顿建造蒸汽机船的计划得到拿破仑的支持。1793 年起,富尔顿从模型试验做起,花了 9 年时间,终于在 1803 年建造成功他的第一艘蒸汽机船,并投放在塞纳河上试航,不幸的是这艘蒸汽机船在一夜之间被狂风暴雨所摧毁。富尔顿没有因此而灰心。1806 年,他回到了美国,继续进行建造蒸汽机船的工作。工夫不负有心人,1807 年富尔顿回国后制造成功的第一艘蒸汽机船在纽约哈德逊河下水了。这艘船的蒸汽机的功率只有 14.7 千瓦,用以驱动装在两舷的明轮;船身全长 45 米,宽 4 米,装有高大的烟囱;它的奇特的外形受到前来看热闹的人们的嘲笑,他们把它叫"富尔顿傻瓜"号。可是富尔顿对人们无知的嘲笑不屑一顾,他的蒸汽机船昂首沿哈德逊河逆流而上,由纽约驶抵奥尔巴尼,240 千米的航程只需 32 小时,以前用帆船航行这段距离需要 4 个昼夜的时间。

这次试航的成功引起了轰动,也彻底地扭转了公众的舆论。富尔顿随即在纽约和奥尔巴尼两地间开设班船,每 2 周往返 3 次。这艘备受揶揄的"富尔顿傻瓜"号就是名扬后世的"克莱蒙特"号蒸汽机船。从此,人们接受了蒸汽机船这一新生事物,内河蒸汽机船运输也迅速发展起来了。富尔顿一生在建造蒸汽机船上曾历尽艰辛和挫折,但他百折不挠,不但建造成功实用型的蒸汽机船,而且不断改进;他一生曾建造 17 艘蒸汽机船。由于他在建造蒸汽机船上做出的巨大贡献,他被世人公认为蒸汽机船的发明者,也被人誉称为"轮船之父"。

(选自:陈燮阳,乔惠英.蒸汽机船——第一种近代交通工具的发明[J].2000(1):57-59)

思考题

1. 分析蒸汽机技术与相关科学的联系。
2. 蒸汽机是如何改变世界的呢。
3. 工业革命的出现是不是由技术引起的。

参考文献与续读书目

[1] 卡乔里.物理学史[M].中国人民大学出版社,2010.
[2] 芬恩.热的简史[M].东方出版社,2009.
[3] 柏廷顿著,胡作玄译.化学简史[M].商务印书馆,1979.
[4] 张家治主编.化学史教程[M].山西人民出版社,1987.
[5] Crump, Thomas. A Brief History of the Age of Steam: From the First

Engine to the Boats and Railways [M]. 2007.

[6] Hills，Richard L. Power from Steam：A History of the Stationary Steam Engine [M]. Cambridge：Cambridge University Press，1989.

[7] Marsden，Ben. Watt's Perfect Engine：Steam and the Age of Invention [M]. Columbia University Press. 2004.

第四章　电气时代的能源科技
（约 1850 年至约 1900 年）

本章涉及的内容正好是现代科学工业新纪元的开端。相对于第一次工业革命，以电气科技的发展为主要特点的第二次工业革命，给大多西欧和美国居民的生活带来了更加直接和有益的影响。劳动力因电力和机械的广泛应用从笨重的劳动中解脱出来，日落而息的起居制度因廉价的人工电力照明终结，科技的新发展给人们的生活带来多样化的同时也带来了实用。

本章论述截至 19 世纪与 20 世纪之交，这恰巧是现代陆空运输开始、重型电器行业突飞猛进、商业发报机开始发展，以及新的机械电力机迅速取代统治一个世纪之久的往复式蒸汽发动机的时候。尽管这些进展还没有对当时社会产生重大影响，但它们的技术基础已经在这一时期得到牢固确立。尤其是，电力科技的出现及发展可以说是 19 世纪最有影响的技术革命。一方面，电机技术的发展为人类提供了一种高级能源，即电能，另一方面电力技术又带动了一系列用电技术的发展，如电灯、电话和电报，并且出现了一系列新材料和新加工方法，形成了庞大的电气工业技术体系。这一切为 19 世纪末和 20 世纪人类进入电气时代奠定了基础。

第一节　能源科学进展

19 世纪，科学最重要的特征是它比任何时代都更鲜明地证明科学对生产的重要推动作用，即科学技术是生产力的著名论断。有机化学理论的创立，使 19 世纪建立了以煤焦油的利用为核心的有机化工，无机化学的发展，使化学基础工业焕发出蓬勃的生机。热力学的成熟使蒸汽机日益完善并促成了内燃机的诞生。电磁学理论的建立，大大推动了电力技术的发展，从而形成了发电工业、电机工业、电灯、电话、电报等一系列电气产业。电气化的到来使整个工业和人类的社会生活发生了广泛而深刻的变化。而这些变化又由于电气科学的继续发展获得了不断完善和提高。

一、光学的发展

1. *波动说的兴起*

17 世纪伊始，科学家对光本性的认识，出现了微粒说与波动说的争论。主张波动说的有笛卡尔、胡克、惠更斯等科学家，其中以惠更斯为代表。主张微粒说的科学家则以牛顿为代表。他们成为这一论战双方的主要辩手，正是他们的努力才揭开了遮盖在光本质外面的那层扑朔迷离的面纱，并最终认识到光具有波粒二象性。惠更斯首先发现了双折射和光的偏振现象，提出了光的波动说和惠更斯原理，并在1690年出版了《论光》一书，对其波动学说进行了全面的论述。早期的波动说缺乏数学基础，还很不完善；而以符合力学规律的粒子行为来描述光学现象，则被认为是当时唯一科学合理的理论。因此，直到18世纪末，光的微粒说仍然占统治地位。到了19世纪，由于托马斯·杨和菲涅耳等科学家的工作才使光的波动说得到复兴。托马斯·杨在光学的研究中，反对微粒说，进一步发展了惠更斯的波动说，并建立了波动光学的基本理论。菲涅耳将杨氏的干涉原理和惠更斯的原理结合起来，以数学理论来阐述波动理论，建立了波动传播的一般理论基础，从而建立了经典波动光学。

另外，托马斯·杨在研究干涉现象时曾指出，光在密度大的介质中的速度应比它在密度小的介质中的速度小。这与微粒说的看法正好相反。如果能确定光在密度不同的介质中的速度，并与真空中的光速相比，就能确定波动说和微粒说中哪个是正确的。因此，光速的测量和确定不只是一个物理常数了，而且成为关于光的本性争论中一个具有“判决意义”的实验研究。但在当时测量技术不发达的时代，测量光的速度几乎是不可能的。直到1850年，傅科用旋转平面镜法证实了光在水中的速度小于光在空气中的速度，给了微粒说有力地否定。但这时波动光学已经被人们广泛接受，这对光的波动说算是一个迟到的好消息。总之，托马斯·杨和菲涅尔的研究成果，标志着光学进入了一个崭新的时期——弹性以太光学时期，他们的工作被爱因斯坦称为“在牛顿物理学中打开了第一道缺口”。菲涅尔由于在光学研究上的成就，被誉为“物理光学的缔造者”。

2. 电磁波谱的发现

1831年，法拉第发现了电磁感应，但所有人都没能说明其原因，包括法拉第本人。麦克斯韦也试着思考这个问题，并着手寻找一种数学上的解释，他用包含着20个变量的方程组来描述电磁场。经过大量工作，他终于得出了4个经典的电磁场方程。这些方程不仅首次提出电与磁之间的精确关系，更为重要的是方程中还蕴藏着关于光的秘密——麦克斯韦的方程显示电磁波的运动速度和光速一样，麦克斯韦认为这只能有一种解释：光是电磁波。他天才地预言了电磁波的存在，并推算出电磁波在真空中的传播速度。

这时，波动说的最后一个难题——传播媒质问题也被解决了。在麦克斯韦以后的一个时期，光的波动说可以圆满地解释光的一切传播现象。然而，要想使麦克斯韦的这个看起来是那么美妙的学说被更多的人接受，必须用实验的方法产生麦克斯韦所假设的电磁波来。否则，这只能看成是一种很有趣的假说。遗憾的是，麦克斯韦有生之年都没能用实验亲自验证他的理论。麦克斯韦逝世七年后，德国人赫兹在1888年探测到电磁波，以此为麦克斯韦的伟大预言增添了辉煌的光彩。随着麦克斯韦电磁场理论的建立，最终实现了电、磁和光的统一，使人类对光的认识达到了一个新的水平，用光的电磁波理论代替光的机械波理论，宣告了光的波动说进入了全盛时期。

然而，人们对光的本性的探讨并未就此终止。对发光机制的研究导致了“光谱学”的建立，促进了对物质结构的深入探讨，并最终发展为量子力学。相对论和量子力学对

揭开微观世界的奥秘奠定了科学的理论基础。

二、电学的发展

1. 莱顿瓶和起电机

17 世纪初，吉尔伯特对静电现象的观察与研究虽然引起了人们对静电现象的关注，但他只是提出了问题，并未能开拓近代电学发展的道路。在从 17 世纪初到 18 世纪末的近两个世纪之内，近代电学的发展是比较缓慢的。

17 世纪中期以后，近代电学有所发展，其首要原因是实验技术的进步。格里凯起电机真正点燃了近代电学的火炬。曾经任过德国马德堡市市长的物理学家格里凯(1602—1686 年)，是一个具有杰出的实验仪器研制才能的实验物理学家。他在 1660 年发明了第一台摩擦起电机，起电机的发明则真正开创了近代电学发展的历史时期。

1731 年格雷发表了静电传输实验报告，1734 年杜菲在格雷实验的基础上发现了同电相斥异电相吸的原理。到了 18 世纪 40 年代初，人们对于静电知识便日益丰富起来，从格里凯起电机在 1660 年发明，经过 80 余年的积累和发展，早期静电学终于初具实验与理论基础。

格里凯起电机发明后，人们已可在起电机上产生一定的可供实验用的电荷，但在起电机上产生出来的电荷，不仅电荷量不大，更主要的是不能保存下来，因而不便于对电学进行更进一步的研究。人们开始探索，能否研制出某种电器，它能像储存水那样，也能把起电机上产生出来的电荷储存起来。到了 18 世纪 40 年代中期，人们终于发明了这种电学容器——莱顿瓶。

1745 年，德国学者克莱斯特(1700—1748 年)最先发明了这种可以使电流储存起来的装置，但并未用于电学研究。同年，荷兰电学家马森布罗克(1692—1761 年)也独立地发明了一个同样可用来储存电流的装置，因他在荷兰莱顿大学任教，所以这种蓄电器后来便称为莱顿瓶。

在发明莱顿瓶之前，马森布罗克已对电学进行了较长时间的研究。1745 年初，他最先发现了电震现象，当时一些医学家认为电震现象可能成为一种新的医疗手段——电疗，正是在这一目的指导下，他独立地发明了蓄电器。1745 年，马森布罗克发表了莱顿瓶的实验报告。莱顿瓶及其实验迅速传到法、英等国。1746 年，英国电学家沃森在实验的基础上发表了《电的性质与特征》这一论著。

有了莱顿瓶和起电机这两种电学实验仪器，近代电学的发展才逐渐加快了步伐。这两大仪器的发明，不仅直接奠定了近代电学的实验基础，更重要的是，它们使人们进一步认识到，科学的发展与进步，不仅有赖于理论思维的发展，更有赖于实验技术的发展。没有实验技术本身的发展与进步，科学技术的发展与进步是不可能的。

2. 富兰克林与电的发现

1752 年富兰克林的捕捉雷电的实验，对早期的近代电学发展产生了深远的影响，因为风筝实验不仅使人们认识到天上人间的电是同一种东西。更重要的是，它使人们认识到开发和利用电的伟大前景。风筝实验的结果告诉人们，既然天上人间的电是同一种东西,雷电有如此巨大的威力,而人类已能在摩擦起电机上产生电,一旦人类能找到更有效的生产电的途径,也就会获得如同雷电一样威力无比的能量,从这个意义上来说,风筝实验是近代电学史上的一场思想上和观念上的革命。如果说,在富兰克林以前,人们多少还把电学实验作为一种魔术活动的话,那么,自富兰克林以后,人们开始把电学作为一门真正的科学,并由此开始寻找能更有效生产电的途径。在实验电学中,富兰克林发明了一种新的电容器,这种电容器是从莱顿瓶向后来的伏打电池发展的一个中间环节。更重要的是,他以风筝实验首次向人们证实了电是一种自然力,这就使人类开始看到应用电的前景。在理论电学中,富兰克林首创了正电、负电、电池、电容、充电、放电、电击、电工、电枢、电刷等一套电学与电工术语,而且写出了有影响的电学理论著作,这就使近代电学的理论研究开始形成了自己所特有的理论规范和传统。

1774年,继富兰克林之后,英国化学家普列斯特列在发现氧气后,曾进行了氢与氧的火花放电实验,这一实验是电学与化学相互渗透,从而产生了电化学这一新的边缘科学的最初的实验基础。随着环路定理、库仑定律及高斯定理的发现,静电学因此获得了较为坚实的理论基础。

3. 伏打电池

意大利生物学家伽伐尼(Luigi Galvani, 1737—1798年)通过不断的实验,不仅初步证实了"动物电"的存在,更重要的是,它导致了电流的最初发现,直接推动了电学的发展,特别是导致了电化学的诞生,而伏打即是电化学的伟大开拓者。

亚历山德罗·伏打(Alessandro Volta,也译作伏特,1745—1827年)是18世纪末19世纪初的杰出的实验电学家之一,1762年起,17岁的他就开始致力于电学研究。1775年,他在格里凯起电机的基础上,发明了一种新的起电盘,并通过不断的实验,使用不同的金属串联起来,形成了一种能够得到持续而稳定电流的新电源,即"伏打电池"或者"伏打电堆"。

伏打电池是人类获得的第一个稳定的电源。伏打电池的发明,第一次把化学转变为电能,从而揭示出了电学与化学之间的联系,推动了电学与化学之间的相互渗透,并正式宣告了电学与化学的交互作用产生的一门新兴的边缘学科——电化学的诞生。伏打电池的发明,是电学发展与化学发展交互作用的结果,而伏打电池发明之后,它反过来又推动了电学与化学的发展,而自电化学诞生之后,电学与化学都进入了19世纪的高速发展时期。伏打电池的发明,首次揭示出了电能与化学能之间的内在联系,这就为后来的能量守恒和转化定律的发现进一步奠定了实验基础。

在伏打实验的基础上,英国青年化学家戴维(H. Davy, 1778—1829年)在实验电化学方面作出了巨大贡献。首先,他制成了新的能产生强大电流的伏打电堆,从而为电化学实验找到了强大的电源。其次,他在其他人研究基础上改进了电解方法,成功地电解了一些在过去被当作元素的化合物,并相继发现了钾、钠、钙、钡、镁、锶这些新的金属元素。正是从电源与电解两方面,戴维为电化学的发展进一步奠定了实验基础。1809年,戴维发明了电弧灯,继而发现了电阻定律。1826年,欧姆(Georg Simon Ohm, 1787—1845年)确立了著名的欧姆定律。1847年,基尔霍夫(Gustav Robert Kirchhoff, 1824—1887年)阐述了两条电路定律,从而发展了欧姆定律,并成为后来的电路理论基础。

图 4.1　伏打与伏打电池

图片来源：果壳网

小故事

戴维——电化学世界中的一朵奇葩

汉弗里·戴维，1778年出生于英国西南部的一座小城。1795年，他父亲不幸去世，为了谋生，他给一位药剂师当学徒，并打算一生从事医学事业。天性爱钻研的他常利用简单的医学仪器做一些小实验，去探索美妙的科学世界并由此对化学实验产生了强烈的兴趣。1807年，戴维宣告苛性碱可以被电解。实验过程是这样的：取一小块纯净的固体钾碱(KOH)，先在大气中暴露几分钟，使其表面有导电能力，再与电池组负极相连，同时用金属丝把电池组正极连到钾碱表面上，钾碱开始在电极接触两端熔化，上表面剧烈产生气泡，下表面可见金属光泽，看起来像小水银珠，一经生成，立即燃烧并伴有爆炸，其火焰特别明亮，戴维认为这些小珠就是他要找寻的可燃要素——钾碱的基质，就是今天我们已熟知的金属钾。几天以后他用同样的方法发现了金属钠。他的这些实验方法在当时是一个重要的创新，对电化学学科的发展起到极大推动作用。如果说，舍勒在1774年利用盐酸与二氧化锰制得一种新气体氯气的话，那么戴维的贡献在于对氯气性质进行广泛研究并且根据氯气颜色首先为氯气命名。科学发展是曲折向前的，在当时对氯气本质未知情况下氯气认识分为两派，一派为舍勒派，另一派为拉瓦锡派。而对氯气最终本质认识并用实验事实评判两派的当推戴维了。他通过电解氧化盐酸(当时称作氯气)，结果没有氧气放出，以及电解磷、硫、锡的氯化合物也没有氧气放出等大量实验事实，认为拉瓦锡派对氯气本质认识是不科学的。今天氯元素堂而皇之在元素周期表中占一格位置是与这位天才化学家的贡献分不开的。1821年，戴维用电池组串联两碳极，使之放电，得到10厘米长的电弧，有了电弧便轻而易举制得电石碳化钙使有机化学得到了发展。1820年戴维因对电化学卓越的贡献，被选为皇家学会主席。然而，由于他长期艰苦的科学研究，身体状况一直不佳1829年因病客死在日内瓦，年仅51岁。

戴维在电化学中的发现是广泛的，他在电化学中的贡献时至今天也让人叹为观止。

（摘自：赵国斌.戴维——电化学世界中的一朵奇葩.青苹果，2008年第12期）

4. 法拉第与麦克斯韦的电磁学

在电磁学方面，直到19世纪初大多数人仍旧认为电和磁是毫不相关的两种现象，但是自18世纪30年代以来不断有人注意到电和磁之间相互关联的现象，例如，富兰克林就曾发现莱顿瓶放电使钢针磁化。奥斯特（Hans Christian Oersted，1777—1851年）受到康德哲学思想的影响，深信自然界各种现象相互转化，相互关联，他认为只要找到适合的条件就有可能发现电转化为磁的现象。1820年4月，他在课堂上偶然发现了通电导线使磁针偏转的现象。奥斯特的发现震动了整个欧洲的科学界，正如法拉第所说，它“猛然打开了科学中一个黑暗的大门”。法国科学院院士安培（André-Marie Ampère，1775—1836年）在此基础上继续实验，提出了著名的安培力公式与安培定律，并将电磁学纳入牛顿力学的框架，把电流的相互作用叫做电动力，把1820—1827年间提出的理论叫电动力学，把磁学归为其中一个分支。由于他的杰出贡献，后来麦克斯韦称他做“电学中的牛顿”。在安培等人探索用磁感应出电途径的道路上，时任英国皇家研究院实验室主任的法拉第（Michael Faraday，1791—1867年）经过十多年的努力，与1831年获得重大突破，发现了电磁感应现象。1851年，他对电流的磁感应定律作了较完善的表述：形成电流的力量正比于切割的磁力线数，并创造了电力线和磁力线的新概念。

电磁学在19世纪得到了显著的发展，逐渐构成了完善的体系。已经确立了库仑定律、高斯定律、安培定律、法拉第定律，提出了场和力线的概念。在理论上，1828年格林（George Green，1793—1841年）提出了势的概念，对电磁学的数学理论作出重大贡献；1845年诺依曼（F. Neuman，1798—1895年）借助于势的理论，导出了电磁感应定律的数学形式。1846年韦伯（Wilhelm Eduard Weber，1804—1891年）指出，两个电荷之间的作用力不仅取决于它们之间的距离，而且还与它们的相对速度和相对加速度有关。1847—1853年，汤姆逊（William Thomson，1824—1907年）提出了铁磁质内磁场强度和磁感应强度的定义，导出了磁能密度和载流导线的磁能公式。这一切为英国物理学家麦克斯韦（James Clerk Maxwell，1831—1879年）电磁场理论的创立准备了必要的条件。1861年，麦克斯韦在对感应电动势作深入分析时，意识到变化的磁场会在空间激发出“涡旋电场”。这一年的年底他提出了另一个十分重要的假定，即“位移电流”的概念。这两条假定成为麦克斯韦创造新理论的核心和基石。1864年，麦克斯韦在皇家学会宣读了著名的论文《电磁场的动力理论》。

电磁场理论始于法拉第，最终由麦克斯韦完成。它是第一个场论，成为狭义相对论

和现代场论的先导，是科学认识上的一次重大变革。麦克斯韦将经典物理学理论推到高峰。自戴维之后，电化学取得了迅速的进步，而实验电学即以电化学和由法拉第等人开创的电磁学为双翼，旋即高高地飞腾起来。

三、化学的进展

1. 原子与分子学说

近代后期的化学经历了化学计量定律的确立，原子—分子学说的建立和元素周期律的发现等阶段。这是化学史上的革命时代。原子—分子论和元素周期律是化学史上的两次大综合，从此化学走上了科学发展的道路。

19世纪，化学界从一开始就出现了非常繁荣的局面。首先，1803年由道尔顿(John Dalton, 1766—1844年)提出了原子学说。以研究气象为开端的道尔顿，接着研究空气和一般气体，又进一步从研究气体的溶解度中得到启示而终于导出了原子学说，随后又发现了倍比定律。由道尔顿引进的原子学说是科学发展史上最重要的里程碑之一。尽管物质由原子组成的假说由来已久，但是，只有道尔顿才使这个概念成为现实的、有用的假说。他给元素指定符号，并将符号结合起来成化合物。另外，他制作了14种元素的原子量表。虽然他指定的符号后来被贝齐里乌斯修正，但是却比炼丹家的形象前进了一大步。道尔顿的原子学说给古代停留在猜测上的原子概念赋予了可检验的具体内容，几乎统一地解释了当时所有的化学现象和经验定律，因此很快得到化学界的普遍支持。道尔顿的原子学说促使人们对物质结构的认识前进了一大步，促进了化学的迅速发展，开创了化学全面、系统发展的新局面。

其次，先后发现了三个关于化合量的定律，即普鲁斯特的定比定律(1800年)、道尔顿的倍比定律(1803年)和盖·吕萨克的气体反应体积定律(1808年)。在此基础上还发表了阿伏伽德罗的分子学说。在这10年飞跃发展的背后，无疑存在着重要的原因。这就是在拉瓦锡的影响下，化学家能够普遍重视物质之间重量关系的结果，或者说是由于那时化学蓬勃兴起的时机已经日臻成熟而且势不可挡了，总之，是由于拉瓦锡的开拓，一下子涌现出了这些重大的发现。

(1) 质量守恒定律。

俄国化学家罗蒙诺索夫(M. B. Бутлеров, 1711—1765年)也做过在密封玻璃瓶中煅烧金属的实验，他由此断定：金属在敞开的容器中煅烧增重是由于金属与空气相结合。1756年他从某些实验中概括出质量守恒定律，但他的见解在当时影响较小。1774年，拉瓦锡以更精确的实验证明了这一定律。质量守恒定律即物质不灭定律，它被认识以后，在短短的十几年内，化学家们采用数学表达方法，从实践中又先后提出了当量定律、定组成定律和倍比定律等化学计量定律。

(2) 当量定律。

一些化学家为了确定物质的亲和力大小，有的根据物质的反应能力，有的主要考虑酸碱中和能力，编制了一个又一个的各种物质的亲和力表。1766年，凯文迪旭(Henry Cavendish, 1731—1810年，又译作卡文迪什，英国化学家)发现，用不同的碱中和同一重量的某种酸，需用的重量不同，他把碱的这一重量称为当量。1788年，他又发现中和同一重量的钾碱所用的硫酸和硝酸重量之比与中和同一重量大理石所用的硫酸和硝酸重量之比是相同的。凯文迪旭的这一发现，已很接近当量定律，但他没有表达出来。明确提出当量定律的是德国化学家李希特(J. B. Richter，1762—1807年)。李希特通过对大量酸碱中和反应的测定，于1791年提出：因为元素的性质总是保持不变的，因此发生化合时一定量的一种元素总是需要确定量的另一种元素，这种性质也是不变的。他提出了第一张当量表，然而他还没有真正领悟到当量定律。1802年德国化学家费歇尔(E. G. Fischer，1754—1831年)真正领悟到了当量定律的含义，改进了李希特的当量表，使它能深刻地体现出当量的定义。这样，当量定律很快得到普遍的重视。

2. 周期律与元素

18世纪末在拉瓦锡的化学教科书中(1789年)就已经出现了第一张《元素表》。19世纪初由于引入了原子量的概念，化学家们把主要注意力集中在确定各元素原子量之间相互关系的规律上。1815年英国普劳特(William Prout，1785—1850年)首先注意到多数元素的原子量是氢原子量的整数倍(当时有13种元素正好是整数倍，24种元素接近整数倍)。据此，普劳特提出了一个假说，认为所有元素都是由氢原子组成的，氢是所有元素的"根本元素"。这样就把自古以来亚里士多德、波义尔和其他一些哲学家和科学家们所设想过的所谓"原始元素"找到了。但是，另外一些化学家则不满足于这种简单的说法，希望寻找别的数值关系。1829年德国的德贝莱纳(Johann Dobereiner，1780—1849年)首先发表了所谓"三元素组"(triad)的假说。

1860年，在德国的卡尔斯鲁厄的原子量会议上对原子量得到统一的认识后，许多科学家希望能证实普劳特假说是正确的，特别是在性质相似的元素组里是正确的。另一些科学家则对性质相似元素原子量值变化的规律感兴趣。第一个作出这种比较的是法国化学家尚古多(Beguyer de Chancourtois，1820—1866年)提出了元素的性质有周期性重复出现的规律。

1864年，德国化学家迈尔在他的《现代化学理论》一书中，按照原子量顺序详细讨论了各元素的物理性质，并在书中刊出了一张元素表，表中各元素按原子量排列成序。该表对元素分族，已做得很好，有了周期表的雏形，并且给未被发现的元素留出了空位，但它包括的元素未及已知元素的一半。

1865年，英国人纽兰兹(J. A. R. Newlands，1837—1898年)发表了题为《8音律与原子量数字关系的起因》的论文，他把62个元素的原子量按递增顺序排列(只有个别例外)，表中没有列入各元素的原子量值，但把各元素按照原子量值大小编了号码。纽兰兹肯定，每第8个元素性质与第一个元素性质相近。因此，他将他设计的表叫"8音律表"。

在德贝莱纳的三元素组、尚古多的螺旋图和纽兰兹的稻音徽的研究基础上，俄国化学家门捷列夫与德国化学家迈尔通过各自的研究，都在1869年同时发现化学元素周期律。

3. 有机化学的发展

19世纪的化学，在实践和理论两个方面都取得了重大突破。除无机化学得到高速

度发展外，有机化学、物理化学、分析化学等化学各分支学科确立，并以强大的生命力蓬勃向前发展。

19世纪，欧洲经历了一场空前规模的工业革命，实现了从手工业生产到使用机器的大工业生产的转变，钢铁、煤炭、纺织和化学等工业得到迅速的发展。由钢铁、煤炭工业的发展所引起的大工业炼焦而产生的"废物"——煤焦油严重污染了环境，迫使人们对"废物"进行处理，这就促进了有机提纯、有机分析的发展；纺织工业的发展，使天然染料的数量和品种远远不能满足需要，诱发人们寻求染料的新途径，这就促进了有机合成的发展；当时积累的大量实验材料也急需进行分析和整理，有机化学就应运而生、并因社会需要而发展起来了。

长期以来，人们所能得到的有机物只能从有生命的动植物体中提取，即只能从有机物出发制出有机物。许多无机物在古代就已能由单质及其化合物经化学反应而制得，于是产生并流行起一种"生命力论"的思想。"生命力论"者认为，有机物属于"有生命之物"，是在一种"生命力"的作用下产生的，而不能从生命体外的生产或实验室里用化学的方法合成，不可能由无机物合成有机物。"生命力论"在无机物与有机物之间划了一道不可逾越的鸿沟。18世纪末，德国化学家格伦(F. A. C. Gren, 1760—1798年)给有机化学定义为："有机物就是那些只由有限数目的元素按多种比例构成的，而不能由人工制取动植物体中的直接组分。"这种具有神秘色彩的"生命力论"使一些化学家放弃了在有机合成方面的主动进取，影响了有机化学的发展。

1824年，德国化学家武勒首次用无机物人工合成了有机化合物——尿素，给"生命力论"敲响了警钟。继武勒之后，德国化学家柯尔柏(H. Kolbe, 1818—1884年)在1844年用木炭、硫磺、氢与水等无机物合成了有机物醋酸，第一个从单质出发实现了有机物合成。

此后，人们又合成了酒精、葡萄糖、苹果酸、柠檬酸、琥珀酸、酒石酸等有机化合物。在生命过程中有重要作用的油脂类和糖类也分别在1854年和1861年由法国化学家贝特罗(P. F. M. Berthelot, 1827—1907年)与俄国化学家布特列罗夫(A. M. Бутлеров, 1828—1886年)合成出来，这都确切地证明有机物可以完全用无机物合成，"生命力论"被彻底推翻了。

煤焦油是炼焦生产中的废物。如何利用煤焦油所含的各种化学物质，对有机化学的发展有着重大的影响。约在1810年，美国开始利用高温分解各种有机物，并将得到的照明气用以照明，不久煤焦油就成为取得照明气的主要来源。对煤焦油需要的迅速增加，使人们对它的成分和所含的各种物质进行了研究。大约在1815年，人们除了从煤焦油中取得照明气外，还分离出轻油，它是漆和橡胶的优良溶剂。接着又分离出了重的馏分—杂酚油，用它浸涂木材以便防腐。在研究煤焦油成分以及由高温分解有机物所得到的其他产品中分离出了一些有价值的单个物质。例如，1826年法拉第在研究照明气罐中所生成的冷凝液时发现了苯(称为二碳化氢)，后来，米希尔里希在1834年从苯甲酸中制得了苯，称之为挥发油。李比希改称之为苯。在这以前(1820年)，哈登从煤焦油中提出了萘。1833年杜马和罗朗在分馏煤焦油的重组分时得到了蒽，次年布雷斯劳地方的工艺学教授龙格(F. F. Runge, 1794—1867年)从煤焦油中分离出酚，他称之为石炭酸。所有这些物质不久都成了工业上生产各种染料、药品以及其他物质的原料。

早在1839年美国人黑尔(Hare)就制得了电石(CaC_2)和乙炔。1862年,武勒将碳和锌钙合金一起加热也制得了电石,并鉴定电石遇水所产生的气体就是乙炔。随后贝特罗实现了乙炔聚合成苯的反应(1866年),俄国化学家库切洛夫(M. T. Kuchelov,1850—1911年)实现乙炔经水合生成乙醛的反应(1884年)。20世纪初,以炭为原料制取电石,由电石制取乙炔,再以乙炔为基础原料合成多种有机化合物产品的有机合成工业得到了发展。在这一时期合成有机物的原料已主要是煤而不是动植物体,人们不仅能合成天然有机物,而且还能合成自然界不存在的有机物。有机物的提纯和分析臻于完善,有机合成工业的发展,标志着近代有机化学的创立。

有机化学作为一门学科产生于19世纪初。当然,这以前人们已经知道了许多有机物,如醋酸、酒精、糖、某些植物酸等。远在古代,人们就把世界分成动、植、矿三界。从动物和植物的各种器官中分泌出来的物质,人们一直称之为有机物。但是在19世纪以前的漫长岁月中,人们对有机物的认识,主要基于实用的目的和来自对有机物的直接观察,在对有机物的研究和制备上,也仅仅是对有机物的提纯,而且只能从天然动植物中提取有机物。由于有机物本身的复杂性和人们对有机物的来源所产生的神秘感,使有机化学的研究远比无机化学落后,长期未能形成一门学科。

1789年,拉瓦锡通过对葡萄酒酿制过程的分析,提出质量守恒定律同样运用于有机化合物,从而为有机化合物的定量分析奠定了基础。1830年,德国化学家李比希(J. F. von Liebig,1803—1873年)在前人工作的基础上,进行了重大改革,使有机分析发展为精确和系统的定量分析技术。李比希所制定的有机常规分析标准,有的至今仍在采用。

4. 有机化合物结构理论的建立

继1823年武勒和李比希发现氰酸银和雷酸银具有相同的化学式后,第二年武勒又发现尿素和氰酸铵中所含碳、氢、氧、氮的原子数目完全相同,但其化学性质却不同。这就打破了长期以来认为物质组成相同则性质必同的化学公理,从而引起了化学家们的注意。1830年,贝采尼乌斯(Jons Jakob Berzelius,1779—1848年)发现葡萄酒与酒石酸也具有相同的化学式,并于1832年在《物理、化学进展年报》中,建议把相同组成而不同性质的物质称为同分异构的物质。在其后的20年中,化学家们又发现了大量同分异构现象,这就促使人们深入研究有机化合物中原子结合的方式与其性质的关系的问题,从而引入了化学结构的概念。这一时期所建立的基团学说和类型论都试图解决这问题。但是有关结构的问题还得从原子、分子方面去解决。

在19世纪上半叶,化学家们各自有一套原子量和化学式的表示方法,所以有关原子量、分子量、当量以及原子分子论的概念方面十分混乱。当时贝齐里乌斯得出的原子量并未得到全面承认和普遍使用。对原子学说持消极态度或者不满原子量确定方法的人,只承认定比定律和倍比定律,只重视实验事实并不使用原子量,而使用从分析值直接得来的各元素的化合量(能与1克氢化合的各元素的质量)。

1791年德国化学家李希特(J. B. Richter,1762—1807年)对酸碱反应进行了大量

的研究工作,已经明确了酸碱中和反应中的当量关系,1802 年与李希特同时代法国化学家费歇尔(Fischer E.,1754—1831 年),他从生产和化学科学研究的实际出发,根据李希特及其他人在科学实验中所取得的一些资料与数据,整理了一个酸碱当量表,即相对于 1 000 份硫酸的酸和碱的当量表。1803 年李希特本人也发表了一个酸碱当量表。1814 年英国人武拉斯顿(William Hyde Wollaston, 1766—1828 年)开始使用当量(equivment)这个术语,以后直至 1860 年,当量曾被以分析实验为中心的化学家广泛使用。

经过这样的过程之后,特别是 1840 年以来,不同的国家和地区使用的原子量也不同,有的使用拉武斯顿的当量,有的使用贝齐里乌斯的原子量,还有的使用两者的折中方案,原子量的使用处于混乱状态。为了解决原子量的不统一、整顿原子—分子论的混乱局面,各国主要的化学家于 1860 年在德国的卡尔斯鲁厄(Kadsruhe)集会。意大利化学家康尼查罗(1826—1910 年)散发了他的关于论证分子学说的小册子《化学哲理教程提要》。提出应重新研究和利用阿伏伽德罗的分子学说,介绍了据此订出的合理的原子量测定法,从此原子量方面的混乱局面逐步统一。因此 1860 年实际上成了近代化学的再起之年。

1860 年起,意大利化学家康尼查罗确立原子—分子学说,统一了化学理论上的混乱局面。由英国化学家弗兰克兰英国化学家弗兰克兰(Edward Frankland, 1825—1899 年)、德国化学家凯库勒(Friedrich August Kekulé, 1829—1896 年)和科尔贝(Adolph Wilhelm Hermann Kolbe, 1818—1884 年)确立了原子价学说,使有机化学的研究从基团和类型返回到原子,转向研究分子中原子组成和排列与物质性质的关系。这就为经典结构理论的建立,指明了方向。

5. 化学工业的发展

从 18 世纪中叶至 20 世纪初是化学工业的初级阶段。在这一阶段无机化工已初具规模,有机化工正在形成,高分子化工处于萌芽时期。

无机化工第一个典型的化工厂是在 18 世纪 40 年代于英国建立的铅室法硫酸厂。先以硫磺为原料,后以黄铁矿为原料,产品主要用以制硝酸、盐酸及药物,当时产量不大。在产业革命时期,纺织工业发展迅速。它和玻璃、肥皂等工业都大量用碱,而植物碱和天然碱供不应求。1791 年法国医生吕布兰(N. Leblanc, 1742—1806 年)在法国科学院悬赏之下,获取专利,以食盐为原料建厂,制得纯碱,并且带动硫酸(原料之一)工业的发展;生产中产生的氯化氢用以制盐酸、氯气、漂白粉等为产业界所急需的物质,纯碱又可苛化为烧碱,把原料和副产品都充分利用起来,这是当时化工企业的创举;用于吸收氯化氢的填充装置,煅烧原料和半成品的旋转炉,以及浓缩、结晶、过滤等用的设备,逐渐运用于其他化工企业,为化工单元操作打下了基础。吕布兰法于 20 世纪初逐步被索尔维法取代。19 世纪末叶出现电解食盐的氯碱工业。这样,整个化学工业的基础——酸、碱的生产已初具规模。

19 世纪下半叶,有机化学的发展极大地促进了有机化学工业的发展。纺织工业发展起来以后,天然染料便不能满足需要;随着钢铁工业、炼焦工业的发展,副产的煤焦油需要利用。化学家们以有机化学的成就把煤焦油分离为苯、甲苯、二甲苯、萘、蒽、菲等芳烃。1856年,英国有机化学家珀金(W. H. Perkin,1838—1907年)在进行制取治疗疟疾的特效药奎宁的试验时,以外由苯胺合成苯胺紫染料。帕金为这一成果申请了专利,并亲自制定了一系列的生产程序,在1857年正式进行工业规模的生产,这就开创了化学工业的新部门——有机合成工业。1858年,霍夫曼合成了碱性品红染料,以后又相继合成了苯胺蓝、翡翠紫、碘绿等苯胺类染料。而在苯的环状结构学说建立后,进一步为有机合成提供了理论依据,指导了染料、药品、炸药等有机产品的进一步合成。1869年,德国化学家格雷贝和利伯曼将从焦油中提出的蒽为原料,人工合成了第一种天然染料——茜素,并很快投入市场,代替了天然的茜素。随后人们又相继合成了靛蓝、刚果红。煤焦油化学的发展和有机结构理论的建立,促进了大批新药的合成,开辟了医药化工的新领域。1889年,霍夫曼合成的乙酰水杨酸,即阿司匹林,就是这一时期人工合成药物的典型代表。此外,有机化学家们还研制合成了香料、糖精、炸药等。1867年,瑞典人诺贝尔(Alfred Bernhard Nobel,1833—1896年)发明炸药,大量用于采掘和军工。

阅读材料

从电鳐鱼到伏特电池

电鳐鱼一度是渔民传说中的生物,据说它一口就能放倒一个成年人。人们发现它和莱顿瓶所引起的触电感觉非常相似。起初,由于看不到火花,人们并不认为是电击,而是把电鳐鱼当成了一种神秘的东西。这些疑问引起了英国的怪才亨利·卡文迪许(Henry Cavendish,1731—1810年)的兴趣。尽管卡文迪许从来没有亲自见过或摸过活的电鳐鱼,但他却非常着迷。为了弄懂它,他决定自己制作一条人工电鳐鱼:他把两个鱼形的莱顿瓶埋在沙子里,当手碰到沙子时,莱顿瓶就会放电,并产生剧烈的电击。这个实验让他相信,电鳐鱼的攻击确实是一种放电。但他仍然无法理解,为什么电鳐鱼可以在不产生火花的情况下产生电击?如果两者的现象不同,如何才能说明它们是相同的呢?经过整整一个冬天的潜心研究,他终于产生了灵感,提出了两个突破性的电学概念:电量与电强度,就是今天我们所说的电荷与电压。他认为:莱顿瓶放出的电,电压高但电荷少;电鳐鱼放出的电,电压低但电荷多。通过今天的科学仪器,的确验证了以上结论:电鳐鱼放出的电在100 V以上,但是仍不及莱顿瓶的1/10。

对电鳐鱼的研究让人们明白,并不是只有摩擦才能起电,某些生物自身也能产生电。然而,新的问题出现了:摩擦产生的电与生物自己产生的电是相同的吗?生物电之争持续了几十年,是电学研究在18世纪末非常著名的论战之一。

论战的主角是两位意大利科学家,事实上他们还是非常好的朋友。一位是来自博洛尼亚大学的解剖学家路易吉·伽伐尼(Luigi Galvani),另一位则是来自帕维亚大学的亚历山德罗·伏打(Alessandro Volta),博洛尼亚大学当时受到教皇的管辖,因此深受宗教保守思想的影响,而帕维亚大学则处于欧洲启蒙运动的中心,崇尚理性和思想解放。正是在这两种不同的背景下,两位性格和思想有着天壤之别的科学家,

都对电学产生了浓厚的兴趣。然而，伏打的想法不像伽伐尼那样受到宗教教义的约束，而更相信理性。伽伐尼的主业是医学，由于看好电在医学治疗应用中的广泛前景，他开始了对电的研究。据记载，在1759年，伽伐尼将电流作用于一位瘫痪患者的肌肉上，观察到了每块受电击的瘫痪肌肉表现出了正常活动所具有的活性和力量。伽伐尼相信这样的医学实验揭示了身体的运动依靠生物电流，这种液体状的电流从大脑流出，经过神经，最后流入肌肉形成运动。为此，他设计了实验来证明他的理论。他用摩擦起电机产生的静电经由一根铜线连接到一只被解剖但完整保留了腿部神经的青蛙身上，当他将另一根铜线触碰青蛙的腿部神经时，青蛙的腿发生了抽搐。联想到电鳐鱼能放电的事实，他相信这个实验证明了在动物肌肉内存在一种生物所特有的，将之命名为“生物电”。但是，伏打对生物电的说法却并不认同。他认为神经的确是在传导电流，但腿的抽搐不是因为生物体自己放电的结果，而是对外部电流的响应。伽伐尼是位十分谦逊的学者，但仍对伏打的这一说法极为恼火，他认为伏打已经从电学实验越界至上帝的领域，将人类创造的电与上帝赋予人类和其他动物的“生命之力”相提并论是在亵渎神明。为了捍卫自己的宗教信仰，同时也是为了捍卫自己的学术成果，伽伐尼决定反击，他进行了一组新的实验，试图推翻伏打的理论。他把青蛙吊在一根铁丝上，然后用一根铜丝和悬挂青蛙的铁丝连接在一起。当他用铜丝的另一端去触碰青蛙的腿神经时，蛙腿发生了抽搐。令他兴奋的是，整个过程中并无任何外加的电流。于是，伽伐尼得出结论：哪怕是死去的青蛙体内，都依然残留着一些能发电的东西。在之后的一段时间内，伽伐尼还做了大量的实验来证明电是由青蛙自身发出的，青蛙的肌肉像莱顿瓶一样存储电流，并在接触金属时迅速放电。在1786年10月，伽伐尼将他的发现以著作的形式发表，这就是著名的《论动物电》(*Animal Electricity*)。自信的伽伐尼还将自己的得意之作寄给了伏打。

争论到这一步，伽伐尼似乎已经取得了胜利并还捍卫了上帝的神圣。然而，伏打却仍然无法接受“动物电”的概念，他坚信这些电肯定是从青蛙之外来的。于是，他开始了对这种电的探寻。伏打敏锐地注意到了伽伐尼实验中用到的金属，他认为秘密就藏在这些金属里面。他的灵感来自于一个非常奇特的现象——当他把两枚不同金属制成的硬币重叠放在舌头上，能够产生较少的电。根据这个原理，伏打用金属制造出了人工电鳐鱼。他将一个铜片放在一张浸过烯酸的纸片下面，然而再将另一个金属片放在纸片上面(其原理与伽伐尼青蛙实验中腿使用的铜丝和铁丝是一样的)。但是，伏打将这个过程重复很多次，形成了一个由不同金属间隔叠加而成的金属堆，当他再次用舌头去品尝电的味道时，发麻的感觉比原来更为强烈，也更持久。这就是著名的“伏打电堆”——人类历史上第一块电池。不同于以往通过摩擦产生的电，伏打电堆不需要任何外部的机械力驱动就能产生电力。

至此，伏打和伽伐尼之间的争论终于画上了一个圆满的句号，伏打证明了并不存在所谓的特殊的“生物电”，生物电的本质就是电，而伽伐尼的分析是错的。尽管如此，两人的争论还是保持了彼此的尊重。有记载显示，伏打真诚地赞扬伽伐尼的工作是“在物理学和化学史上是划时代的伟大发现之一”。为了纪念伽伐尼，伏打还把自己发明的电堆叫做“伽伐尼电池”，伽伐尼则认为受之有愧而谢绝。现在，伏打电池和伽伐尼电池的叫法都存在。

出乎伏打意料的是，电堆所发出的电不是短暂的，而是源源不断的持续性的电流。伏打的电堆改变了一切，它所带来的影响是史无前例的。为了纪念伏打的卓越贡献，人们以他的名字命名了电压的单位。他还被当时全欧洲最有权势的拿破仑封为伯爵。尽管，伽伐尼未能对生物电做出正确的分析，但他的实验却是开创性的，在其他领域的研究也都取得了卓越的成绩。此外，正是他与伏打的争论以及在争论过程中不断做出的新尝试给了伏打很多启示。好的对手，永远都是珍贵的。但伽伐尼的晚年并不幸运，在法国占领意大利后，他拒绝宣誓效忠新建立的傀儡政权。他的一切学术职位和公共职位被剥夺，失去了全部经济来源。1798 年 12 月 4 日，在位于博洛尼亚的兄弟家中去世。

伏打电池的发明使得电学研究从静电跨越到了电流的领域，诸多研究就在它的基础上展开。1808 年，英国皇家学会的院士汉弗莱·戴维(Humphry Davy)爵士(后来被任命为皇家学会会长)制造了一个由 800 个独立的伏特电堆组成的历史上最大的电池，占据了皇家学院一个研究所的整个地下室。随后，戴维将两根碳棒连接在电池的两端并逐渐靠近。电池中持续的电流通过碳棒，穿过了中间的空隙，产生了一道耀眼而持久的亮光——这就是最早的弧光灯。至此，电即将进入一个全新的时代，它的作用将不限于满足科学家的研究，而将成为一种有力的工具，奠定现代社会的基础，而天才辈出的电气时代也即将来临。

(摘自：蔡斌，从电鳐鱼到伏特电池.供用电，2014)

第二节　发电技术的发展

1800 年以前，电的来源是使用玻璃圆筒或者玻璃板的摩擦起电机。人们借助这样的装置做了许多工作，特别是在电化学方面和创立静电学的一种基本理论方面。普里斯特利(Joseph Priestley，1733—1804 年)是最早对电流的化学效应进行系统研究的人之一。由于摩擦起电机产生的放电是难以控制的，因此，尽管在 18 世纪末以前这一直是人类唯一可以得到的电能源，并在实验室里得到了广泛的应用，但是仍然不能进行商业应用。

在伏打电池或者伏打电堆出现后，克鲁克香克(William Cruikshank，1745—1800 年)应用电池槽原理，把伏打电堆转变成了一种很有效的电池，并设计制造了伦敦皇家科学研究院试验室里的第一个大型原电池。

一、机械发电机

在 1831 年法拉第宣布他发现了电磁感应现象后，皮克西(Hippolyte Pixii)于 1832

年在巴黎公开展出了第一台手摇驱动的、由磁铁和线圈组成的永磁发电机。以一种商业规模制造这些早期发电机的是法国克拉克(E. M. Clarke)。1834 年他制造了能按照用户的要求来改变输出电压的发电机,其电压高于一般电池组。早期的这类发电机都是手摇驱动的,因此在医疗等方面比较实用。从 1843 年起,莱比锡的施特尔(Stoehrer)制造了一系列改进型的发电机,如改变磁铁形状和数量等等。1841 年已出现了用蒸汽推动的发电机,可以连续工作,为其他用电器提供电力。1856 年,霍姆斯发明了一种多极发电机。发电机 5 尺见方,重 2 吨,用蒸汽推动,每分钟 600 转,发电容量 1.5 千瓦。一家灯具厂买走了这台发电机,使它成为第一台商用发电机。1862 年,霍姆斯又制成了容量为 2 千瓦的发电机。

二、电磁发电机

1855 年丹麦人纽尔特发明了一种改进的磁电式蓄电机(Magneto-Eelectric Battery)。他已经认识到采用电磁铁励磁[①]系统的优越性了。

1863 年,英国的威尔德(1833—1919 年)发明了磁电激磁式发电机,他使发电机的研制进入了一个新阶段。他在解释这种电机的原理时说:自激磁场是依赖原来磁场的剩磁。德国电工科学家、实业家西门子(E. W. von Siemens, 1816—1892 年)最先认识到将电枢线圈置于高强度磁场内的优越性,发明了西门子电枢。1867 年,西门子向人们展示了一台自激式发电机模型。自激式发电机用磁性很强的电磁铁代替了永久磁体,因而可以发出很强的电流。因此,它在电机制造史上是划时代的成就。怀尔德是电机的专利权所有者和制造商。1863 年他发明了"一种产生动电(Dynamic Electricity)的新型大功率发电机",这是一种将磁电式励磁机和电磁式发电机组合在一起的发电机。与此同时,其他人也在致力于研究电学的发展。瓦利(S. A. Varley)发现了自励磁的奥妙,发明了自励磁发电机。

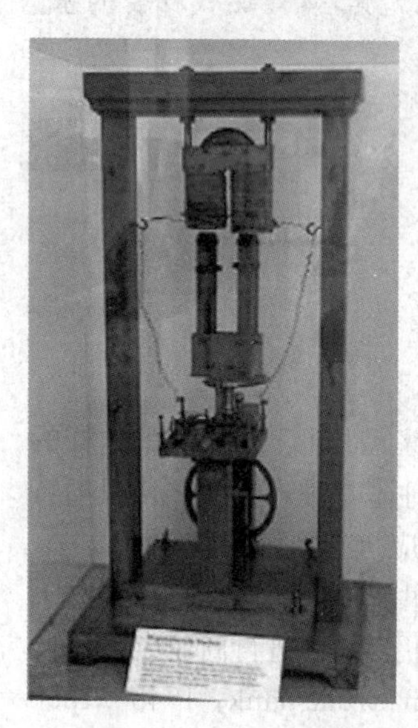

图 4.2 皮克斯发明的直流发电机

1870 年,巴黎的格拉姆(1826—1901 年)制成了环形电枢的直流发电机,电枢用软铁做铁心,并用沥青绝缘以防止涡流。这项成就取得很大成功,广泛地用于灯塔和工厂供电。1872 年,德国的阿尔特涅克(1845—1904 年)发明了鼓式电枢,其绕组仅在电枢表面,其电枢中铜的利用率更高,技术上更完善合理,很快取代了环形电枢。这样,到 19 世纪 70 年代,电机已具备了近代电机的基本结构。

---

① 励磁就是向发电机或者同步电动机定子提供定子电源的装置。根据直流电机励磁方式的不同,可分为他励磁、并励磁、串励磁、复励磁等方式,直流电机的转动过程中,励磁就是控制定子的电压使其产生的磁场变化,改变直流电机的转速,改变励磁同样起到改变转速的作用

图 4.3 雅可比发明的世界上第一台电动机模型与实用电动机

图 4.4 西门子与他的自激式发电机

三、交流发电机

1881 年的巴黎世界博览会上展出了法国人梅里唐于 1880 年发明的一台永磁式交流发电机。但是,由于这种类型的发电机的造价保持在格拉姆型直流发电机的两倍以上,因此它最终不再被人使用。

第一批不靠永久磁铁来励磁的交流发电机是怀尔德于 1867 年前后制造的,其梭式电枢上带有一个双绕组。主绕组通过汇滑环给外电路提供电流副绕组通过一个两片式整流子对磁场绕组励磁。励磁电流的脉动性使涡流加大,从而使发电饥的实心电枢芯子发热,因而这些发电机的发展受到限制。1876 年,亚布洛・契可夫提出可以制造一种多项交流电机的方案,两年后他制造了一台这样的电机,为弧光灯供电。这台发电机已具有现代同步发电机的主要结构。19 世纪 80 年代，意大利的电工学家法拉里(1847—1897 年)建立了旋转磁场的理论。80 年代末发明了二相交流电动机和三相鼠笼异步电机。这些为 90 年代广泛使用交流电创造了条件。

1888 年，南斯拉夫科学家尼古拉·特斯拉已经成功地发明了交流发电机和传输系统，但爱迪生作为垄断企业的老板而不是科学家，从商业利益出发对这项重大技术创新十分冷漠。特斯拉最后不得不离开他，投身于另一家威斯丁豪斯公司继续自己的研究，1893 年，该公司的交流电发电机终于获得尼加拉亚水电站的采用。这场竞争以爱迪生不得不将自己的电器公司更名为通用电气公司而告终。

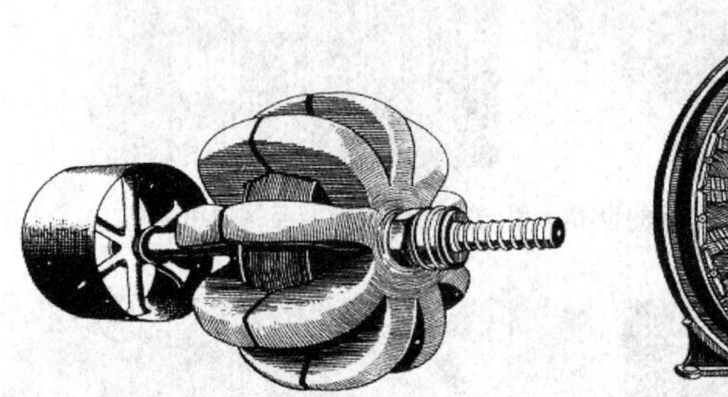
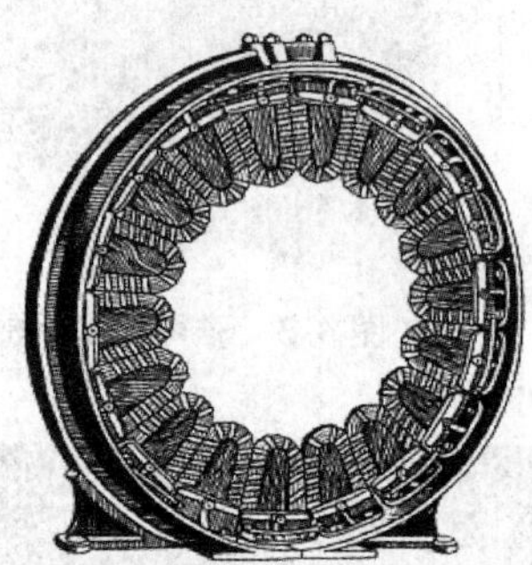

图 4.5　英美布拉公司制造的莫迪交流发电机(约 1886 年，左边是旋转磁场磁铁，右边是定子)

(摘自：查尔斯·辛格等. 技术史，第 5 卷.)

四、电站

由于电机技术日趋成熟，加上早期的电力照明的需求，人们开始考虑用工业方法集中生产电力。最早兴建的是燃煤的火力发电厂，继后才有水力发电站产生。

1875 年，巴黎建成北火车站电厂，这是世界上第一个发电厂，生产的电力专供弧光灯照明。1881 年，美国在威斯康星州建成了爱迪生发电厂，其功率只能为 250 盏电灯使用。第 2 年，在纽约市建成了爱迪生珍珠街电厂，共有 6 台直流发电机，总功率达到 600 千瓦。

交流发电厂建成稍晚，1886 年在美国建成的第一座交流发电厂，输出功率仅有 6 千瓦。但到 1890 年，在德国出现了较大规模的交流发电厂，使用 2 台 1 250 马力的柴油机拖动发电机发电，工作电压为 5 000 伏，还有 4 台更大的交流发电机，分别由 1 万马力的蒸汽机拖动，工作电压高达万伏。90 年代以后才出现三相交流发电厂。

从一开始，世界上的工业先进国家就十分注意开发水力发电厂。因为水电站的发电成本低，还可以综合开发利用水资源。1882 年，爱迪生在威斯康星州创建了第一座水电站。同年德国也建成了一座容量是 1.5 千瓦的水电站。上述水电站均是试验性的小水电站。较大型的水电站产生于 90 年代，例如，1892 年美国建成的尼亚加拉水电站，共安装了 11 台 4 000 千瓦的水电轮发电机。到 21 世纪，水电站才得到巨大的发展。

五、电池

在伏打电池的早期，人们多次尝试解决它的一些主要问题，即电池工作时金属极板的极化和电池不用时金属极板的蚀损。1830年，斯特金引进了锌极板的表面汞齐化处理做法。经过处理的金属，像化学纯的锌，能抗拒酸性电解液的腐蚀。

那些靠一种不可逆的化学反应产生电的电池称为原电他。原电池分为单液电池和双液电池两类。最简单的单液电池就是最初的伏打电池，其中把不同金属的极板交错排列，并用了一种碱性的或盐类的或酸性的电解液。上述这种简单的电池是很易极化的，即阳极板上释放出来的氢会使化学反应受阻。这种极化使电他在使用了短时间后其电压即发生显著的跌落。为了消除极化，人们进行了许多尝试，并且取得了一些显著的成效。

赫尔姆(Helm)于1850年前后用碳棒作为阳极，取代了早期电池中的需要更换的昂贵的铜极板。这样也大大减弱了极化作用。瓦朗·德·拉·鲁(Warren de la Rue，1815—1889年)用二氧化铅也得到了类似的效果，他在1868年又做成了氯化银电池，它能够提供一种绝其恒定的电势。然而，这一时期在向着一种商业化电池的发展过程中，法国的铁路工程师勒克朗谢(G. Leclanche，1839—1882年)做出了最杰出的贡献。他在1866年发明的电池形式至今仍在广泛使用。

另一类单液电池使用的是铬酸或铬盐溶液。在这类电池中较为出名的是本生(R. W. Bunsen，1811—1899年)发明的使用碳、锌极板和铬酸的电池(1844年)以及格勒内(Grenet)在1859年发明的重铬酸钾长颈瓶电池。这种电池也使用了碳、锌极板。所有这些电池都或多或少有着电压变动的缺陷：电压受电解液浓度变化的影响，而电解液浓度又决定着电池的内阻。

最早的实用型双液电池是由丹聂尔(Daniell，1790—1845年)发明的。丹聂尔电池的宗旨在于产生一个恒定的电动势。而它无疑成了这类电池中最常用的一种，特别适用于电报机。据称除了电动势恒定这一优点之外，丹聂尔电池的极板是不会蚀损的，而且这种电池不会产生令人讨厌的雾气，可以长时间持续地起作用而不必加以照管。1853年，富勒(J. C. Fuller)最先对丹聂尔电池进行了值得注意的改进，他以硫酸锌溶液代替了丹聂尔电池槽内所用的硫酸。进行了这样的改进后，锌棒的寿命大大地延长了。富勒按照电池槽原理，制造了具有12个槽的电池，直到1875年，这种电池一直应用于电报业，不过，此后它又被重铬酸汞电池所取代。

另一项对丹聂尔电池的重大改进应归功于米诺托(Jean Minotto，1862年)。其专利的精髓在于用一层沙子来代替丹聂尔电池的多孔槽。米诺托电池有时又称“重力电池”。在印度和一些热带国家被广泛应用于电报机。此外，人们还研究出一些其他形式的原电池，但是，它们或是维护起来有困难，或是主要成本太高，没有存在下去的价值。

第一台演示“可充电电池”(secondary battery)效应的装置是特里(J. W. Ritter. 1776—1810年)于1803年前后制造的。“可充电电池”又称“蓄电池”(storage battery)或“蓄电器”(accumulator)，因为它可以被另外一个电源充电。现代蓄电池父无疑是巴

黎的普朗泰(R. L. G. Plants，1834—1889年)。1878年末，他的蓄电池首次展出并且引起了人们的广泛兴趣。法国的另外两位发明者著名的富尔(C. Faure)和梅里唐继续研究了这一课题。他们三人的名字都与铅极板结构类型的蓄电池联系在一起。

在英国，斯旺爵士(Sir Joseph Swan，1828—1914年)充分认识到了可充电电池的价值。但是，他认为自己在巴黎看到的普朗泰和富尔的样品太庞大太笨重了，因而不会有商业利润。斯旺进行了大量的研究工作，到1881年时，他发明了蜂窝状铅极板，其中可以填充铅绒材料。这一改进使得蓄电池在给定尺寸下的蓄电量大大增加。早期的直流电站广泛地使用了这种改进的蓄电池。

阅读材料

中国早期电力工业的发展

开埠以前的上海，居民的照明用品在室内是用油灯，所用之油主要为豆油或菜油，在室外，有钱人家行路用灯笼，内燃蜡烛。一般居民、客商行路则在黑暗中摸索。个别繁盛之处设有“天灯”，但所照范围极为有限，故入夜以后便漆黑一片。西人寓沪以后，始用火油灯。用火油灯照明，较之豆油灯，不但价廉，而且光亮，一盏火油灯可相当于四五盏豆油灯。租界辟设之初，西人燃点街灯的燃料也是火油，街灯远近疏密相间，“悉以六角玻璃为之，遥望之灿若明星”。

1864年3月，上海第一家煤气公司“大英自来火房”(Shanghai Gas Co., Ltd.)开张，厂址初设汉口路，后迁新闸路。上海照明设施进入一个新的阶段，这就是煤气阶段。英美租界其他主要街道陆续装上煤气灯。外滩南京路一带率先使用煤气灯照明，因其管道从地下接气送出，时称“自来火”和“地火”，但是私人用户仅58家，但用于“燃点街灯”公用照明十分普遍。租界普遍点上煤气灯，这给上海城市面貌带来很大变化。入夜以后，火树银花，光同白昼，上海成了名副其实的不夜城。19世纪70年代，上海人评沪北即租界十景，其中之一就是“夜市燃灯”。有人以诗咏此一景：“电火千枝铁管连，最宜舞馆与歌筵。紫明供奉今休羡，彻夜浑如不夜天。”随着时间的推移，上海城内居民也纷纷在城内设置街灯，随后又追逐文明发展的脚步，将煤气灯引入古老的上海城区。

1873年的维也纳万国博览会上，展出了一台用瓦斯原动机拖动的发电机，带动一台水泵运转，引起了观者的极大兴趣。这是世界上电力开始在工业上应用的前奏。1879年美国旧金山一个小型实验厂开始发电。上海是西方文明在中国最敏感的地区，当世界上最早的发电设备在英美诸国刚刚出现时，也立即引起了在上海的外国人使用电灯的兴趣。

率先试验弧光灯的是上海公共租界工部局电气工程师毕晓浦(J. D. Bishop)。1879年4月12日，《北华捷报》的记者偶然闯进上海虹口乍浦路的仓库里采访时，发现毕晓浦正在进行弧光灯试验的准备工作。4月14日，记者及时把这消息公布于众，引起社会的极大关注。5月28日，毕晓浦以一台10马力(7.46千瓦)蒸汽机为动力，带动西门子(Siemens)工厂生产的自激式直流发电机。当锅炉气压达到每平方英寸30磅(0.12兆帕)时，打开蒸汽阀门，蒸汽机开始转动，随即弧光灯碳棒间出现火花，逐渐发出洁白的弧光。最原始的弧光灯试验获得成功。

三年后，1882年，英国人立德(R. W. Little)买下南京路江西路口老同孚洋行的院落，招股集资10万银两成立上海电光公司(Shanghai Electric Company，也译为上海电气公司或上海申光电器公司)。该公司配置了一台每平方英寸85磅(0.59兆帕)的卧管式锅炉、16马力(11.94千瓦)的单杠蒸汽机和可供16盏2 000支烛光(2 038坎德拉)弧光灯照明的直流发电机，转速每分钟800转，电灯电压100伏特。锅炉补给水系统由于没有水源供给，装置了可存放6天用水量的储水箱。该公司在南京东路江西中路转角围墙内竖立了第一根电灯杆，沿外滩虹口招商局码头架设了6.4公里长的线路，串接着每盏亮度为2 000支烛光的15盏弧光灯。这15盏灯分布如下：美记钟表行(大马路21号，今南京东路)1盏，礼查客寓(今浦江饭店)4盏，外滩公园3盏，福利洋行(今南京东路四川路转角)1盏，虹口招商局码头下游4盏，公司自用2盏。5月29日(西历7月14日)，该公司借法国国庆日这天晚上进行试灯，瞬时发出了炫目的灯光。6月12日晚7时左右，电厂正式对外供电。夜幕下，15盏灯一起发光，据说每盏电灯亮度“可抵烛炬二千条”。这是上海第一次亮起电灯，故人们对其赞叹不已，成千上万的市民，带着又惊又喜的心情聚集围观。第二天上海中外报纸都在显要位置报道了电灯发光的消息，产生了广泛的影响。报载，是晚天气晴和，各电灯点亮后，“其光明竟可夺目。美记钟表行止点一盏，而内外各物历历可睹，无异白昼。福利洋行亦然。礼查客寓中弹子台向来每台须点自来火四盏，今点一电灯而各台无不照到。凡有电灯之处，自来火灯光皆为所夺，作干红色。故自大马路至虹口招商局码头，观者来往如织，人数之多，与日前法界观看灯景有过之无不及也”。9月15日，公司向工部局签订承包部分租界街头照明，在沿外滩装灯10盏，共计电灯费1.5万银两的合同。周日，上海俱乐部(今东风饭店)也用上了电灯。

这座电厂的建成，标志着中国电力工业从这里开始起步。它虽比应该伦敦霍而蓬(Holborn)电灯厂晚4个月，比1875年世界上第一个使用弧光灯的法国巴黎北火车站电厂晚7年，但比美国人爱迪生(Thomas Alva Edison，1847年)创立的纽约珠街(Pearl Street)电厂早4个月，比日本东京电灯公司早5年。

在上海电光公司创办8年后，1890年华侨商人黄秉常亦试办广州电灯厂，成为中国民族资本第一家电灯公司，随后宁波(1901年)、奉贤(1902年)、汉口(1902年)纷纷建立电力工业，11年内迅速普及上海、北京、杭州等十几个通商口岸城市，1911年总发电量则2.7万千瓦(其中民族工业发电总容量达到1.2万千瓦)，大约为1882年外资发电容量12千瓦的2 000多倍，到抗战前的1936年，全国发电容量为128.5万千瓦，为1911年的47.6倍，年发电量38亿千瓦，在国内混乱的背景中，这种速度也是相当的快了。

第三节 配电与用电技术

今天的电力系统是由发电厂、送变电线路、供配电所和用电等环节组成的电能生产与消费系统。而在电力技术发展的初期，这些环节是逐步发展和完善的。无论是弧光灯白炽灯还是电报和电话的发明与利用，都遵循了科技的发展为人类所用这一逻辑。

一、弧光灯

在用摩擦生电做了诸如火花放电和金属线熔断等大量实验之后，伏打电池的发明揭示了电流的应用潜力。大型电池一装配出来人们很可能就注意到了电弧现象。早在1802年，为了改善电弧的品质，人们有意用碳电极代替金属电极并且由此产生了电气照明科学。英国皇家学会的戴维(1778—1829年，英国)观察到二根碳电极接触后再分开的瞬间，电流会产生很亮的弧光。他于是用2 000个伏打电池串联成电池组，制成了第一个碳极弧光灯。但是，电池贮电有限，不能长时间维持弧光灯工作。到40年代，虽然有丹尼尔新电池出现，碳棒也有了改进，弧光灯仍难推广使用。

1853年，人们用磁电机代替蓄电池向弧光灯供电。同一时期里，俄国的雅布齐柯夫发明了两根碳棒并列放置的弧光灯，其优点是不要调整二根碳棒的问题，省去了许多麻烦，人们称它是“雅布洛奇科夫蜡烛”(Jeblochkoff candle)，又称电蜡烛。雅布洛奇科夫原是俄国军队中的一位电报工程师，后移居巴黎。他的电蜡烛由两根直径通常为4毫米的平行碳棒构成。这两根碳棒竖直安装，其间有一个瓷分隔器，顶端跨接着一根石墨条。当电流首次接通时，石墨条即被烧毁，一道电弧在两支炭笔间形成，并逐渐向下燃烧。为了避免在直流电弧中出理电极蚀损不均的现象，这个装置必须使用交流电。电蜡烛很快就取得了成功，于是在1877年春天，巴黎卢浮宫大百货商店的各个部门安装了80根电烛。在电气总会即后来的电气总公司的支持下，经销了大量这种弧光灯，该机构还承担了大量的英国早期照明设施的安装工作。

19世纪70年代初期被广泛采用的格拉姆环式直流发电机是一种比较便宜的电源。它最先使一般用途的弧光照明成为可行。这种类型的照明设备首先是安装在欧洲大陆，最早安装这种设备的是米尔豪森的一家面粉厂和巴黎的北火车站(1875年)。英国对弧光灯的采用比较落后，不仅要从欧洲大陆既进口发电机，还要进口弧光灯。其首批弧光照明设备安装在盖蒂剧院(Gaiety Theatre, 1878年)。弧光灯大大加速了电气照明的发展，从而增加了对发电设备的需求。

到1878年底，伦敦市的几位政府官员表示愿意试验性地安装弧光灯，从而出现了能为大量串联起来的弧光灯供电的高压发电机的需求。然而，对于家庭照明来说，即使是最小的弧光灯也是过于明亮了，因而在1881年引入了斯旺(Swan, 1828—1914年)的灯丝灯泡，实现了低亮度的电气照明。于是，对电气照明的需求变得广泛了，这些需求因建造了一批私人的发电厂而得到初步满足。这些电厂都是专门为个别的工厂或建筑物的供电需要而设计的。80 年代后，由于有了发电机供电，弧光灯得到推广，当时多用于灯塔。

在美国，最早同电气照明有关的人士之一是布拉什（C. F. Brush，1849—1929 年）。他在 1878 年就能供应直流发电机和弧光灯了。这一年，他在费城的沃纳梅克商店（Wanamaker's Store）安装成了一种弧光灯照明装置。它是由 5 台独立的直流发电机组构成的，每台发电机为 4 盏弧光灯供电。这 4 盏弧光灯采用并联连接方式，而没有采用当时的欧洲所用的串联方式。弧光灯以并联方式运行是布拉什取得成功的最主要原因。1879 年，这一成功又因他引进一种自动电压调节器而更上一层楼。这种自动电压调节器是按照“碳堆原理”（carbon pile principle）进行工作的①。

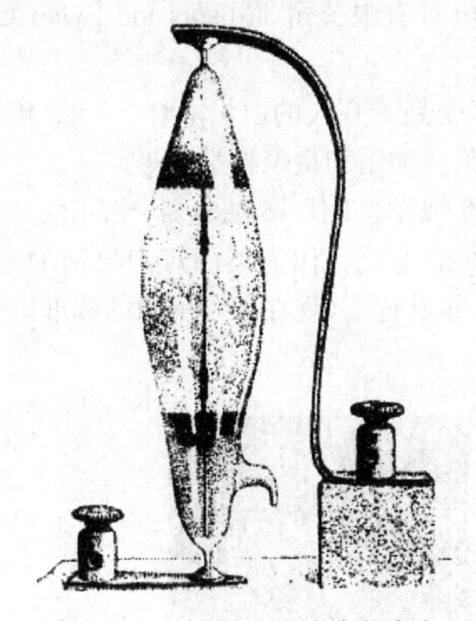

图 4.6　1878 年斯旺的放光试验

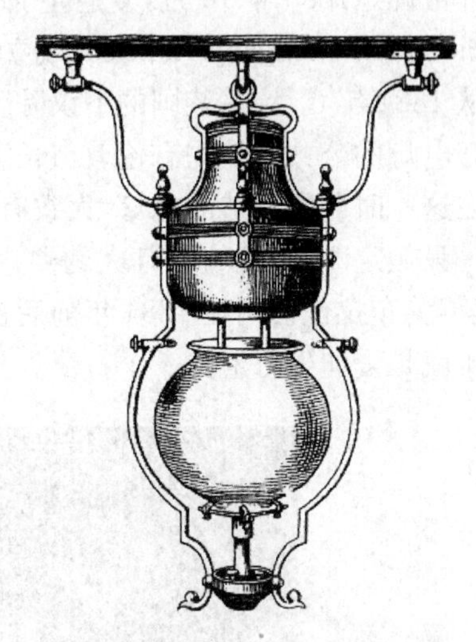

图 4.7　1880 年布拉什的弧光灯

（来源：查尔斯 · 辛格等. 技术史，第 5 卷）

二、白炽灯

白炽灯起源于 18 世纪 20 年代，法国的一位物理学家发现铂丝在通过强电流时，由于发热而呈现白炽发光的状态。1840 年，英国人格罗布为了防止高温氧化作用，他用玻璃杯倒扣在水中获得真空，然后把通电的铂丝置于其中发光，铂丝的寿命果然大大延长。次年，冯 · 马林治把这一装置改进成抽成真空的电灯泡。

1845 年，美国人斯塔研制出两种供幻灯机使用的电灯。一种是把铂丝密封在真空的玻璃瓶中，另一种是用碳棒代替铂丝。1852 年，罗巴林发明了给白炽灯安装灯口的办法。1860 年，英国化学家斯旺设计出一种低电阻的碳丝电灯，但性能并不好。斯旺的灯丝是用纸和丝绸碳化而成的。

真正实用化的白炽灯是美国发明家爱迪生发明的，他使人类跨入了电灯的时代。1878 年，他通过对弧光灯的分析认识到白炽灯必须采用低压并联运行，以确保使用者

① 查尔斯 · 辛格等. 科学史，第 5 卷. 上海科技教育出版社，第 148 页.

的安全。由于采用并联电路电灯的电流相对较小，就要求灯丝具有高电阻。他的主张受到一些著名科学家和工程师的反对，一些美国人认为爱迪生的电灯价值不大，而英国的物理学家汤普森(Silvanus P. Thompsno，1851—1916 年)则在 1878 年声称，“任何依赖于白炽发光的方法都将失败”。但他坚持己见，先后从 1 600 种材料中选出炭化棉丝作为灯丝。1879 年，他完成了白炽灯的发明，当时电灯的寿命只有 45 小时，他还设计了灯座、室内布线、地下电缆系统等成套设备。到 1880 年底，被称作“燃烧器”的爱迪生电灯开始大量生产，并且在最初的 15 个月里，约售出了 80 000 盏。然而，甚至在 1881 年，西门子同样对白炽灯的未来持怀疑态度，而且拒绝申请在欧洲开发爱迪生专利的许可证。1883 年 10 月，爱迪生-斯旺联合电灯有限公司(Edison and Swan United Electric Light Company Limited)成立。

从 1881 年 6 月起，英国的下议院就已经享受到了宜人的白炽电灯。1882 年，采用了斯旺电灯的公共建筑物有伦敦市长官邸、大英博物馆和皇家科学院等。

在这一时期所制造的电灯，大致有 36 伏 16 烛光、41 伏 18 烛光、46～54 伏 20 烛光的。一只额定 20 烛光的电灯大约要用 1.34 安的电流。作为英国灯泡特征的卡口灯头，是英美布拉什公司在 1884 年前后推出的。螺旋灯头(现在仍是美国的标准灯头)从一开始就是爱迪生灯泡的一个特征。

图 4.8　电弧灯(左)与爱迪生发明的白炽灯

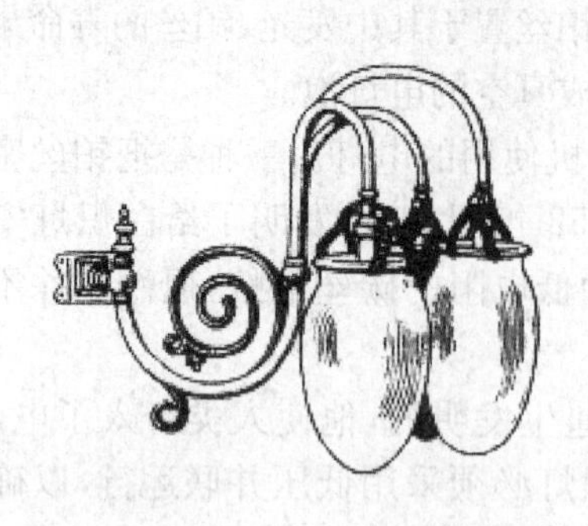
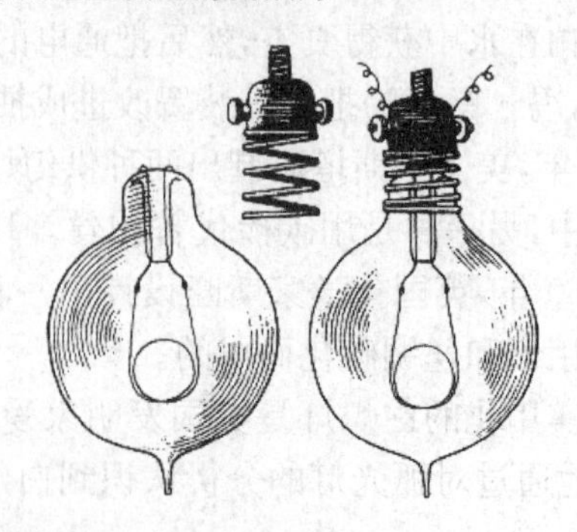

图 4.9　1881 年斯旺电灯支架和 1884 年斯旺的碳丝电灯

(摘自：查尔斯·辛格等.技术史，第 5 卷.)

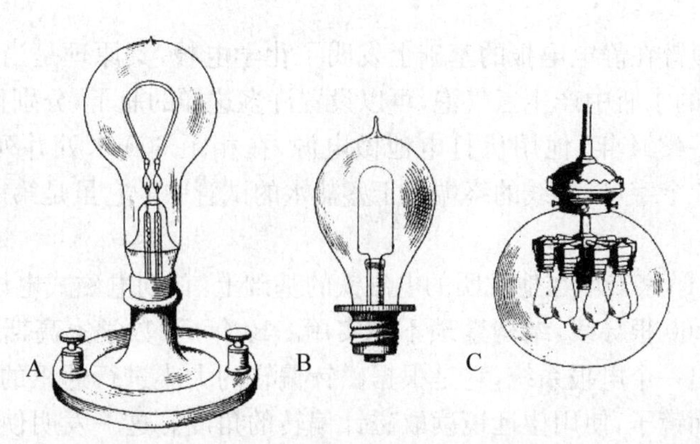

图 4.10 图片依次是 1881 年爱迪生的碳丝电灯、1882 年爱迪生的碳丝电灯、1884 年爱迪生的集簇灯。

（摘自：查尔斯·辛格等.技术史，第 5 卷）

从 1885 年起到 19 世纪末，白炽电灯的制造技术一直在稳步发展，而且最初很高的生产成本也逐渐降了下来。1898 年，煤气灯白炽灯的发明者韦尔斯巴克成功地发明了铁丝电灯。接着在 1905 年出现了钽灯丝，几年后又出现了钨灯丝，这就是今天常用的钨丝白炽灯。

小故事

斯旺与爱迪生

就工厂的发展方面，斯旺在纽卡斯尔附近的工厂可与爱迪生的工厂匹敌，它一开始就收到了一份来自美国的订单，要求在两星期内提供 25 000 盏电灯。斯旺的灯泡是在制成之后按灯丝的特性来分等级的，这是因为发生了较大的特性偏差。这些灯泡按照它们的工作电压和大致烛光值来出售。而且根据斯旺的记录，每盏灯泡在出厂之前其性能都被记下。1882 年，爱迪生控告斯旺的公司侵犯了他在英国的专利权，但爱迪生并没能得到一份阻止斯旺制造电灯的禁制令。后来他们用合并的办法和睦地解决了这一纠纷，建立了爱迪生-斯旺联合电灯有限公司。这家联合公司以一百万英镑的额定股本在 1883 年 10 月进行了注册。

三、电报与电话的发明

1. 电报的发明

自 17 世纪以来，就不断有人提出远距离通讯的技术方案。例如，18 世纪末，法国的一位牧师夏普（Claude Chappe, 1763—1805 年）发明了一种视力信号机，利用一个装在转轴上的木杆系统向远处传递信号，每隔若干距离设一个信号站，使信号这样一站一站地传下去。这种通讯方式曾在欧洲形成过一个庞大的通讯网，一直维持到 19 世纪中叶才衰落下去。

1753 年，有人试图创造一种静电电报，但没有被人使用。伏打电池发明后，工程师

沙尔伐(西班牙)曾在静电电报的基础上发明了化学电报,其原理是当电路中有电流通过时,会在终端的水瓶中产生氢气泡,可以设置许多这样的瓶子,分别代表不同的字母,就能实现通讯。1804 年,他用伏打电池做电源,在相距 600 米处并列布置了 36 根导线,分别代表 36 个字母,导线的终端置于盛盐水的试管中。它虽是第一个电报装置,却毫无实用价值。

1823 年,电学家安培在他发明的电磁铁的基础上,首创电磁式电讯机,这一装置共有 30 根磁针和 60 根导线,结构繁琐不能实用。10 年后,数学家高斯和物理学家韦伯在哥丁根研制出一个电报系统,它是根据磁针偏转的大小进行通讯的一种装置。他们为磁针装上一面镜子,使用望远镜读取磁针偏转的角度。这一发明使通讯设备大大减化,但离实用仍有距离。

1836 年,英国的科克(1806—1879 年)制成了几种不同式样的电报机。后来有一种电报机的电磁铁出了一些问题,他就此请教英国皇家学院的惠斯通教授(1802—1875 年),结果他们决定合作研究。1837 年,他们申请了第一个电报机的专利。这种电报机共装置了 6 个线圈和 6 个磁针,当不同的线圈通电时,相应的磁针便偏转。次年,他们建成了长达 13 英里的电报线,通讯实验完成得也很成功。1842 年,他们延长了线路,同时改用双针式电报机。这一成就大大推动了英国电报事业的发展。1846 年,英国成立了电报公司。到 1850 年,已有多家电报公司,其中第一家电报公司是以"电动电报有限公司"(Electric Telegraph Company Limited)的名称注册的,科克将他的专利转让给了该公司,并成了该公司的董事。到 1855 年,这家公司已经拥有和管理着英国约 4 500 英里长的电报线。与此相比,它的最大竞争对手,创建于 1850 年的"英格兰和爱尔兰磁力电报公司"(English and Irish Magnetic Telegraph Company)则拥有 2 200 英里长的电报线路。同年,英国已建成的电报线路总长估计达到 4 000 英里。直到 20 世纪初,科克-惠斯通电报机还在英国使用。

此外,1838 年,戴维发明了第一台实用的化学电报机,在自动电报的方向上迈出了第一步。这台电报机是用带电的针与经过化学处理的循时钟机构转动的纸卷相接触来收发电报的。它在伦敦公开展出了数月之久。此后,这位发明者由于资金上的困难被迫放弃他的工作而移居澳大利亚。贝恩(Alexander Bain)采用了他的想法,并于 1864 年获得了一项关于一种自动发报装里的专利。在这种装置中,穿孔纸带被送入一个发报机构中,而信息则在线路远端由一台化学记录仪记录下来。在当时,已演示了每小时传送多达 400 份电文的实验。由于现在难以确定的原因,这些尝试以及这项发明被放弃了。其他一些开发者获得了关于上述装里的改进型的专利。但是没有一个取得真正的成功。然而,用穿孔纸带来操作自动电报机的方式却被采用了,如惠斯通自动电报系统(1866 年),这一系统于同年为电动电报公司所采用。人们发现,在约 280 英里长的线路上。它每分钟能处理 55～80 个字码,具体数目取决于所用导线的截面积。到 1879 年,由于机构上的改进,结果在最佳条件下,对于同样的距离已达到每分钟至少能处理 200 个字码的速度。到这时,大约有 170 部这样的设备投入了运行。惠斯通的发明所依据的原理沿用至今。

在同一时期,在美国和欧洲也开展着新式电报机的发明和改进工作。1832 年,画家莫尔斯从欧州乘萨利号邮船回国，为了消磨时间，他和同船的杰克逊博士一起做电学实验，他忽然想到"电流发生在一瞬间，如果它能不中断地传送 10 英里，我就可以让它传遍全球。瞬间切断电流，使之闪现电火花。有电火花是一种信号，没有电火花是另一种信号，没有电火花的时间长度又是第三种信号；这三种信号结合起来，代表数字或字母。数字或字母可以按一定顺序编排。这样，文字就可以经电线传送出去，而远处的仪器就把信息记录下来"。从此，他放弃了绘画，专心于新型电报机和电码的发明。

1837 年，莫尔斯发明了用点和划组成的"莫尔斯"电码，这些点和划相应地变成通电时间的长、短间隔，然后推动收报机的电磁铁吸引衔铁，并带动钢笔在转动的纸带上作出相应的记号。

就在这一年，他在纽约成功地完成了长 10 英里的通讯试验。1845 年，莫尔斯组建了磁电报公司，由于从华盛顿到巴尔的摩全长 40 公里的电报线路经济效益很好，在很短的时间里，电报线路延伸了几百英里。到 1848 年，除佛罗里达州外，密西西比河以东的各州都联入了电报网。电报对增进铁路运输效率、传送天气预报和报告商业行情等方面，发挥着日益重要的作用。

19 世纪中叶，欧、美大陆已建立了陆上电报网，但大洋两岸的信息仍靠邮船传送。海底电缆电报的历史始于 1845 年。那一年，布雷特兄弟(Jacob Brett, John Watkins Bret)创办了通用海洋电报公司(General Oceanic Telegraph Company)，建立起英、法两国间的电报通信。1851 年，横跨英吉利海峡的海底电缆率先敷设成功，线路全长 45 公里。次年，伦敦和巴黎之间接通了电信线路，大大促进了两国间的工商业活动。从 1854 年起开始了大西洋海底电缆建设，经过 12 年的努力，克服了种种困难和挫折，终于完成了欧、美之间的越洋海底电缆的敷设。另一条跨越欧亚大陆的电报线路起于伦敦，穿过英吉利海峡，横跨欧洲大陆，再延伸至印度的卡里卡特城，全长一万海里，也于 1869 年顺利建设成功。开尔文勋爵的开创性工作对取得这一成功起了很大的作用。1867 年由开尔文勋爵发明的巧妙的波纹收报机使海底电缆电报实现了自动操作。大约在 1870 年，这种收报机得到了普遍的应用。

电报通讯工程的建立和发展，不仅沟通了全球的信息交流，推动了工商业活动，而且对 19 世纪的科学研究和教育活动起着巨大的推动作用。

2. 电话的发明

"电话"(telephone)这一名词最初是指通过一段距离传播声音的任何装置。众所周知，声音能通过固体和水传播，也可以沿着绷紧的金属线和通话管传播。

电话的发明可以追溯到 1837 年发现的"伽伐尼音乐"，它是指电磁铁在切断电流的瞬间发出的一种声音，曾启发后人利用电流传送语音。1860 年，德国的赖斯(J. Philipp Reis, 1834—1874 年)设计了一种巧妙的通话装置。他在啤酒瓶上蒙上一层薄膜，膜上贴上一条铂丝，当有人讲话时，膜发生振动，铂丝便交替接通和断开电路，于是远处的电磁铁随电流的通断会发出所谓"伽伐尼音乐"。这实质上是第一部电话。1861 年，赖斯改进了这一装置，并取名叫"telephone"。这一英文名称一直保留至今。

通常认为，贝尔(Alexander Graham Bell, 1847—1922 年)的工作是以德国的物理学家和生理学家亥姆霍兹(Hermann Helmholtz, 1821—1894 年)的研究为基础的。亥姆霍兹多年来一直从事于声音再现的研究工作，并且发明了一台装置可用以模拟人喉所发的元音。贝尔重复了这些实验以及同时代其他科学家的一些实验，并与一位青年电气技师华生合作，制造出一台样机，其送话器是在圆筒上置一薄膜，膜的中央垂直连接一根碳杆，碳杆的另一端则与硫酸接触。当送话时，薄膜随语音振动并带动碳杆一道运动，碳杆与硫酸间的接触电阻因而相应地变化，使电流也发生强弱的变化。听筒则是利用电磁铁把电信号还原成声音。1876年，他们向美国政府申请了专利，几小时之后，一位名叫格雷(1835—1901年)的美国发明家也申请电话发明专利，但美国最高法院仍判定贝尔是电话的发明者。在美国建国100周年纪念的博览会上，贝尔表演了他的电话。后来，巴西王太子来此参观，对这一发明深感惊异，他的发明因此引起人们的重视。

1877年，传到英国的贝尔电话机的最早样品，在英国科学促进会(British Association for the Advancement of Science)的普利茅斯会议上展出。随着电话在伦敦和其他地方的广泛展出，1878年第一家商业性的电话企业在英国开张。最初，电话只是被作为在两个地点之间进行私人对话的工具，但是经过在美国的发展，第一台电话交换机于1879年在伦敦建立。贝尔的电话机有一个本质上与耳机一样的电磁式话筒，这种话筒与现在仍在使用的话筒属同一类型。但是，在1878年，爱迪生等人发明了一种新型送话器，它是由一个膜片压在碳粉上构成的装置，当膜片振动时会改变碳粉的电阻，这一发明成为现代送话器的原型。到90年代，有人发明了自动交换台，使电话可以通过拨号自动与通话者接通。

在1912年以前，电话系统一直是由私人经营的。1912年，邮电部取得了国立电话公司(National Telephone Company)的资产，从此以后，电话业的私人所有权全都终止了。在英国，长途电话技术始于1878年在诺里奇和伦敦之间的一条私人线路上进行的一次实验。这次实验表明长途通话是可行的，从此便建立起了城市之间的电话线路。首先是在地区内，继而连通了从地方城镇到伦敦之间的电话线路。在20世纪，由于引入了电子设备，远距离通信得到了很大的改进。电话的发明从根本上改变了人类的通讯方式，它大大密切了人类之间的联系，成为现代文明的标志之一。

四、电力输送与分配

电力输送技术与发电站技术几乎是同步发展的，它包括输电、变电和配电三大部分，并和发电、用电形成一个完整的电力系统。1873年，在维也纳举办的国际博览会上，法国人弗泰内用长达2公里的电线，向一台电动水泵供电。1874年，俄国人皮罗次基建成长1公里的直流输电线路，输送电功率达到4.5千瓦。2年后，他别出心裁以铁轨代替导线输送低压直流电，输送距离为3.6公里，这一方法后来使用在有轨电车上。最初的配电方式是直流两组制，电压最高为110伏。对电缆网配电理论做出显著贡献的是W·汤姆逊(1824—1907年)。1881年，他在《用金属导体导电的经济性》一文中阐明了开尔文定律，说明输电导线的最经济截面的要求是：在给定时间里能量损失的费用等于同时期资本的利率和折旧费。

80年代里，人们已从理论上认识到高压输电的必要性。这样在1882年建造了世界上第一条远距离输电实验线路，法国物理学家德普勒（1843—1918 年）把 57 公里外的 1.5 千瓦电力输送到慕尼黑国际博览会上，输电线始端电压是 1 343 伏，终端降为 850 伏，线损高达 78%。1883 年，德普勒在法国南部又建成一条长 14 公里的输电实验电路，2 年后他把输电电压升高到 6 000 伏，输电线路长 56 公里，结果线损下降到 55%。但是，直流电压受到大容量直流发电机的限制，所以直流电不宜于远距离输送。

19 世纪 80 年代围绕着成熟的直流输电技术和新兴的交流输电技术，展开了一场激烈的争论。爱迪生和开尔文为争论的一方，主张直流电优于交流电，他们认为当白天与黑夜用电量相差很多时，交流电的成本几乎要高出一倍。另外，交流电机并联运行的问题还有待解决；特斯拉和威斯汀豪斯则主张交流电是发展方向，主要理由是它的输电效率高。他们还认为，只要把用电户扩大到炼铝、电车、工厂的动力等方面，就能解决用电不均衡的问题。

伦敦国王学院的电气工程教授霍普金森（John Hopkinson）是直流供电系统的积极提倡者之一。美国爱迪生公司英国分部曾聘请霍普金森为顾问工程师。但是，在英国和美国都几乎没有人注意到霍普金森对爱迪生机器和设备系统的成功所做出的贡献。例如，霍普金森发明了直流三线制配电系统，并于 1882 年 7 月获得了专利。但它被宣布为爱迪生的发明，其实，爱迪生只是从 1883 年起在美国对这种系统进行了广泛的宣传而已。这种三线制提供了一种由单独一台发电机以回路电压的两倍电压对两个双线主回路供电的方法。起初，两根外输出线之间的电压是 220 伏，每条外输出线和中线之间的电压是 110 伏。随着系统的扩大，人们很快发现应该将电压分别提高到 440 伏和 220 伏，而且把电动机连接在 440 伏的导线之间已成为一种习惯的做法。三线制的一大优点是能节省铜，根据所选中线的等级，省铜量为 25%到 50%不等。在这样的体制中要保证两个双线回路的负载相等是不可能的，因而有必要采用手动的或自动的平衡装置。这种装置是由两台可逆式直流电机组成的，它们各自连接在一根外输出线和中线之间。这两台机器在机械结构上是连在一起的。当每根外输出线和中线之间的电压相等时，这两台机器就处于待机状态。在电压不平衡的情况下，连接在电压较高的外输出线上的机器便作为电动机而转动，驱动它的配对机，使其成为一台直流发电机。这样，配对机的输出就使得电压恢复平衡。三线制的一种扩展是五线制。大约在 1889 年，巴黎采用了这种五线制，曼彻斯特在 1893 年也采用了这种体制。但是，人们普遍认为，节省铜这一经济上的优势，至少已被维持各组双线回路的合理电压平衡这一困难抵消了。

在交流输电中，变压器是关键性的设备。随着电力用户的增多，流经主干线的电流也增大了，而且主干线本身也变得更长，因而由电压降引起的电力损失问题就变得更加严重。1874 年格拉姆发明了旋转式变压器，解决了这一问题。该变压器有两套电枢绕组和装在单独一个转子上的两个整流子，这个转子在单个磁场系统中旋转。其中一套电枢绕组驱动机器，使它作为电动机运行，而另一套绕组则发出另一种电压的电。英国的切尔西电力企业应用了这种旋转式变压器。1876 年，亚布洛契可夫发明了单相变压器。1883 年，德国人高拉德（1850—1888 年）和吉布斯设计了一台降压变压器，但是他们把多台变压器系统的原线圈串联在电路中，导致了电路中的电压随负载变动的缺点。后来，由三位匈牙利工程师将变压器改装成并联连接，这一缺点才得以克服。1885 年，

威斯汀豪斯制成了具有实用性能的变压器，并在美国麻省建成1千伏高压输电系统，完成了交流电的工业传输试验工程。

到90年代，交流电机，升、降压变压器相继完善，交流电的优势日益明显。90年代出现了第一条三相交流输电线路，这一方法后来得到迅速推广。实践证明：三相交流发电、变电、输电、配电具有比直流电更安全、经济、可靠的优点。

阅读材料一

斯旺与白炽灯研究

虽然从1847年起斯旺就对原始的灯丝灯和那时认为更有希望的弧光灯都很熟悉，但他确信电气照明的未来依赖于前者的完善化。他在进行自己的研究工作时，无意中发现了以辛辛那提的斯塔尔(L. W. Starr，1822—1847年)的名义在1845年取得的一项专利。斯塔尔主张“运用连续的金属和碳导体，通以电流使其剧烈地发热，达到照明的目的”。斯塔尔使用的是一张薄薄的铂箔或碳梢片，并明确说明，在使用炭精片时“应将其封装在托里拆利真空中”。斯旺可能已经意识到，用铂灯丝制作的电灯的寿命是极短的，因而产生了使用处于真空中的白炽碳灯丝的想法。1848年后不久，他成功地制作了坚固、柔性的碳化纸条，并且随后没过几年，就能使一条宽0.25英寸长1.5英寸的碳精片发出了白炽光。1860年制作的这种电灯寿命依然很短，但是，斯旺已经认识到，只要真空架的不够完善仍然阻碍着灯泡获得较高的真空度，只要电流还不得不来源于化学电池，那么，灯丝电灯是不可能成功的。于是，斯旺转而从事干其他的工作一直到1877年，他都没有回到白炽灯的问题上。就在1877年，克鲁克斯爵士(Sir William Crookes)和其他一些人将施普伦格尔(Hermana Sprengel)于1865年发明的汞真空泵应用于有关高真空现象的实验。斯旺承认，正是克鲁克斯公布的研究成果使他重新恢复了对白织灯的研究工作。1878年12月18日，在泰恩河畔纽卡斯尔化学学会(Newcastle up-n Tyne Chemical Society)举办的一次会议上，斯旺将获得成功的碳灯丝电灯首次展出，尽管它并没有点亮给大家看。

斯旺不愿意为他的方法申请专利，其理由是，白炽灯的基本特征——一根碳灯丝工作于一个真空的玻璃泡内早已被人想到，因而是不能获得专利的。他全身心地致力于将他的电灯投入生产，而且这项工作实际上在1881年就早早地启动了。与此同时，美国的爱迪生也在致力于解决同样的问题。最初，爱迪生认为，用任何形式的碳灯丝来制作电灯都是不可行的而且他一度认为他已经用铂实现了他的目的。然而，到了1879年底，爱迪生用碳做了实验。后来，在1880年，他采用了经适当碳化处理的竹丝。1880年2月这种类型的实验性电灯从美国传到伦敦。与斯旺不同，爱迪生的策略是对每一项成果都申请专利，结果，这位英国发明家不久就发觉，他自己却受到了其竞争者在英国获得的五项技术专利的限制。其中，最早的一项专利(1878年12月)包括一种使用金属铂灯丝或铂合金灯丝的白炽电灯。

斯旺的合作者斯特恩(Stern)多次催促他要保护自己的创意。在1877年与斯特恩合作进行的初期实验中斯旺已经发现，他的碳灯丝保存有空气，这些空气是在灯丝第一次白炽化时释放出来的，这就导致了灯丝的早期质变，并使灯泡内部变黑。为了克服这一缺点，斯旺提出了在密封灯泡前的抽空气过程中就使灯丝白炽化的做法，并于1880年为此申请了专利。

斯旺对他在1881—1882年期间用丝光棉线做成的灯丝并不完全满意。他感到，用非纤维材料做成更加均匀的灯丝应该是可能的。进一步的研究导致他去采用了一种塑性材料如溶解在醋酸中的硝酸纤维素，并用压力使这种材料通过金属模具把它挤压成细丝。这种加工方法在1883年获得了专利，它不仅是碳灯丝灯制造上的一次革命而且还是导致大约20年后制造人造丝的一系列发现中的一个早期环节。

阅读材料二

科学史上的直流电与交流电之战

1878年夏天，爱迪生受弧光灯和煤气灯的激励，开始为发明白炽灯做准备。秋天，他研制的白炽灯成功持续点亮了几十分钟。1881年2月，当时美国最有钱的富豪范德比尔特(W. H. Vanderbilt)、摩根(J. P. Morgan)以及西方联合公司的董事等共同出资30万美元在第五大道成立了一家新公司——爱迪生电灯公司(Edison Light Company)。在研制白炽灯的过程中，爱迪生一直采用直流电源。为了让灯光稳定、灯丝不易快速燃烧过热而断裂，他最终选定110伏电压。这一电压标准一直沿用至今，美国、加拿大、墨西哥、日本等国都采用该电压标准。

白炽灯研制的同时，爱迪生也加快了商业的开发。他发明了一套电力系统，包括开关、电表、插座、保险盒、调节器、地下导线、接线箱以及系统的核心部分——产生直流电的中央电站。为了将电引发的火灾和意外风险降至最低程度，爱迪生决定将电线埋于地下，而非架高电线。而且，爱迪生使此电力系统尽可能与当时使用的煤气系统类似，电灯的照明亮度定在16烛光(与煤气灯的亮度相同)。白炽灯也跟煤气灯一样，可以用钥匙开关。

1881年8月，爱迪生买下珍珠街255-257号的几间仓库，开始兴建全美第一座发电厂。1882年9月4日下午3点，爱迪生取名的“巨无霸”(Jumbo)发电机开始运转，直流电经由地下电线输送到预先签约的59位客户的楼房中，由此迎来了电力时代的黎明。

当时，爱迪生在美国没有任何竞争对手，他唯一的对手远在欧洲，而欧洲的电力市场正朝不同的方向发展。1882年，法国科学家戈拉尔(L. Gaulard)和英国的商业伙伴吉布斯(J. Gibbs)一起申请了配电系统专利，他们对半个世纪前法拉第在实验室里发明的变压器进行了改进。这套系统与爱迪生的系统完全不同，利用变压器改变传输电流的电压，输送的是交流电，而非直流电。

美国发明家威斯汀豪斯(G. Westinghouse)因发明火车的气闸而闻名。1885年

12月，威斯汀豪斯受白炽灯照明的影响，和他的哥哥以及其他几位投资者共同组建了西屋电气公司(Westinghouse Electric Company)，资本为100万美元。该公司的主要资产是威斯汀豪斯收购的20多项与电有关的专利。威斯汀豪斯收购的专利大多与直流电照明和发电系统有关。这些设计类似爱迪生的系统，但它们可以避开明显的专利侵权。1886年，威斯汀豪斯为纽约市的温莎旅馆安装了一座独立的小型直流电电厂，不久后又点亮了匹兹堡的莫农加希拉旅馆的电灯。然而，直流电的市场很难开拓，原因是爱迪生的产品几乎占据了整个市场，知名度高，并得到了客户的信赖。爱迪生电灯公司又掌握着直流电灯、发电机与马达等最好的专利，并且时刻紧盯可能发生的专利侵权而随时提出诉讼。在这种情况下，威斯汀豪斯只好将目光转向欧洲刚诞生的交流配电系统。当时，直流电传输距离近的缺点已经显现，电力只能传输到离中央电厂不到2公里的区域，超过这个范围便会大幅度降低。爱迪生的珍珠街电厂服务范围很小，要服务整个纽约市，就必须建造数十座电厂，对纽约这样地价高昂的城市来说并不现实。交流电利用变压器可以轻易地“升压”到更高的电压，高压交流电可以通过较细而廉价的铜线传输到更远的距离，而后“降压”供给旅馆、公司或家庭使用。对直流电而言，无法升高或降低电压，不具有交流电的可调控性。威斯汀豪斯对交流电很感兴趣，但无法确定它的可靠性，以及成本是否能与直流电抗衡。当时有种否定意见认为，如果将交流电加压至数千伏传输，大部分的电能将转化为热能损耗掉，一套交流电系统会变成一台大型的电热器。这对投资人来说将是十足的灾难。威斯汀豪斯找来他最信任的电力专家波普(F. Pope)，研究在美国应用交流电的可行性。最初，波普也持怀疑态度，但深入阅读了在欧洲发表的研究报告后，他确信交流电具有创新性与工业价值。威斯汀豪斯听从了波普的建议，认为交流电值得一搏，于是购买了戈拉尔-吉布斯的交流电系统专利。该专利中最核心的部分是变压器，它是交流电能以低成本进行远距离传输的关键。由于还没有建立交流电系统的标准，威斯汀豪斯和他的助手边研究边拟定，最初确立交流电的频率为133赫兹。1886年，威斯汀豪斯团队的总工程师斯坦利(W. Stanley)设计出一套完整的交流电系统，为马萨诸塞州小镇大巴林顿提供电力，这是美国第一个安装的实用交流电变压系统。斯坦利设计了12个变压器，将传输的交流电从3 000伏降到500伏。8个月后，威斯汀豪斯在纽约州水牛城的第一座商业用交流电发电厂开始运营，并且很快接到订单，随后陆续建立了20多座交流电电厂。到1886年底，西屋电气公司雇用了3 000名员工，威斯汀豪斯的势力日益强大，对爱迪生构成威胁。然而，交流电的发展仍面临一大障碍，尚缺乏交流电驱动的感应电动机(即马达)的关键技术。当时，商用电动机几乎都采用爱迪生的直流电系统，要制造其他种类的电动机不太可能。而且几种已有的交流电动机功能欠佳，不仅无法自行驱动。而且运转不久会产生强烈的振动，就在此时，特斯拉(N. Tesla)出现了。

1888年5月16日特斯拉在美国电气工程师协会的演讲引起了威斯汀豪斯的极大关注，特斯拉的专利正是他寻觅已久的东西。威斯汀豪斯亲自到特斯拉的实验室拜访，经过协商，威斯汀豪斯以6万美元，加上每利用特斯拉的电动机产生1马力电力便付给他2.5美元专利费，买下特斯拉的专利使用权。西屋电气当时采用的交流电的频率标准为133赫兹，而特斯拉的感应电动机采用60赫兹的交流电，西屋电气的工程师起初非常抵触，在花费几个月的时间进行测试都不成功的情况下，他们才最终接受了特斯拉的意见，将频率标准改到60赫兹，电动机就按照最初的设计顺利运转，60赫兹从此成为交流电的标准频率。

1893年，在芝加哥世界博览会的能源与电力合同公开竞标，竞争非常激烈。最终，西屋电气公司竞标成功，报价比通用电气公司低一半。它利用交流发电机和变压器为博览会提供电力，并采用特斯拉的电动机驱动电器。不过，西屋电气缺乏制造白炽灯的技术，有意向爱迪生购买专利，但遭到了拒绝。距博览会举办只有不到一年的时间，威斯汀豪斯和他的工程师十分焦急，最后想出一个办法，对索耶和曼两人发明的炭丝灯(Sawyer-Man lamp)进行改进，用一个玻璃罩封住灯泡底部并抽成真空，以此避开爱迪生的专利限制。这种两件式的灯泡不如爱迪生的设计灵巧，使用寿命也不长，但足以在博览会使用。威斯汀豪斯为生产灯泡，专门建了一座玻璃工厂，在不到一年的时间里生产了一百万个灯泡，显示出他在运用制造资源方面的惊人能力。

博览会于1893年5月1日开幕，参观的人群进入一个他们从未见识过的电力仙境。10万人挤进荣耀之庭(Court of Honor)，观看时任美国总统克利夫兰(C. Cleveland)转动一个金黄色的开关，启动西屋电器公司的发电机引擎，点亮数十万盏电灯，并接通会场中所有电器的电源，令人目不暇接的灯光将会场笼罩在一片神奇的光辉之中。在电力大楼内，西屋电气公司与通用公司双方各自摆出阵容，大有互不相让之势。威斯汀豪斯向大众展示：他的公司运营不到10年，有了长足的进步。一个名为“特斯拉多相系统”(Tesla polyphase system)的专题展，让特斯拉本人大放光彩。专题展展示了一套完整的多相电力系统，其中包括一台交流发电机、可以将电压提高以供长程传输的变压器、一条短程传输的传输线、减压用的变压器，以及可以将交流电转换为直流电的旋转整流器(因为有些引擎仍在使用直流电，如铁路用的电动机)。通用电气公司展示了一组庞大的电力设备，驱动设备是壮观的爱迪生电塔。尽管爱迪生电塔受到万众瞩目，但其设计已有十几年，实际上已被西屋电气公司超越。

西屋电气公司为芝加哥博览会兴建的发电厂，是当时规模最大的交流电中央电厂，也是美国境内兴建的第一座大型多相电力系统，这是第一套真正的交、直流通用的交流电力系统，能够通过旋转整流器点亮白炽灯、弧光灯和其他使用直流电的电器装置。会场中每一个能移动或点亮的装置的电力，都是由西屋电气公司的多相交流电系统提供的。芝加哥国际博览会让西屋电气大获全胜，这也成为社会大众改变对交流电认识的转折点。博览会结束后不满一年，美国国内新订购的电器、电动机有超过一半使用交流电，这要归功于西屋电气在博览会的成功展示以及特斯拉电动机的优越表现。

(选自：戴吾三.科学史上直流电与交流电之战.科学，2014)

第四节　内燃机技术的发展

动力机按工作方式可以分为内燃机和外燃机两大类。凡是燃料直接在汽缸内燃烧，燃烧时产生的气体推动活塞或转子，将热能转化为机械功的动力机，称为内燃机。内燃机又可分往复式和转动式两类，其中往复活塞式应用最为广泛。凡是燃料在汽缸外燃烧，然后将产生的蒸汽导入汽缸做功的动力机，称为外燃机。外燃机也可分往复式(蒸汽机)和转动式(汽轮机)两类。

内燃机的概念比活塞式蒸汽机的概念还要古老。在17世纪后半叶，荷兰科学家惠更斯(Christiaan Huygens，1629—1695年)就对用大气压力来产生有用的动力很感兴趣。他设计了一台机器，让少量火药在一个汽缸里燃烧，以提升一个平衡活塞。当气体又冷却下来时，大气压力便将活塞向下推，按预想就是靠这个向下的冲程来做功。惠更斯的实验由帕潘(Denis Papin，1647—1714年)继续进行了下去，但是直到蒸汽的膨胀力取代了燃烧火药所产生的膨胀力之后，可行的发动机才正式问世。但是，在惠更斯首先提出的真空活塞式火药内燃机在实践中遭到挫折后，直到1859年之前，除了蒸汽机以外，还没有出现可以在工业环境下连续工作的其他任何发动机。

内燃机沉默了一百年后，到18世纪末人们又开始对内燃机进行了新的探索，内燃机又发展起来了。内燃机的发展，从采用燃料上看，经历了从火药机到煤气机、到汽油机、到煤油机、到柴油机的演变；从燃料的化学能转化为机械功的方式来看，走过了从真空机到爆发机、到有压缩机、到四(二)冲程点燃机、到四(二)冲程压燃机的历程。

一、燃气发动机

1859年，法国人勒努瓦(Etienne Lenoir，1822—1900年)设计了一台用一种会引起爆炸的煤气空气混合物来运行的发动机。这台发动机与卧式双作用式蒸汽机非常相像，它有一个汽缸、一个活塞、一根连杆和一个飞轮，与蒸汽机的不同之处仅在于用煤气代替了蒸汽。这种混合气体是靠汽缸内某两点间在适当的时刻产生的电火花来点燃的。当活塞到达冲程的中间位置时，蓄电池和感应线圈便提供必要的高压火花。用以点燃混合气体。在活塞返回的冲程中，废气被排除而在活塞的另一边，新充入的煤气和空气则被点燃。所以，这种发动机是双作用式的。它使用了蒸汽机上所用的那种滑阀，并且是水冷式的。与同样功率的蒸汽机相比，人们发现它的运行费用是很大的，每马力小时需要消耗100立方英尺的煤气。

然而，这种新型发动机的部分成功却是个好兆头，其结果是激励了许多别的研究者来发展他们在这方面的思想。其中的一位研究者就是于贡(M. Hugon)，他在1862年制造了一台能在混合气体爆炸以后往汽缸中注入很细的水雾以帮助冷却的发动机。人们发现，与勒努瓦的发动机相比，它可以减少煤气的消耗量而且降低废气的温度，但这种发动机的一个实质性缺点是它不对混合气体进行初始压缩。

1862年初，燃气发动机的发展进入了一个重要的阶段。另一位法国人博·德·罗夏(Alphonse Beau de Rochas，1815—1891年)获得了一项专利，其中描述了每种实用的燃气发动机为获得有效的结果而必须满足的根本条件。这项专利保护了关于四冲程循环的发明，而后来四冲程循环变得几乎是通用的，并且实际上取代了其他所有的运行方法。罗夏的循环中，在活塞向着曲轴运动的第一冲程中，退炸性的混合气体被吸入汽缸；而在返回的冲程中，混合气体受到压缩。然后，当活塞运动到大约冲程的死点时，混合气体被点燃，这样，燃烧的混合气体便在此循环的第三冲程中推动活塞。最后在第四冲程中，废气被排出汽缸。接着，重复上述循环。博·德·罗夏在论证了他的发明原理之后，便让其他人去发明能使他的理论变成现实的机械装置，并在不久以后，他就让这项专利中止了。

几年以后，德国工程师奥托(N. A. Otto，1832—1891年)使四冲程循环的理论得以复活。他于1867年已成功地设计出一台立式大气压燃气发动机。1878年他引入了一种卧式燃气发动机，它是根据博·德·罗夏的循环理论来进行工作的。然而，奥托是不是从未听说过博·德·罗夏的专利，这种系统是不是应该从此就被称为“奥托循环”，人们对此是有争议的。

这种新型发动机相对于其他类型发动机的优越性很快就变得明显了；仅几年功夫，由德国奥托和兰根公司(Otto & Langen)制造的35 000多台机器便在世界各地的工厂里安装起来了。其他类型的发动机仍然在制造，比方说毕晓普(Biesehop)发动机。它的工作原理与惠更斯的想法一样，也是靠爆炸了的气体的膨胀来提升活塞，然后活塞便在其作功行程中被大气压力往下推动。它是一种小功率的立式发动衫，据说效果还是令人满意的。

随着蒸汽机的大规模应用，早期燃气发动机的设计者们也自然而然地接受了低速卧式发动机的设计思想。我们在下面将会看到，这是一个严重的错误。虽然某些发动机采用了电点火方式，但大多数发动机是靠正确时刻引入汽缸的火焰来点火的。这种发动机在汽缸壁的一条接缝面有一个旋塞开关，在这个旋塞开关的内部保持燃烧着一股火焰。当到达点火时刻时滑阀按照事先设计会开启槽缝，这样就让火焰点燃混合气体，然后槽缝又被关闭。由于内部火焰在气体爆炸时会立刻熄灭，因此在旋塞的外部还需一股外部火焰以重新点燃内部火焰。

后来出现的一种思想是热管法，在这种方法中，把一根铂制的或其他材料制的小管插入汽缸，它留在外部的端口是密闭的。这根管子由外部一盏本生灯的火焰维持着炽热状态，在压缩过程中，一部分混合气体被压入管中，立即点燃。到1878年，这些发动机的燃气消耗量已减少到大约每马力小时28立方英尺。在其后一段时期内尚存的其他系统，有克拉克(Dueald Clerk)的二冲程发动机(1879年)、勒努瓦的单作用式发动机(1883年)和格里芬(Griffin)的六冲程发动机。大约从1885年起，人们一般都采用奥托的四冲程循环。由于它的表现是如此的优越，以致四年以后，即1889年，在一次国际性展览会上展出的全部53台发动机中，除4台外都采用了这种循环。自那以后，随着许多细节上的改进和马力的不断增大，燃气发动机已能成功地与蒸汽机匹敌了。曼彻斯特的克罗斯利兄弟公司(G-M，13-hem)得到奥托的专利许可，制造了大量的各种类型和尺寸的燃气发动机，以一种廉价的成本专门为这些发动机生产煤气的煤气制造厂的发展，则对燃气发动机随后的成功起到了巨大的作用。

以上的内燃机都是用煤气作燃料的，但煤气的热值低，需要庞大的煤气发生炉和管道供应系统，占用体积大。随着社会化大生产的发展，交通运输业要求轻便的动力机，这个燃料系统就成了巨大的包袱。19 世纪末，随着石油工业的蓬勃发展，用石油产品取代煤气作燃料已成为必然的趋势。

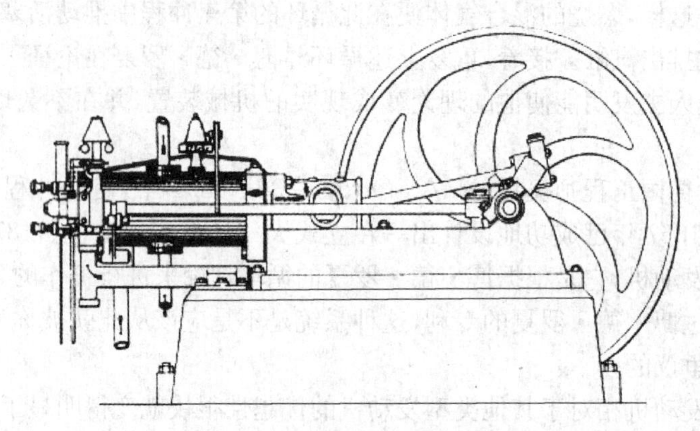

图 4.11　奥托的卧式燃气发动机

（摘自：查尔斯·辛格等. 技术史，第 5 卷.）

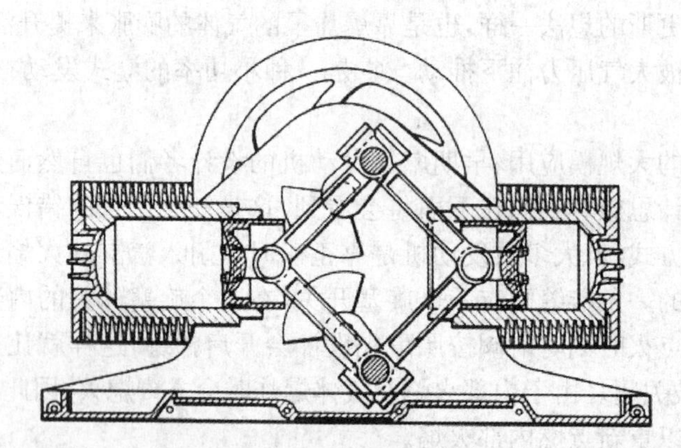

图 4.12　双缸的兰彻斯特发动机的平衡方法(约 1897—1904 年)

（摘自：查尔斯·辛格等. 技术史，第 5 卷）

二、燃油发动机

虽然燃气发动机在许多情况下被证明能有效地取代蒸汽机，但是在煤气供应困难或煤气价格太高的地方却是不适用的。不过，当时出现了其他一些想法，其中的一种想法是用当时作为普通照明油的石蜡油(煤油)来使发动机工作。只有当温度达到 30～50℃时，这种烃类混合物才能释放出易燃的蒸气，因此在它与空气形成爆炸性混合物之前必须使它蒸发或者说精细地分离。

1873年，维也纳的霍克(J. Hock)获得了关于这种发动机的专利。在这种发动机中，处于压缩状态的空气将喷出的油分离成细雾。但不完全的燃烧使这种发动机并不令人满意。同一年，费城的布雷顿(Brayton)发明了一种有两个汽缸的发动机，其中一个用于压缩混合气体，另一个用于作功。在这种发动机中，空气先被压缩，并被强迫通过浸有油的吸收材料，于是它便含有了适合于燃烧的蒸汽。然后，将此混合气体引人工作汽缸并将它点燃。此时，气体便膨胀并将活塞推向汽缸的端部。废气是在返回冲程中被排出的。这种发动机是一种双作用式的发动机，是以两冲程循环来工作的。为了便于起动，这种发动机上装有靠发动机本身来充气的压缩空气储存器。1890年，出现了一种改进很大的布雷顿型发动机。这是单作用式的发动机，是以奥托循环方式来进行工作的，经济性较好。

1886年，登特(Dent)和普里斯特曼(Priestman)获得了一项关于使用重油蒸气的发动机专利。在这种发动机中，经一台泵压缩的空气被储存在一个储气器里。而这台泵由一根以曲轴速度的一半运转的轴所驱动。压缩空气被喷射到另一个储气器中，将那里的油喷成雾状，并将油以细雾的状态带入到用废气来加热的汽化器中。然后，加入较多的空气形成一种爆炸性混合气体，进入燃烧室。这种发动机是以奥托循环方式工作的。当时制造的这种发动机有卧式和立式两种，立式发动机的功率高达100马力。1889年，造出了一台装在轮子上而且完全整装的轻便样机，这是打算用于农场的，它获得了皇家农业学会(Royal Agricultural Society)的银奖。

由哈利法克斯的坎贝尔燃气发动机公司(Campbell Gas Engine Company)制造的坎贝尔燃油发动机是一种精心设计的卧式发动机，它结构精巧，工作部件很少。一个离心调速器控制着混合气体的进入量，从而也控制着所产生的功率。它用一盏油灯来加热汽化器，还有一个专用的起动储气器。另一种设计用煤油来运行的发动机是格罗布(Grob)式发动机，这是一种以奥托循环方式进行工作的立式发动机。一台由发动机驱动的泵将油注入雾化器，在那里油变成很小的液滴。然后，空气和油的混合物经过一根能受到外部一股火焰作用的管子，使混合物在进入气缸之前气化。这样，无需任何复杂的方法，油就被汽化了，而且通过接触一很炽热的管子而被点燃。当运行速度超过某一最大值时，一种"断续式"(hit-and-miss)调节系统便会阻止混合气体的点燃。这种发动机采用了水冷方式，其上装有一种配用了风扇的特殊形式的冷却器。

一种相似类型的发动机是卡皮泰纳式发动机，它是由卡皮泰纳(Emile Cepitaine)在1879—1893年发明出来的。在他的最终设计中由于精心地控制了汽化器的温度，因而无需使用加热灯，并且取得了很好的效果。事实上，汽化器是装在燃烧室里的，但是在发动机冷态起动时的一小段时间内，需从外部来加热。

霍恩斯比(Hornsby)的卧式燃油发动机使用了一种位于燃烧室端部的汽化器，并且设置了一盏用来在起动时加热汽化器的专用手提式油灯。在起动时，为了将温度提高到足以保证点燃爆炸性混合气体，大约需要十分钟的时间。有一根小管将汽缸和汽化器室连接了起来，在活塞的返回冲程期间空气被压入汽化室，从而使汽化器中充满压缩空气。在这一冲程接近结束时，把产生爆炸性混合气体所需的精确油量注入汽化室，注油是用由这台发动机的半速转动轴所驱动的泵。设计者提供了一种调节注油量的方法，发动机上的一个调节器控制着油泵的出油阀。油一注入压缩空气，就立即被汽化，而混合气体一接触到加热了的汽化器壁，随即发生爆炸。在进行了初始加热以后，需要用手来转动飞轮，直到发生第一次燃烧为止。这时灯可以熄灭，随后的点火足以能维持汽化器的温度。汽缸是用水来冷却的。

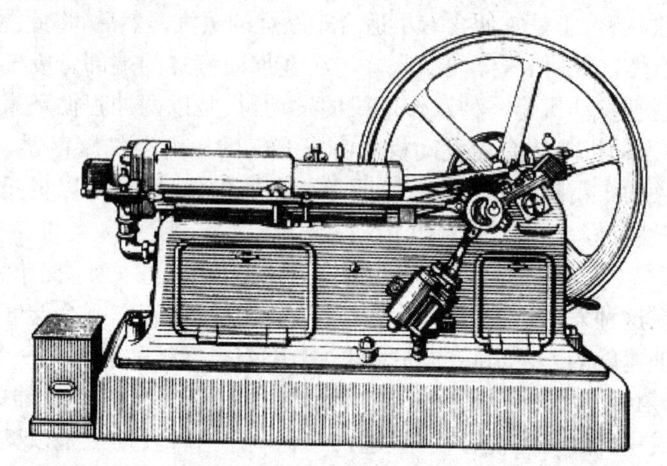

图 4.13　登特和普利斯特曼的燃油发动机(约 1886 年)

(摘自：查尔斯・辛格等.技术史，第 5 卷.)

克罗斯利的燃油发动机使用了一种特殊类型的汽化器，这种汽化器上装有一个环绕灯罩的螺旋状通道。在接触油之前，空气被泵驱动着流经这个螺旋状通道，而且像在其他结构的发动机中一样，一旦发动机正常地起动了，灯就不需要了。

三、柴油发动机

1892 年，出生于巴黎的德国机械工程师狄塞尔(RudoIf Diesel，1858—1913 年)发明了柴油机，它是一种结构更简单、燃料更便宜的内燃机。他采用更高的压力来压缩汽缸里的空气，使单靠压缩产生的热就能点着燃料。柴油机(亦称"狄塞尔"内燃机)可以用沸点较高的石油分馏物作燃料，它不会造成爆震。由于压缩程度较高，柴油机的结构必须造得更加结实，这就使它比汽油发动机笨重得多。在 20 世纪 20 年代研制成适用的燃油喷射系统之后，柴油机开始广泛应用于卡车、拖拉机、公共汽车、船舶及机车，成为重型运输工具中无可争议的原动机。狄塞尔内燃机的问世，标志着往复活塞式内燃机的发明基本完成了。往后的任务在于它的应用，并在应用中不断改进它的性能①。

四、汽油发动机

前面讲的各种发动机都是低速运转的，每分钟不超过几百转，其中的许多发动机都

① 清华大学自然辩证法教研组.科学技术史讲义.清华大学出版社，1982 年 08 月第 1 版，第 172 页.

像早期的蒸汽机那样,使用的是卧式汽缸。

符腾堡的戴姆勒(Gottlieb Daimler, 1834—1900 年)最先认识到,人们需要的是一种小而轻的高速发动机,因为高转速能导致功率的提高。许多年来他一直从事燃气发动机的制造,并在 1884 年获得了一项关于用热管来点火的小型高速燃气发动机的专利。1885 年初,他获得了一项关于立式单缸发动机的专利,这种发动机上装有密闭的曲轴箱和飞轮。它是后来制造的各种名曰戴姆勒发动机的原型。这种发动机使用了空吸式进气阀和机械式排气阀,还安装了调速器,用以在转速超过预定的数值时阻止排气阀的开启。它还借助一个封闭式的风扇来使空气围绕汽缸环流,对汽缸进行空气冷却。

为了使发动机能使用在空气中容易蒸发的轻石油精进行工作,戴姆勒于 1885 年发明了他的表面化油器。它主要是一个盛有约三分之二容积的汽油的容器,容器内有一个环形浮子,浮子连着一根基部附近开有一些小孔的竖立长管。在主容器上方是一个小腔室,用来储存混合了汽油蒸汽的空气。发动机的汽缸可以通过一根管子从这个小腔室里抽出爆炸性的混合气体,但是,混合气体一旦被抽出,补充的空气就通过那根立管被吸入小空腔,于是空气便以气泡的形式咕噜咕噜地通过浮子上方的汽油。这样,在空气进入顶部的储存室以前,就已经包含大量的汽油蒸气了。

1889 年戴姆勒取得了一项关于 V 型双缸发动机的专利,这种发动机具有两个成 15°夹角的相互倾斜的汽缸,这两个汽缸的两根连杆是连在一报公共的曲柄上的。由于欧洲大陆的几个制造商在汽车上采用了这种发动机,所以后来它被大量制造并销售。它还被当作固定式发动机使用,同样也被用作摩托艇的动力装置。

1896 年,弗雷尔(Peugeot Freres)停止使用已经安装在他们汽车后部的戴姆勒 V 型双缸发动机,采用了他们自己设计的一种新型卧式发动机。它使用了热管点火和水冷系统。所有的"标致"(Peugeot)汽车都采用了这种发动机,直到 1902 年,采用了一种更加标准的立式发动机。

在结束关于 19 世纪末以前内燃机发展的回顾之前,有一种发动机是值得比较详细描述的,因为它确实在很大程度上解决了平衡问题,尽管是以结构相当复杂作为代价的。这就是兰彻斯特(F. W. Lanchester)在 1897 年设计的发动机。这种发动机使用了两个卧式对置汽缸,但是用两根曲轴来取代了通常的单根曲轴,一根曲轴置于另一根曲轴的上面,靠齿轮啮合在一起,因此它们以相反的方向转动。两个汽缸中的活塞都有一根连杆接到这两根曲轴上,其结果是得到了其他任何方式都没有得到的力学平衡性。这种发动机还具有许多其他的巧妙特点,例如,机械操纵的进气阀,磁电机装在一个飞轮内的低压磁电机点火系统,以及可以快速拆除的"点火器"。它实际上在汽缸内实现电路的机械断流,如此感应出的火花便可点燃混合气体。属于兰彻斯特专利的油绳式化油器也被采用。在这种化油器中,汽油被油泵泵到含有一排油绳的腔室里,油绳便吸足了汽油;空气被引经这个腔室的上部,一种可燃性的混合气体于是很快形成,而且没有通常的喷嘴式化油器或表面化油器的任何缺点。"断续式"调速器也被采用,而且这种发动机是机械润滑的。这种化油系统有口皆碑。因而,在第一次世界大战以前一直成功地应用在所有的兰彻斯特汽车上。上面所述的双缸发动机最初是风冷式的,两个飞轮各驱动一个风扇,但后来则改成水冷式了。直到 1905 年以后这种设计才被更为常

图 4.13　最早的用电力推动的潜水艇 1889 年水下试验

（摘自：查尔斯·辛格等. 技术史，第 5 卷.）

见的发动机设计所取代，除了其他原因以外，主要原因是当时对卧式发动机流行着一种毫无根据的偏见。

阅读材料

电动车的发展历史

特斯拉是第一个做电动汽车的企业。但是，第一个发明电动汽车的人是爱迪生。1880 年，爱迪生制造出了第一辆电动汽车，时速 20 英里。虽然速度并不算很快，但是对于那个时代的科技发展和电子设备方面，这辆电动车可以说是一个质的飞跃。爱迪生曾经这样赞赏过电力："电力就是一切。不需要复杂精密的齿轮，没有危险，也没有汽油的恶臭，甚至没有噪音。"但是，也有另外一种说法。据资料显示：早在 19 世纪后半叶的 1873 年，英国人罗伯特戴维森制作了世界上最初的可供实用的电动汽车。戴维森发明的电动汽车是一辆载货车，也就是电动载货车。长 48 米，宽 18 米，使用铁、锌、汞合金与硫酸进行反应的一次电池。1880 年开始，应用了可以充放电的二次电池。从一次电池到二次电池，这对于电动汽车来讲是一次重大的技术改革，由此电动汽车的需求量有了很大提高，19 世纪下半叶成为交通运输的重要产品，写了电动汽车在人类交通史上的辉煌一页。1890 年，法国和英伦敦的街道上都行驶着电动大客车。当时生产的车用内燃机技术还相当落后，行驶里程短，故障多，维修困难，而电动汽车却维修方便。在欧美，电动汽车最盛期是在 19 世纪末。1899 年比利时人卡米勒·杰纳茨驾驶一辆 44 千瓦双电动机为动力的后轮驱动电动汽车，创造了每小时 109 公里的速度纪录。1900 年美国制造的汽车中，电动汽车为 15 755 辆，蒸汽机汽车 1 684 辆，而汽油机汽车只有 936 辆。进入 20 世纪以后，由于内燃机技术的不断进步，1908 年美国福特汽车公司 T 型车问世，以流水线生产方式大规模批量制造汽车使汽油机汽车开始普及。致使在市场竞争中蒸汽机汽车与电动汽车由于存在着技术及经济性能上的不足，使前者被无情地淘汰，后者则呈逐步萎缩状态。

这一百多年来，电动汽车在汽车发展史中经历了 3 次重大机遇。第一次发生在 100 余年前。由于当时电池和电机的发展较内燃机成熟，而且石油的运用还没有普及，使电动汽车在早期的汽车领域中占有举足轻重的地位。第一辆电动汽车（三轮）由法国人古斯塔夫・土维在 1881 年制造出来。此后三四十年间，电动汽车在当时的汽车发展中一直占据着重要位置。例如，世界上首辆车速超过每小时 100 公里的汽车就是电动汽车。一开始电动汽车面临的最大竞争对手就是庞大笨重的蒸汽机车。毫无疑问，在这场竞赛中“后发”的电动汽车一路赶超，并在全世界范围内实现了“三分天下有其一”。据统计，1890 年，在全世界 4 200 辆汽车中有 38%为电动汽车，40%为蒸汽车，22%为内燃机汽车。到了 1911 年，就已经有电动出租汽车在巴黎和伦敦的街头上运营。到了 1912 年在美国更有至少 3.4 万辆电动汽车运行。然而，好景不长，短短几十年过后，因内燃机汽车的产业化水平大大超过电动车，电动汽车在欧美国家的“黄金时代”开始一去不返。到了 20 世纪 20 年代，城市里已经很少能见到电动汽车，取而代之的是内燃机汽车，在世界上各个国家的街道上来回穿梭。

由于石油的大量开采和内燃机的种种优越性，电动汽车渐渐被人们忽视。直到 20 世纪 70 年代石油危机的爆发，给世界各国政界一次不小的打击，开始考虑替代石油的其他能源，包括风能、太阳能、电能等可再生能源。因此，从政治经济方面考虑，

图 4.14　最早的电动马车

图 4.15　1881 年的电动汽车

图 4.16　1882 年的电动汽车

图 4.17　20 世纪 20 年代底特律街头上的电动出租汽车

图 4.18　20 世纪 20 年代伦敦街头上的电动出租汽车

才又给了电动汽车第二次机遇，又一次被人瞩目。第三次机遇开始于若干年前。世界上除了已存在的能源问题之外，环境保护问题也逐渐成为了各个方面所关心的重大课题。内燃机汽车的排放污染，给全球的环境以灾难性的影响，因此开发生产零污染交通工具成为各国所追求的目标。电动汽车的无(低)污染优点，使其成为当代汽车发展的主要方向。

(摘自：石祖春，王新虎.电动汽车的分类及特点.汽车工程学报，2010年第2期)

第五节 其他能源技术

1850—1900年这一时段最主要的是电力能源技术的发展，在同时期其他能源技术中，值得一提的是水利技术的发展。19世纪，水泵和水力发动机得到了很大改进，这对于许多其他方面的技术都产生了影响，包括疏浚、供水、发电，以及造纸等许多使用大量水的生产工艺。

一、水泵

在19世纪初，蒸汽驱动的往复泵得到了普追应用，其中有许多是瓦特设计的。1855年为东伦敦自来水公司制造的一台高压冷凝式蒸汽泵(一种康沃尔发动机)。19世纪中期离心泵才开始在公开场合展示，詹姆斯·斯图尔特·格温和阿波尔德在1851年的世博会上展出了离心泵。19世纪中叶，约翰·格温取得了多级泵的专利。

二、水力发动机

用水驱动的原动机可以分为三类：(1) 水压机，配备一个活塞和一个装有进水阀与排水阀的水缸，用水驱动，工作过程与蒸汽机或燃气发动机相似；(2) 水车；(3) 水轮机，从高速喷射流中获得能量(冲击式水轮机)或者从具有压力的水中得到能量，或者使具有压力的水通过水轮机转轮的叶片，使转轮转动(反击式水轮机)。在活塞式水压机中，水靠它的压力做功；在水车中，水主要靠其重量做功；在冲击式水轮机中，水靠喷射流的动能做功，而在反击式水轮机中，水的压能部分地转变为转轮的动能。在19世纪，活塞式水压机得到了广泛的应用，在可以获得高水头且要求的转速很低时，它非常令人满意，适于驱动起重机、绞盘、卷扬机以及需要较低功率的小型机械。大约在1856年，法国工程师卡隆和吉拉尔开始设计冲击式水轮机。

三、水电站建设

从一开始，世界上的工业先进国家就十分注意开发水力发电厂。因为水电站的发电成本低，还可以综合开发利用水资源。1882年，爱迪生在威斯康星州创建了第一座水电站。同年，德国也建成了一座容量是1.5千瓦时的水电站。上述水电站均是试验性的小水电站。较大型的水电站产生于19世纪90年代，如1892年美国建成的尼亚加拉水电站，共安装了11台4 000千瓦的水电轮发电机。到20世纪水电站才得到巨大的发展。世界装机容量最大的抽水蓄能电站是1985年投产的美国巴斯康蒂抽水蓄能电站。世界第一座潮汐电站于1913年建于德国北海之滨。最大的潮汐电站是法国建于圣玛珞湾的朗斯潮汐电站，装机24万千瓦。日本在1978年建成的海明号波浪发电试验船则是世界上第一座大型波能发电站。

四、其他水力设备

19世纪，其他各种水力设备也有许多发明和改进。斯蒂芬森使用液压千斤顶来升高桥梁，威廉·阿姆斯特朗爵发明了一种用途广泛的液压蓄能器，有助于利用水能操纵起重机、升降机和其他机械。在给福斯桥的桥墩打基础，挖掘坚硬的泥砾层时，承建商威廉·阿罗尔爵士发明了水力铲。在19世纪，水能的用途看起来几乎是无限的。直到20世纪初，在用电力大规模传输能量之前，依靠压力送水提供能量被认为是最经济的办法。

此外，风力发电是一个朝阳产业，风力发电是始于19世纪的90年代，近10多年经过大力开发，风力发电技术日趋成熟，到20世纪初开始了商业化应用阶段。

阅读材料

中国第一座水力发电站——石龙坝发电厂

石龙坝水电站于光绪三十四年(1908年)即开始筹建，宣统二年(1910年)开工，民国元年(1912年)4月发电，当时1、2号机组共480千瓦，使用当时中国第一条自建最高电压23千伏，经过35公里的线路，送电到昆明市区。石龙坝水电站，是中国建设的第一座水电站，开创了中国水电建设的先河，被尊奉为中国水电站的鼻祖。石龙坝水电厂位于滇池出水道螳螂川上段，距昆明市区70余公里。滇池，位于昆明城区西南面，面积298平方米，蓄水量约13亿立方米。滇池的出水口称海口，出口向西北进入螳螂川，最后进入金沙江。螳螂川由平地哨经滚龙坝至石龙坝一段，河道坡陡流急，有30余米的落差、以滇池为调节水库而兴建的引水式水电站。当时这座电站的主要工程有：长55米、高2米的拦河石闸坝一座，长1 478米、宽3米的石砌引水渠道一条，以及石墙瓦顶的机房一座，即第一车间，又称一机房，安装两台德国西门子公司生产的240千瓦水轮发电机组。

1840年鸦片战争后，云南和全国一样逐步沦为半殖民地半封建社会。1885年签订的《中法条约》，给予法国在云南通商的特殊权益。1903年法国利用这个不平等条约，在云南兴建了滇越铁路昆明——河口段米轨。1908年法国以滇越铁路通车后需用电灯为借口，向主管云南省工商业的劝业道提出准其在石龙坝建设水电站的要求。宣统元年(1909 年)10 月，云南劝业道道员刘永祚得到云贵总督李经羲支持，拒绝了法国人的要求，倡议由云南省官商合办开发石龙坝水能资源，集股开办耀龙电灯公司建设石龙坝水电站。宣统二年(1910 年)1 月 20 日经李经羲批准，于当年年底成立了商办耀龙电灯公司，云南省商会总经理王鸿图为总董事，左日礼为公司总经理，从此拉开了石龙坝水电站建设的序幕。电站建设初期工程，由德商礼和洋行通过与美商慎昌洋行竞争获得承包权利。云南省商会提出德商只负责引进勘测设计、建筑安装、施工管理等方面的技术，以及发送变电和装设电灯所需的设备器材。电站和输变电工程则在德国工程技术人员的指导下，由中国工人自己建设。开工后，来自江苏、广东、广西、四川、湖南、江西、天津等省市的能工巧匠，以及省内昆明、玉溪、通海、昭通等市县的汉、白、回、彝各族的土、木、石工共 1 000 多人参加了建设。经过一年零五个月的艰苦努力，终于在 1911 年 10 月 30 日建成，向昆明市区送电，结束了云南无电的历史。此后，1923—1936 年间，石龙坝水电厂又进行过 4 次扩建，装机容量扩大到 2 440 千瓦。1943 年 5 月开始再进行了第五次扩建，装机容量达到 6 000 千瓦，机组的启动、调整、并列基本实现了自动化控制，使石龙坝电站旧貌换了新颜。20 世纪初，在我国沦为半封建半殖民地的特定历史环境下，由中国人自己建设自己管理的我国第一座水电站，是振兴民族工业、反对殖民掠夺所进行的一部不屈不挠抗争的胜利史诗，是我国人民坚持独立自主民族精神的历史见证，在中国电力工业史上留下了闪光的足迹。

思考题

1. 简述 19 世纪中后期到 20 世纪初科学技术发展概况、特点。
2. 简述电力科技发展过程中的重大事件。
3. 简述电力科技发展对人类社会发展的意义。

参考文献与续读书目

[1] 查尔斯·辛格等. 技术史[M]. 上海科技教育出版社，第 5 卷，2004.

[2] 清华大学自然辩证法教研组. 科学技术史讲义. 清华大学出版社，第 1 版，1982.

[3] 袁莉，白蒲婴，郭效军. 化学史简明教程. 甘肃科学技术出版社，2007.

[4] 何艾生，郑崇友. 新编世界科技史(下). 中国国际广播出版社，第 1 版，1996.

第五章　20世纪的传统能源科技的成熟

20世纪能源科学技术的发展使人类社会发生了翻天覆地的变化。20世纪前，人类就已掌握了使用煤、石油、水能、太阳能和生物质能的基本技术；20世纪，进一步在电力、石油、天然气、煤炭、核能、水能、大规模电力系统、高效燃烧技术、风能、潮汐、太阳能利用技术等方面取得重大进展。进入20世纪以来，科学对生产和技术的指导作用越来越明显，这反映在两个方面：① 科学不仅推动发展了许多单项生产技术，而且更重要的还在于开辟了一系列新的生产技术领域，建立起完全新型的工业。② 任何重大新技术的出现，不再来源于单纯经验性的创造发明，而来源于长远的科学实验和理论的基本研究。这使生产部门不仅积极采用科学研究新成果，而且大力支持基础研究和应用研究。由于科学迅速发展，以及生产技术的发展日益依赖于科学。怎样把远离生产目的的科学成果转变为可用于生产的技术，以及解决由技术本身所提出的科学问题，就逐渐形成了一种具有相对独立性的研究，这就是技术科学，也可称为应用科学。它是科学和技术之间的中间环节。为了便于区分科学研究的两个不同的基本任务，人们把原有意义上的科学称为“基础科学”，以区别于应用科学。基础科学也曾一度被称为“纯科学”。这样，原来的科学—技术—生产三个环节，发展成为四个环节：基础科学—应用科学（即技术科学）—技术—生产基础科学和应用科学的活动，称为“基础研究”和“应用研究”。把应用研究成果用于生产技术，这就是新技术的开发和新产品的研制，简称为“开发”（Development）。因此，基础研究—应用研究—开发，是现代技术进步的因果链条。多数基础研究成果将来都可能转化为新技术，基础科学不仅是精神财富的宝藏，也是物质财富取之不尽的矿藏。科学是人类关于自然现象及其规律的知识，是人类通过观察和实验所得到的对自然的认识，科学研究的目的就是要使这种认识不断深化和扩大，它的着眼点在求得对客观自然规律的“知”。这种“知”有一部分可用于生产，即可用来开发、利用自然资源（材料）和自然力（能源）。这个“用”，属于行动和操作，是区别于“知”（to know）的“做”（to do）。关于“做”的方法和诀窍，就通称为“技术”，是生产力的一个重要组成部分。而科学只有通过技术才能转变成为生产力，它本身不是生产力。

进入20世纪以来，科学对社会的推动作用更为显著，科学已成为对人类历史发展前途和现代国家兴衰起决定作用的一种力量。首先，科学对生产发展的指导和推动，不仅在于发展单项生产技术，而更重要的还在于开辟新的生产技术领域，建立完全新型的工业。例如，由原子核物理学导致原子能工业（即核工业），由数理逻辑和电子学导致电子计算机工业，由半导体物理学导致半导体工业，由高分子化学导致高分子合成化学工

业，由力学、材料科学、电子学和计算机科学导致空间技术，由量子论、电子学和光谱学导致激光技术。同时，任何重大新技术的出现，不再来源于单纯经验性的创造发明，而来源于系统的综合的科学研究：生产部门不仅积极采用先进的科学研究成果，而且大力支持基础研究和应用研究，使科学—技术—生产三者的关系更为密切。科学技术的发展，促进了劳动生产率的持续增长，并成为促进整个国民经济增长的重要因素。50年代以来，各发达国家的劳动生产率平均每年增长3%左右，其中四分之三就是依靠新技术的采用。这段时期内，由于实现以科学化、机械化、社会化为特征的现代化农业生产，业生产面貌的变化尤为突出。又如。现代医药和卫生保健事业的发展，使人类的平均寿命大延长(如美国人均寿命从1900年的40岁延长到1993年的75.5岁)。电子计算机的普及，使生产的自动化和管理的科学化得以实现。核武器、洲际导弹和侦察卫星的出现，根本改变了战争的传统观念，在核战争的毁灭性危险被人们普遍认识之后，任何妄图玩火者都绝对逃脱不出自焚的命运，因此，谁也不敢像以前那样轻易地发动大规模战争。20世纪，在经历了人类历史上仅有的两次世界大战以后，由于科学技术的进步和和平民主力量的增长，世界和平反而比历史上任何时期都更有保证。

第一节 能源科学

20世纪，能源科学的发展主要集中于化学和物理学的发展，从化学领域对元素周期律的新认识到物理学相对论和量子力学的发展。20世纪前，人类就已掌握了元素的概念，并在力学上也取得了不少成就，进入20世纪后，能源科学取得了一系列突破性发展，人类为这一发展引以自豪的成就有以下两个方面。

一、化学

好的理论模型为实验人员提供了指导，并给他们节省了时间。福井和霍夫曼两人的理论，是我们对化学反应过程认识进程中的里程碑。

1. 对元素周期律的新认识

波义耳提出元素概念以后，近代化学发展的最高成果是门捷列夫发现的元素周期律。这个周期律在19世纪是所有化学知识的系统总结，但对20世纪的化学来说，却仅仅是一个出发点。英国人莱姆塞(1852—1916年)于1901年发现了铕，这样，当时周期表中92个位置只剩下八九个空位了。

1902年，卢瑟福和索迪(1877—1956年)发现α射线便是氦离子，放射性元素铀、钍、锕等在不断放出α粒子后，最后变为铅，于是提出了元素衰变理论。元素是可变的，这一观念使周期律的发现者门捷列夫感到震惊，他于当年发表了一个小册子，坚持认为元素不变是周期律得以成立的前提。然而，到1907年，被分离和研究过的放射性元素已有30多个，它们都在通过衰变转化为其他元素，当时这些放射性元素在周期表中的位置还没有被完全确定。

1909年，瑞典人斯特龙霍姆与斯维德伯倍（1884—1971年）建议把某些化学性质十分相似的几种元素排列在周期表中的同一格子里，索迪在1910年接受了这个建议，将37个放射性元素分为10类，将用化学方法不能分开的元素放在同一格内，并称它们为“同位素”，从此，化学家们开始认识到某化学元素不只是代表一种元素，而代表一类元素。

1913年，莫斯莱在做过不同元素的X射线衍射实验后发现，不同元素的X射线光谱不同，把这些光谱按波长顺序排列起来，其次序与元素周期表中的次序是一致的，于是他便把这个次序称为原子序数。正如镥的发明者乌尔宾当时所言，“莫斯莱的定律是精确而又科学的，足以代替门捷列夫的分类法，达到了传奇般的地步”。① 同年，索弟发现原子衰变时放出α粒子（$^{2}_{4}\mathrm{H}_{e}^{+}$）后，该原子在周期表中的位置会向前（向左）移动两个位置，即原子序数减少2；元素的原子在发生β衰变（放出电子）后，则向后（向右）移动一个位置，即原子序数增加1。这便是所谓的位移规则，它反映出放射性元素可以按规则在元素周期表的格子之间运动。1920年，查德威克用实验证明：原子序数在数量上正好等于核电荷数，从而揭示了周期率和原子核中电荷数量的直接联系。

1914年，化学家们在研究了各种放射性元素后，填补了周期表中的许多空位。1919年，英国人阿斯顿（1877—1945年）利用同位素质量不同在电磁场中运动速度不同的特点制成了质谱仪，并发现了许多元素的同位素。随后，他又在71种元素中发现了202种同位素。到20年代末，从1号元素氢到92号元素铀所组成的元素周期表中只留下四个空位（43、61、85、87号元素），而且已确定了自然界中氧元素同位素的比例是：$^{16}O:{}^{17}O:{}^{18}O=500:0.2:1$。1931年，阿斯顿确定了对核反应有重要意义的氘（^{2}H）和氢之间的比例为1∶4 500。1937年，美国人佩里厄和塞格瑞用氘轰击钼，第一次用人工方法创造出了第43号元素锝（以往用人工方法得到的只是已知元素的放射性同位素）。锝的英文含义为“人造的”，它的质量为97的同位素的半衰期为2.6×10^{6}年。至1945年，92种元素被全部找到了。

92号元素铀是否是元素形期表的终点？费米在1934年时就曾试图制出超铀元素。1940年，美国人麦克米兰和阿贝尔森用热中子轰击铀，制出了第一个超铀元素镎。随之，美国人西格堡用氘轰击铀，制出了94号元素钚（这种元素成了重要的核燃料）。1944—1961年，西格堡和乔索又制成了95～103号元素。104～106号元素是于1969—1974年制成的。接着，苏联化学家在1976年制成了107号元素，德国化学家在1983年制造了109号元素。尽管人工方法可以制造出超铀元素。大多数超铀元素都是短命的，例如，105号元素的半衰期为40秒，106号元素的半定期为0.9秒，109号元素的半衰期仅为2/1 000秒。化学家们估计，如果能制得110号元素，它的半衰期只有10^{-10}秒！（在这里，人们似乎遇到了一个不可达到的界限，就像在物理世界里遇到测不准关系一样。）有的化学家提出了存在超重元素稳定岛的假说，认为质子数为114、中子数为184是元素稳定岛的顶峰，人们不可能找到更多的新元素。然而，到目前为止，人们已经发现了足够多的宇宙之砖，它们是：489种各种元素的同位素（其中稳定的264

---

① 高之栋.自然科学史讲话.陕西科学技术出版社，1986年，第792页.

种，不稳定的225种）和2 000多种人工放射性元素（这个数量已足以满足化学家的创造新物质和新材料的需要了）。

2. 无机化学的进展

除了碳氢化合物及其衍生物之外，周期表中的所有元素及其化合物都是无机化学研究的对象。19世纪的化学家们把原子视为不可分的最基本的质点，电子的发现、对原子结构的研究，使化学家们改变了旧的观念；放射性的发现和核物理学的发展，使化学在原子核层次上与物理学结合在一起；尤其是量子力学的理论使原子中电子的走动规律得到了较准确的描述，产生了量子化学。这样，20世纪化学的基础理论部分在很大程度上已成为研究电子在原子和分子中运动和分布情况的学科。

化学键理论是无机化学中的一个核心部分。它研究化学的一个基本问题：物质是由什么构成的、是怎样构成的。19世纪提出的化学价学说在20世纪发展成了原子价的电子理论。1916年德国人柯塞尔（1888—1956年），从元素原子外围电子得失的角度提出了离子键理论：在化学反应中一部分原子失去电子而形成与惰性元素有相近电子结构的稳定的正离子，另一部分原子因得到电子而形成与之具有相似电子结构的稳定负离子，这两种离子因库仑引力而结合。这个理论满意地解释了离子化合物的形成。同年，美国人刘易斯（1875—1946年）又提出了解释非离子型化合物形成的共价键理论：两个或多个原子可以相互共有一对或多对电子，从而形成与惰性元素类似的电子结构，彼此组成稳定的分子。共价键理论满意地解释了非极性共价化合物的形成，尤其是单质分子的形成，但它不能解释包括某些有机物在内的极性分子的形成，极性分子体现了共价键的方阶性。1925年，泡利提出了关于原子中电子分布的泡利不相容原理。同时，量子力学也在1926年前后产生了，于是化学家们开始把量子力学的理论应用于研究分子微观结构方面，这便导致了量子化学理论框架中的化学键理论的产生。1927年，德国人海特勒和美籍德国人弗·伦敦从薛定谔方程出发，研究了氢分子，建立了崭新的化学键概念：分子中电子云在不同原子核之间的集中分布形成了化学键，电子云的形状可以用波函数来描写。这种理论认为，电子云的集中分布也就是电子轨道的重叠，电子轨道能够重叠的条件是：化合前未成对的电子自旋是反平行的。另外，由于键的形成一般在原子电子云密度最大的方向上，所以原子结合的共价键便显示出一定的方向性（极性）。1931—1932年，美国人鲍林、穆利肯和法国人洪德等人先后提出了分子轨道理论，中国人唐敖庆对这个理论的发展和应用也作出过贡献。这一理论认为原子形成分子后就失去了原子的个性，应把分子视为一个整体，考察分子中某个电子的运动规律。此后，美国人伍德沃德（1917—1979年）和霍夫曼于1965年提出了分子轨道对称守恒原理；50年代，日本人福井谦一提出了前线轨道理论。这些理论都是为了进一步揭示化学键的本质，指导新物质和新材料的合成。而在80年代以前，福井的前线轨道理论在日本并没引起很大重视。

作为无机化学基础理论部分的内容还有物理化学中的化学热力学、溶液理论和电化学、催化理论和化学动力学等。它们研究反应物和生成物之间的关系、化学反应进行的条件和达到最佳效果的条件等。其中化学热力学进展的重要理论基础是德国人能斯特于1906年提出的热力学第三定律：绝对零度时熵变趋近于零。根据这一定律，人们不可能用任何设备和手段使物体达到绝对零度。这一理论在化学平衡理论中得到了广泛的应用。能斯特也因此获得了1920年的诺贝尔化学奖，能斯特的理论提出之后，解释了高炉生产条件下炼铁反应不可能进行到底(一氧化碳没有被充分利用)的疑难问题，还指出在低于1.5万个大气压下不可能把石墨变为金刚石，使人们对化学反应条件有了更深刻的认识。1923年，荷兰人德拜(1884—1966年)和德国人休克尔提出了强电解质静电作用理论，更好地解释了一些浓溶液和电化学现象。60年代以来，电化学进入了以电极过程动力学为中心的时代，主要研究电能转变为化学能及光和辐射能转变为电能和化学能的途径，这方面的研究对金属冶炼、用电解法生产强氧化剂和强还原剂、电镀、尖端技术设备中的化学电源的生产等方面的技术进步，部产生了推动作用。催化理论对于无机化学工业和石油工业都十分重要，现代化学工业中80％～90％的产品都是利用催化剂生产出来的。70年代以后，量子力学的理论被应用到催化研究方面。80年代以来，多相催化、匀相催化、酶催化等理论的研究也开始了。化学动力学研究化学反应的速度及反应过程中的理论问题，其中有碰撞理论、绝对反应速度理论、连锁反应理论等。70年代以来，借助先进的实验技术，化学动力学已经能够在原子和分子的水平上研究其态与态之间的变化，向化学动态学发展，并在电化学、光化学、催化理论、激光化学、高能化学中得到了一些应用。

现代无机化学研究的领域已经大大扩展，其中有些新学科已越出了传统化学的领域，与相邻学科交织在一起。例如，无机固体化学是化学和物理学紧密结合的一个领域，它为制备许多现代尖端技术所需的特殊固体材料服务；生物无机化学是应用无机化学的原理解决生物化学问题，其主要内容是研究金属在固氮、光合作用、氧的输送和贮存、生物体内能量转变等过程中的作用；有机金属化学是研究金属元素在与碳成键时的作用，这方面的一些新成果丰富了无机物的配位和结构理论。

另外，现代无机化学的研究方法也经历了巨大的进步。19世纪的化学分析方法是所谓的经典分析方法，它要靠化学家的经验与简单的实验设备分析化学过程。20世纪以来，由于物理学和工业技术的进步，光谱、光度、红外线、紫外线、光电子能谱、电子显微镜、色层法、X射线衍射、质谱、中子衍射、核磁共振、顺磁共振等分析方法得到了广泛的应用，为化学研究定量化和精确化提供了前提。40年代以后，化学研究开始应用仪器分析，大大提高了化学分析的灵敏度、准确度和分析速度。60年代以来，由于电子技术、微波技术、激光技术、等离子技术、真空技术、电子计算机技术的发展，化学分析的手段已开始实现自动化、数学化和计算机化。许多化学家们设想根据指定要求，通过理论计算，在分子的层次上进行设计、制造新材料、新药物。这便是所谓分子工程。然而，目前这个目标还没有达到，化学基础理论部分(量子化学和化学键理论)在80年代仍然处于定量与半定量(用经验公式进行近似计算)的水平。据统计，目前已知的单一物质已有800多万种，世界上每1.5分钟就会有一种新的化合物问世。在数不清的物质种类海洋中，在气、液、固及其中间态的多种物质形态之间。化学家们的工作仍然像凭经验工作的“炒菜师傅”或“泥水匠”，而没有达到分子工程师的水平。

3. 有机化学的进展

有机化学是研究碳氢化合物及其衍生物的学科。目前已知的有机化合物已达到

500多万种。由于有机物同人的生活关系密切，所以有机化学的主要分支在很大程度上都属于应用性质。

20世纪以来，由于内燃机车工业的迅速发展，石油工业的发展突飞猛进，导致了石油化学的兴起。1919年，美国人建立了以石油轻馏分丙烯为原料生产异丙醇的工业装置，被视为石油化工利用的开端。此后，以石油原料生产乙二醇、环氧乙烷、甘油的工艺也获得了成功。第二次世界大战后，石油的催化、裂化技术取得了进步，石油乙烯成为廉价的化工原料。60年代末，世界有机化工产品中已有80%～90%是以石油和天然气为原科生产的。橡胶、塑料、合成纤维三大合成材料的原料几乎全部来源于石油化工，它们的产品预计在本世纪末将超过钢铁和有色金属的总和。可见，石油化学工业已成为现代化学工业的重要基础。与石油化学关系密切的电石化学也值得一提，电石化工用乙炔(电石)合成乙醛、醋酸、氯乙烯、丙烯腈、丁二烯、塑料、橡胶、合成纤维与合成树脂，也是现代化工的一个重要组成部分。

三大合成材料属于高分子材料，与高分子材料密切相关的一个有机化学分支学科是高分子化学。德国施陶丁格(1881—1965年)于20年代末提出了由小分子通过其价键联结成大分子的概念，此后，美国人卡洛瑟斯(1896—1937年)在20年代发明了尼龙，杜邦公司开始工业化生产尼龙，在此基础上，卡洛瑟斯的助手费洛里致力于研究以同种组合一再重复构成大分子的理论，使人们有可能按照需要设计出具有特定性质的塑料或其他合成物。1953年，德国人齐格勒(1898—1937年)发现，他可以把一种树脂与铝或钛这类金属的离子连接起来，作为生产聚乙烯的催化剂，从而得到没有分支的长链。这种新的聚乙烯比原来更坚韧，熔点也高得多。在得知齐格勒研制出金属有机催化剂后，意大利人那塔(1903—1979年)立即用丙烯进行聚合，并发现生成聚合物中所有甲基都面对同一个方向有规则地分布。因而，齐格勒发现的催化刑被称为配位聚合催化剂。这方面的理论和实验研究，为高分子材料的分子设计提供了一定的依据。

20世纪以来，染料、农药、医药等合成工业取得新的进展。50年代出现的新型活性染料可以与纤维发生化学反应，使染料和纤维溶为一体，耐洗、可印可染、色泽鲜艳，且成本较低，能广泛应用于多种纤维。最早大量使用的农药DDT是瑞士人缪勒(1899—1965年)于1938年合成的，1825年初法拉第合成的杀虫剂六六六于1945年才开始大量生产，随后又合成了有机磷杀虫剂。当DDT和六六六的残毒对环境的污染被发现后，化学家又合成了能被生物降解的苄氯菊酯农药，1975年以后合成的昆虫激素杀虫剂一般都具有高效、低毒和不污染环境等优点。由英国人弗莱明(1881—1955年)于1929年发明的青霉素是一种抗菌素药物，由于弗洛瑞(1896—1968年)和德国人钱恩(1906—1979年)两人的进一步研究，被广泛地应用到各种炎症的治疗方面。此后合成的链霉素、土霉素、氯霉素等，都成了西医治病的重要药品。

二、力学

20世纪，力学的发展主要表现为相对论以及量子力学等领域的成就。

1. 相对论物理学

相对论物理学是关于时空和引力的基本理论，主要由爱因斯坦创立，依据研究的对象不同分为狭义相对论和广义相对论。相对论的基本假设是相对性原理，即物理定律与参照系的选择无关。

(1) 绝对时空观和以太之谜

① 牛顿的绝对时空观。经典力学的主要部分有两个，一个是牛顿运动三定律，另一个是万有引力定律，而这些定律都是建立在牛顿的绝对时空观基础上的。那么，什么是绝对时空观呢？我们知道物质世界中有三个最基本的概念：物质、运动和相互作用。牛顿认为，物质的质量不会因机械运动而变化，是绝对的；描述物体运动的时间和空间不依赖于物质的运动，是绝对存在的；时间和空间互不相关，是孤立的。在牛顿看来，空间像一个大容器，它为物体的运动提供了一个场所，但它与物体绝对无关。物体放进去也好，取出来也好，它依然存在，本身并不会发生什么变化，这种空间称为绝对空间，正如他所说："绝对的空间，就其本性而言，是与外界无关而永远是相同的和不动的。"而时间像川流不息的河流，有事件发生也好，无事件发生也好，它总是不断地、均匀不变地流逝着，与物质运动绝对无关，与任何观察对象的运动保持绝对的独立性。这种时间称为绝对时间，用牛顿的话来说，这种"绝对的、真正的和数学的时间自身在流逝着，而且由于其本性而在均匀地、与任何其他外界事物无关地流逝着，它又可以名之为'延续性'"。

牛顿的绝对时空观夸大了时空的绝对性，割裂了时空与物质及其运动的关系，虽然是一种形而上学的时空观，但是由于经典力学研究的对象是宏观物体的低速运动，因此其片面性和局限性在当时并没有表现出来，只是随着人们的视野进入微观高速的领域后，这种绝对时空观才发生了动摇。

② 以太之谜。19世纪中叶后期，麦克斯韦已预言光是一种波长很短的电磁波。这时人们针对光波能在真空中传播的事实，设想"以太"("以太"这个名词源于古希腊，原意是高空。笛卡尔首先把它引入科学，赋予它能够传递力的性质)是一个弥漫于宇宙空间且无所不在的理想参考系，电磁波就是以它为介质来传递的。1876—1887年间，美国物理学家迈克尔孙和化学家莫雷进行了以寻找"以太"为目的的判定性实验。但与预想的结果相反，他们得到的明确结论是地面上根本找不到"以太"的存在。这就是1600年开尔文讲话中所指的两朵乌云之一——"以太"飘移"零结果"。特别有意义的是，该实验没有找到"以太"，反而证明了光速与参照系无关。

由于原来认为"以太"是静止的，充满整个宇宙空间的，因此它正是牛顿绝对空间的化身。而迈克尔逊——莫雷实验的"零结果"既然表明"以太"根本不存在，那么牛顿所说的绝对空间也不复存在，这意味着经典物理学的大厦行将倒塌，围绕着这一实验事实，许多物理学家都从不同角度进行解释，其中有的提出了一些新的物理思想，特别是洛伦兹和庞加莱，甚至已经走到了相对论的大门口。但由于他们没有真正摆脱牛顿绝对时空观的束缚，因而不可能做出根本性的理论突破。这样，发现相对论的伟大创举便历史性地落到了年轻的爱因斯坦身上。

(2) 狭义相对论的诞生

世纪之交的物理实验和理论准备表明，建立新的时空和物质运动理论的条件已经

成熟,爱因斯坦正是在这样的科学背景下创立了相对论学说。

1895年,爱因斯坦16岁时,他正在瑞士苏黎世联邦工业大学就读。当时他对物理学有浓厚的兴趣,并时常想着一个问题：如果一个人以光速跟着光线一起跑,那将看到一幅什么样的世界图景呢？对这个问题他一直思索了10年。1905年春天,他终于找到了时间的同时性问题为突破口,即“对于在一个参考系的观测者来说是同时发生的事件,对在另一个参考系的观测者不见得是同时的”。爱因斯坦设想这样一个实验：有一列匀速驶进站台的火车,一节车厢的中间挂着一个信号灯,当灯发出的光信号到达车厢的前门或后门时,门将打开。设某时刻灯向前门和后门发出光信号,对于在车厢这个参考系中的观测者来说,因为光信号走到前门和后门的距离是相等的,而光速是个定值,所以他必然认为光信号“同时”到达前门和后门,即前门和后门是“同时”打开的。但是对于在站台这个参考系上的观测者来说,在光信号向车门传播的这段时间间隔内,前门已随列车向前移动了一段距离,则光信号还要用一段时间才能到达前门,而后门却迎着灯光而来,因此光信号是先到达后门而后到达前门,而他必然认为前门和后门不是“同时”打开的。这就说明了对同样的事件,不同的参考系可以有不一样的“同时”标准,同时性不具有绝对意义而具有相对意义。这一结论实际上是否定了牛顿的绝对时空观,提出了具有革命意义的相对论时空观。

爱因斯坦正是在对旧的时空观的彻底变革的基础上,建立起他的狭义相对论。1905年6月,他发表了《论动体的电动力学》论文,宣告了狭义相对论的诞生,文中提出了狭义相对论的两条基本原理。第一条：相对性原理,即物理规律在任何惯性参照系中都一样,不存在一种特殊的惯性系(牛顿定律适用的参照系)；第二条：光速不变原理,即对任何惯性系,真空中的光速皆相同。

由上述两条基本原理出发,爱因斯坦得出了狭义相对论的基本观点：空间和时间并不是互不相干的,而是存在着本质的联系；空间和时间都同物质的运动变化有关,并随物质运动的速度变化而变化；对于不同的惯性系,时间与空间的量度不可能是相同的。狭义相对论还得出了一些新的推论：

第一,一个物体相对于观察者静止时,它的长度测量值最大。如果它相对于观察者运动,则沿相对运动方向上的长度要缩短。速度越大,缩得越短。一句话,运动的尺子要缩短。例如,一列长100米的火车,当它以1/2光速行驶时,地面上的人就会发现其长度只有85米。

第二,一只时钟相对于观察者静止时,它走得最快,如果相对于观察者运动,它就走得慢,运动速度越大,慢得越多。一句话,运动的时钟变慢。例如,一对双生子,一个乘高速宇宙飞船遨游太空一年后,回到地球时会发现比他的孪生兄弟年轻得多。

第三,在任何惯性系中,物体的运动速度都不能超越光速。光速是物质运动的极限速度。

第四,如果物体运动速度比光速小很多,相对论力学就还原为牛顿力学。

上面第一、第二点都是相对论时空观的基本属性,与物体内部结构无关。它们已被不少实验事实所证明。尤其是在物体作高速运动的情况下,当速度越接近光速,效应就越明显。如1971年,一个美国物理学家小组把一个原子钟放在作环球旅行的喷气式飞机上，另一个钟放在机场上，结果当飞机返回机场时发现，放在飞机上的钟比机场上的钟走得慢，由此检验了时钟变慢效应。我们日常生活中之所以看不到这些效应，是因为物体的运动速度比光速小得多。所以，在通常情况下，只要用牛顿力学来处理宏观低速运动的问题就可以了。

(3) 广义相对论的建立

狭义相对论所讨论的问题是以惯性系为前提的，但爱因斯坦认为，相对性原理是普遍存在的，它不仅适用于惯性系，而且也适用于非惯性系。因此，狭义相对论发表后，他又致力于把相对论原理推广到作加速运动的非惯性系的研究。1916年，爱因斯坦又建立了广义相对论。广义相对论以惯性质量和引力质量相等的事实为依据，提出了两个基本原理——等效原理和广义原理，并指出：惯性系与非惯性系可以等效地用来描述物理定律。其基本观点认为：物质存在的现实空间不是平坦的，而是弯曲的；空间弯曲的程度(曲率)取决于物质的质量及其分布状况；空间曲率体现为引力场的强度。广义相对论实质上是一种引力理论，认为万有引力的产生是由于物质的存在和一定的分布状况使时间和空间的性质变得不均(即时空弯曲)所致。它将几何学同物理学统一起来，用空间结构的几何性质来表述引力场，从而使非欧几何获得了实际的物理意义。广义相对论揭示了四维时空同物质间的统一关系，指出时间—空间不可能脱离物质而独立存在，时空结构和性质取决于物质的分布。物质分布得越密，时空弯曲就越厉害，物质周围的引力场就越强。这就从新的高度和更深的层次上彻底否定了牛顿的绝对时空观，比起狭义相对论来包含着更为深刻的科学与哲学思想。

2. 量子力学与物质结构理论

与相对论一起构成现代物理学理论基础的是量子力学，它不仅是现代物理学的基础理论之一，而且在化学等有关学科和许多近代技术中也得到了广泛的应用。

(1) 普朗克能量子假说

20世纪初物理学上的另一大成就是量子论的产生和在此基础上建立起来的量子力学。而量子论的产生则是从研究黑体辐射性质开始的。

所谓黑体，是指能全部吸收外来电磁辐射而毫无反射和透射的理想物体，它也被称为"绝对黑体"。从19世纪中叶起，先后有基尔霍夫、斯特藩和波尔兹曼等物理学家对黑体辐射的总能量作了许多研究，但并没有真正揭示出辐射能量的分布规律。1896年，德国物理学家维恩建立了一个关于黑体辐射能量按波长分布的"维恩公式"。该公式在波长较短、温度较低时才与实验结果相符，但在长波内完全不适用。1900至1905年，英国物理学家瑞利和金斯也推算出一个公式，该公式在波长较长、温度较高时都与实验事实相符，但在短波范围内与实验结果完全不符，而且随着波长变短，能量密度随之增加并趋向无穷大，这一结果显然是荒唐的。由于"瑞利—金斯"公式是在短波(紫外光)区出现问题的，因此人们便称之为"紫外灾难"，它就是经典物理学上空两朵乌云中的另一朵。

为了解决维恩公式和瑞利—金斯公式都只能分别说明黑体辐射的部分现象的问题，德国物理学家普朗克经过认真研究，于1900年建立了一个在短波区域近似于维恩公式，而在长波区域近似于瑞利—金斯公式的普遍公式。由于这个公式最初只是一个经验公式，因此普朗克便致力于从理论上进行推导论证，以从中阐明这个公式的真正物理意义。经过深入的研究，他提出了一个与经典物理学格格不入的大胆假说——能量子假说。其内容是：物体在发射辐射和吸收辐射时，能量是不连续变化的，这种分立变化不是随意的，它有最小的能量单元，该单元称“能量子”或“量子”。物体发射和吸收的能量只能是“能量子”数值的整数倍，这种所取能量值分立的现象称能量的量子化。

1900年12月14日，普朗克向德国物理学会报告了《关于正常光谱的能量分布定律的理论》的论文，提出了能量子假说，标志着20世纪物理学又一种崭新的思想观念诞生了。长期以来，人们都认为一切自然过程都是连续的，“自然界没有飞跃”甚至成了一些科学家和哲学家的基本思想。而普朗克的能量子假说却抛弃了能量是连续的传统概念，指出能量是不连续的，这是人类认识史上的一次飞跃，也是经典物理理论的又一次革命。

(2) 爱因斯坦光量子论

由于能量子假说这一变革性思想使当时的许多物理学家难于接受，该假说在提出后最初几年中，并未引起物理学界的积极反应，甚至遭到不少人的反对，而真正接受量子概念并将其推向前进的第一个人是爱因斯坦。

爱因斯坦从普朗克的思想中得到启发，但他又对普朗克把能量不连续性仅局限于辐射的发射和吸收过程感到不满足。爱因斯坦认为，能量的不连续性可以推广至辐射的空间传播过程。也就是说，光在传播时，能量不连续地分布于空间，它由分立的能量子组成。这种能量子称为“光量子”，对于频率为γ的辐射，它的一个光量子的能量就是hv。关于光的本性的认识，从牛顿以来就存在着微粒说和波动说之争。17至18世纪光的微粒说取得优势，19世纪光的波动说占据统治地位，爱因斯坦的光量子理论似乎使光的微粒说复兴了，但它绝不是简单地回归微粒说而排斥波动说。爱因斯坦认为他的光量子论是“波动及发射理论(微粒说)的一种融合”。1909年他又进一步指出，光不仅具有粒子性，而且具有波动性，即光具有波粒二象性。这是科学史上第一次揭示了微观、粒子的波动性和粒子性的对立统一，使人们对光的本性的认识产生了飞跃，给微观物理学研究带来了革命性的影响。

光量子理论在解释过去用经典物理学理论难于解释的光电效应规律时，获得了巨大的成功。所谓光电效应就是某些金属被光照射后放出电子的现象。1902年，德国物理学家勒纳德从实验中总结出了光电效应的规律：当照射光的频率高于一定值时，才能有电子逸出表面；逸出电子的能量随光的频率增加而增加，与光的强度无关；光的强度只决定单位时间内被打出的电子数目。这个经验规律，用经典的光的波动说根本无法解释。而爱因斯坦从光量子理论出发，用十分简洁的语言便圆满地解决了这个问题，同时还推导出光电子的最大能量同入射光的频率之间的关系。紧接着，爱因斯坦又把光量子概念推广到辐射以外的领域。由于在理论物理方面的贡献和发现了光电效应定律，爱因斯坦获得了1921年诺贝尔物理学奖。

(3) 玻尔模型与物质结构理论

① 玻尔原子结构模型。丹麦物理学家玻尔的原子模型的提出，是量子论的又一个伟大胜利。

19 世纪末 20 世纪初，由于元素的放射性和电子的发现，促使人们去研究原子的内部结构。当时出现了不少原子结构模型，如 1903 年，汤姆孙提出了第一个原子模型。他设想原子是一个球体，由两部分组成，正电荷作为主体均匀地分布于球体中，而带负电荷的电子就像面包中的葡萄干那样镶嵌在球体的某些固定位置上，它们中和了正电荷，使得原子从整体上呈电中性，汤姆孙这个把原子看成一个实体结构的模型，后来被通俗地称为“面包葡萄干”模型。1904 年，日本物理学家长岗半太郎又提出了另一个原子模型——“土星环”模型，认为原子中带正电的部分相当于土星，而电子则像土星外面的环那样绕着带着正电的部分转动。这两种模型虽然具有一定的合理性，但都存在着某些理论预言与实验观测不符的缺陷。1909 年，卢瑟福指导他的助手盖革和学生马斯登设计了用 α 粒子作为炮弹去轰击金属铂片的实验。结果发现了意想不到的现象：α 粒子可以无阻碍地穿过铂原子(铂片)，只有少量的粒子产生很大偏转，甚至有个别被反弹回来。经过精确的理论推算，约有 1/8 000 的粒子发生了大于 90 度角的大角度散射；于是卢瑟福提出两条假说来解释粒子的散射实验：第一，原子内部的大部分空间是空虚的。所以大多数粒子都能顺利穿过原子。第二，原子中有一个体积比原子小得多，但质量很大且带正电荷的核，所以极少数粒子受到核的斥力而被撞回来。1911 年 2 月，卢瑟福发表了《α 和 β 粒子物理散射效应和原子结构》一文，正式提出了原子的有核模型，认为原子的中心是一个原子核，原子中全部的正电荷和大部分的质量都集中在这个核上，而质量很小的电子在核外的空间里不停地绕核旋转，这有如行星绕着太阳运行，因此原子有核模型又称为原子行星模型。

卢瑟福的原子模型虽然能较圆满地解释 α 粒子的散射现象，但是它在理论上也存在困难。比如，根据经典电磁理论，旋转的电子必定向外辐射电磁波，从而自身能量逐渐减小，致使运动轨道不断变小，最终它就要落入原子核中，因此这一“有核模型”是一个不稳定的模型，可是实际上原子却是非常稳定的。另外，有核模型与人们关于原子光谱的经验知识也相矛盾。1913 年，在卢瑟福实验室工作的丹麦物理学家玻尔根据一系列实验事实，巧妙地将有核模型与普朗克的能量子假说结合起来，提出了量子化的原子模型。他认为，电子只能在一些特定的圆轨道上绕核运行，处在这些特定轨道上时是一种稳定的分立状态，因此并不发射能量，只有当它从一个较高能量的轨道上跃迁到一个较低能量的轨道时才发出辐射能，反之则吸收辐射能。而发出和吸收辐射的能量等于两个稳定态之间的能量差。

玻尔的原子模型成功地解释了原子的稳定性和原子光谱的分立性，摆脱了卢瑟福模型所遇到的困难，第一次用量子理论来研究原子结构，是量子论发展中的一个重要里程碑。不过，玻尔的理论也包含着许多经典理论的成分(如轨道概念)，所以具有一定的局限性。

② 物质结构理论。卢瑟福原子模型和玻尔原子核模型的提出，揭示了原子的内部结构。那么，原子有结构，原子核有没有结构呢？卢瑟福继续思考研究这一问题。1919 年，卢瑟福和他的助手用镭放射出来的 α 粒子轰击氮原子核，结果发现，氮原子俘获了 α 粒子后变成氧原子，并且产生了一种新的射程很长的、质量比 α 粒子更小、带一份正电荷的粒子。研究表明，这种粒子就是氢的原子核，人们称它为质子，并且有人猜想，原

子核就是由带正电的质子组成。但是人们又发现，除了氢元素之外，所有元素原子核中的电荷数并不等于它们的质量，如氦的原子核质量是氢的 4 倍，可是只带有 2 份正电荷。于是有人提出，原子核是由质子和电子组成的，电子中和了一部分质子的电荷，使剩下的正电荷正好与核外电子数相等，但由于这一设想无法解释原子核的自旋现象而不能成立。

1920 年，卢瑟福大胆地推测，原子核内还可能存在着一种质量与质子相同的中性粒子称为中子。1932 年，他的学生查德威克把居里夫妇的实验结果和卢瑟福的中子假说联系起来，并进行了反复实验，终于发现了中子。同年海森伯和苏联物理学家伊凡宁科通过实验进一步证明，中子也是原子核的组成部分，确认了原子核是由中子和质子组成的。这一模型能够圆满地解释原子质量与原子序数的关系、同位素现象及原子核的自旋现象，很快得到了人们的公认。至此，人类关于物质结构的理论框架基本建立起来了。

(4) 量子力学的建立

从普朗克提出的能量子假说到爱因斯坦的光量子理论，再到玻尔的原子结构模型，表明物理学已开始突破经典理论的框架，实现了理论上的飞跃。它们的共同特征都是以能量量子化取代经典物理学中能量的连续性。当然理论本身还有不少欠缺，对实验现象的解释范围也有限，因此通常将这一时期发展起来的量子理论称为旧量子理论。旧量子论打开了人们的思路，推动人们去寻求更为完善的理论。量子力学正是在这种情况下逐步建立起来的。

1923—1924 年，法国物理学家德布罗意受爱因斯坦光量子论的启发，大胆地提出了一个假说：既然光这种波动的物质呈现出粒子性，那么电子一类公认的粒子物质也将呈现出波动性，即实物粒子也具有波动性，并且预言电子束在穿过小孔时会像光波一样产生衍射现象，后来人们就将粒子的波动性称德布罗意波。1927 年，美国物理学家戴维孙等人通过实验证实了德布罗意的预言。以后，一系列的实验都表明，不仅电子，而且质子、原子、分子等一切实物粒子都具有波动性。德布罗意的发现在整个科学界引起了反响，1926 年，奥地利物理学家薛定谔在德布罗意波理论的基础上，建立了描述微观粒子的波动力学方程，称薛定谔方程。其主要思想是把电子看成一团电荷分布的“波包”即电子云，同时提出波函数的概念，从波函数可以求得粒子在任意时刻在某处的状态。同年，德国物理家玻恩对波函数作出了统计解释，并指出其物理意义是，这一函数绝对值的平方与 t 时刻在(x、y、z)处单位体积内粒子出现的几率成正比。薛定谔方程的建立，奠定了量子力学的理论基础。

1925 年，德国物理学家海森伯沿着另一条途径，也为量子力学的创立作出了奠基性的工作。海森伯认为原子理论应该建立在可观察量的基础上，于是他抛弃了玻尔的电子轨道概念及相关的经典物理量，而代之以可观察到的辐射频率和强度等光学量。在他的老师玻恩及另一位物理学家约尔丹的共同努力下，海森伯建立了量子论的矩阵力学体系。后经英国物理学家狄拉克对矩阵力学的数学形式作了改进，使其成为一个更加系统和严密的理论。

1926 年，薛定谔和狄拉克证明了波动力学和矩阵力学二者的等价性，两种理论实际上是一种理论的两种不同形式的表述，接着他们又通过数学方法将这两种表述方式统一起来，建立起完整的理论体系，统称为量子力学。

量子力学是描述微观粒子运动状态的理论，是一套全新的力学体系。它的建立完成了基本物理学观念的变革，即不仅把粒子和波作为物理学所研究的物质实在最终统一起来，而且抛弃了经典力学的机械决定论，彻底改变了对微观客体运动的描述，为人们进一步探索微观世界的物质运动提供了有力的武器。这是继相对论之后，20世纪初物理学上的又一伟大成就。因此，相对论与量子力学也就成为现代物理学的两大理论支柱。

阅读材料

爱因斯坦——广义相对论背后的故事

广义相对论源于一个倏忽而至的灵感，故事发生在1907年年底。1905年被称为“奇迹年”，爱因斯坦在这一年中提出了狭义相对论和光量子理论，然而两年时间过去了，他仍然还只是瑞士专利局的一名专利审查员。当时，整个物理学界还没能跟上他的天才智慧。

有一天，他坐在位于伯尔尼的办公室中，突然有了一个自己都为之“震惊”的想法。他回忆道：“如果一个人自由下落，他将不会感到自己的重量。”后来，他将此称为“我一生中最幸福的思想”。这个自由落体者的故事已然成了一个标志，甚至有一些版本认为，当时曾经真的有一位油漆工从专利局附近的公寓楼顶坠落。与其他关于引力发现的绝妙故事（伽利略在比萨斜塔投掷物体以及牛顿被苹果砸中脑袋）一样，这些事迹都只是经过美化、杜撰的民间传闻罢了。爱因斯坦更愿意关注宏大的科学议题，而非“琐碎的生活”，他不太可能因看到一个活生生的人从屋顶跌落而联想到引力理论，更不可能将此称为一生中最幸福的思想。

不久，爱因斯坦进一步完善了这个思想实验。接下来，爱因斯坦花费了8年时间，把这个自由落体者思想实验，改写成为物理学史上最美、最惊艳的理论。接下来的几年充满了戏剧性，因为一方面，爱因斯坦要争分夺秒地赶在竞争对手之前，找到描述广义相对论的数学表达式；另一方面，他又要与分居的妻子在财产及探视两个儿子的权利方面作抗争。而到了1915年，爱因斯坦终于达到了事业的巅峰，提出了广义相对论的完整的理论形式，永远地改变了我们对整个宇宙的理解。

扩展狭义相对论

在提出引力与加速度的等效原理后的近4年时间里，爱因斯坦并未在此思想的基础上有所建树，而是转而关注量子理论研究。但是到了1911年，他终于冲破学术界的壁垒，成为位于布拉格的查尔斯-费迪南德大学（Charles-Ferdinand University，现为布拉格查理大学）的一名教授。此后，爱因斯坦将注意力重新放到引力理论上，并成功地将自己1905年提出的关于时空关系的狭义相对论推广到更一般化的情况。

进一步完善等效原理后，爱因斯坦发现这会产生一些令人惊奇的结果。比如，他的密闭空间思想实验表明，引力能够使光线弯曲。也就是说，光线穿过引力场时也会发生弯曲。

爱因斯坦探寻广义相对论的目标，是要找到描述两个相互交织过程的数学方程式——引力场如何作用于物质，使之以某种方式进行运动；物质又如何在时空中产生引力场，使之以某种形式发生弯曲。

此后3年，爱因斯坦全力以赴试图完善他的理论，却发现在理论雏形中存在着缺陷。直到1915年初夏，爱因斯坦才找到完美描述其物理原则的数学表达式。

与第一任妻子关系破裂

那时，爱因斯坦已搬到德国柏林，成为了一名教授，还当选了普鲁士科学院院士。但是，他发现自己的工作几乎没有得到任何支持。由于反犹太主义浪潮不断高涨，他无法与身边的同事形成研究伙伴关系。他与妻子米列娃·玛里奇关系破裂，玛里奇也是一位物理学家，1905年爱因斯坦创立狭义相对论时，她曾是他的“顾问”。米列娃带着他们年仅11岁和5岁的两个儿子回到了苏黎世。爱因斯坦与他的表姐艾尔莎(Elsa)关系暧昧，后来她成为了爱因斯坦的第二任妻子，不过那时，他仍然独自生活在位于柏林中部的一间没有什么家具的公寓里。在那里，他无规律地吃饭、睡觉、弹奏小提琴，孤独地为他的伟大理论而奋斗。

整个1915年，爱因斯坦的个人生活开始陷入混乱。一些朋友不停催促他与米列娃离婚，然后和艾尔莎结婚；另一些人则劝诫爱因斯坦不应该再与艾尔莎见面，也不应再让她接近他的儿子们。米列娃曾屡次写信向他要钱，对此爱因斯坦感到难以抑制的苦痛。“我认为这种要求已经没有讨论的余地，”他回信说，“你总是试图控制我所拥有的一切，这绝对是不光彩的。”爱因斯坦努力维持着与两个儿子之间的通信往来，但他们却很少回信，于是，他指责米列娃不把自己的信给他们看。

然而就在1915年6月底，他的个人生活处于混乱不堪之际，爱因斯坦却思考出了许多关于广义相对论的内容。在那个月底，他以正在思考的问题为主要内容，在德国哥廷根大学(University of Göttingen)开设了为期一周的系列讲座。哥廷根大学是全世界最杰出的数学研究中心，拥有许多非凡的天才，其中最著名的就是数学家大卫·希尔伯特(David Hilbert)。爱因斯坦特别渴望与希尔伯特沟通交流——不过，后来发生的事情表明，爱因斯坦或许有些过于性急——他向希尔伯特解释了相对论的每一个艰涩难懂的细节。

与数学家希尔伯特竞争

对哥廷根的访问取得了成功。几周之后，爱因斯坦向一位物理学家朋友说“我已说服希尔伯特认同广义相对论”。在给另一位物理学家的信中，他更是赞叹道：“我已被希尔伯特深深吸引！”惺惺相惜之情，溢于言表。希尔伯特也同样为爱因斯坦及其理论着迷，以至于没过多久，他就开始自己动手尝试解开爱因斯坦迄今尚未完成的谜题——寻找能够完整描写广义相对论的数学方程。

在爱因斯坦耳边，有两个滴答作响的时钟：其一，他能感觉到希尔伯特正在逐步接近正确的方程；其二，他已同意在11月份以他的理论为主题，为普鲁士科学院的院士们开设四次讲座。整个11月份，爱因斯坦几乎累得精疲力竭，在此期间，他一直在努力解决一系列的方程式，不断进行修改和更正，准备向终点作最后的冲刺。甚至在11月4日，爱因斯坦到达普鲁士国家图书馆大礼堂，即将开始第一次演讲时，他仍在努力修改他的理论。他一开始演讲就说："过去4年来，我尝试建立广义相对论。"爱因斯坦以极为坦诚的态度，详尽讲述了他所面临的困难，并且承认自己还未找到完全符合该理论的数学方程。此时的爱因斯坦正处于创造力集中爆发前的阵痛阶段，科学史上的最重要时刻即将到来。

爱因斯坦还与希尔伯特进行了一次略显尴尬的交流。爱因斯坦听说这位哥廷根的数学家已经发现了《纲要》中方程的缺陷，担心他抢到先机，便写信给希尔伯特说，自己已经发现了其中的缺陷，并寄去了一份11月4日的演讲稿。在11月11日的第二次演讲中，爱因斯坦使用了新的坐标系，使他的方程成为广义协变方程。但是结果表明，这种改变并没有起到决定性的作用。此时的他虽然离最终答案只差最后一点点距离，却无法再向前迈进一步。爱因斯坦又一次将演讲稿寄给了希尔伯特，并询问希尔伯特自己的进展情况。他写道："我的好奇心正在妨碍我的工作！"

爱因斯坦肯定对希尔伯特的回信感到烦躁不安。因为希尔伯特说，已经想到一个"解决你的伟大问题的方法"，并邀请爱因斯坦在11月16日来哥廷根，听他当面阐述。"既然您对此很感兴趣，所以我想在下周二完整详细地讲述我的理论"，希尔伯特写道。

"如果您能来，我和妻子将十分高兴。"然后，在签下自己的名字后，希尔伯特又加上了一句既诱人又令人不安的附言，"根据我对您这篇最新论文的理解，您的解决方法与我的完全不同。"

找到完美的引力场方程

11月15日，星期一，爱因斯坦在这一天共写了4封信。我们从中可以看到，爱因斯坦置身于个人生活与科学竞争的纠缠纷乱极富戏剧化的冲突之中。爱因斯坦写信给汉斯说，会在圣诞节去瑞士看他。在他写给一位朋友的信中说："我已经修改了引力理论，并且意识到我之前的证明有一个漏洞……我很高兴将在年底到瑞士见我亲爱的儿子。"他还回复了希尔伯特并婉拒了第二天访问哥廷根的邀请。

在匆忙仓促中，灵感不期而至，爱因斯坦终于取得重大突破想到了描写广义相对论的精确方程，这使所有的焦虑都化为了喜悦。他对修正后的方程进行了测试，看看它们能否在水星轨道异常进动的问题上得出正确的计算结果。解答是正确的，修正后的方程预测出，水星近日点每100年出现43角秒的漂移。爱因斯坦激动万分，甚至出现了心悸。他告诉一位同事："我沉浸在喜悦和激动中！"他还欣喜若狂地告诉另一位物理学家："水星近日点运动的计算结果令我感到极为满意。天文学学究式的精确度对我们的帮助是多么巨大啊，我竟然还曾暗自对此嘲笑！"

11月18日，就在第三次演讲的当天早上，爱因斯坦收到了希尔伯特寄来的最新论文。让他感到有些沮丧的是这与自己的工作非常相似。他在给希尔伯特的回信中简洁清晰地表明了自己的优先权。第二天，希尔伯特友好且大度地回信，表示自己并没有优先权。然而，在接下来的一天中，希尔伯特向哥廷根的一家科学杂志提交了一篇论文，给出了他自己版本的广义相对论方程。他为自己的文章取了一个并不是很

谦虚的标题——《物理学的基础》。我们尚不清楚，爱因斯坦是否认真研读了希尔伯特的论文，以及是否受到其内容的影响，他当时正在为普鲁士科学院的第4次讲座做准备。不管怎样，爱因斯坦在11月25日的最后一次演讲中，及时地提出了一组可以描述广义相对论的协变方程。

不论是在当时，还是时至今日，关于优先权的争论仍然存在，科学家想知道，广义相对论数学方程中的哪些部分是由希尔伯特最早发现，而非爱因斯坦。然而，无论如何，这些方程所表述的正是爱因斯坦的理论，正是爱因斯坦于1915年夏天在哥廷根向希尔伯特讲解了这一理论。希尔伯特在他论文的最终版本中颇有风度地指出："在我看来，最终得到的引力微分方程，与爱因斯坦所建立的宏伟的广义相对论是一致的。"后来他曾总结说："的确是爱因斯坦完成了这项工作，而不是数学家。"

在之后的几周内，爱因斯坦和希尔伯特修补了他们之间的关系。希尔伯特提名爱因斯坦为哥廷根皇家科学学会会员。爱因斯坦亲切地回信说，作为两个已经领略超凡理论的人，我们之间的关系不应当受到世俗情绪的影响。

迄今为止最伟大的科学发现

我们可以理解爱因斯坦的自豪之情。他在36岁的年纪，就对我们的宇宙观做出了极富戏剧性的修正。他的广义相对论不仅仅是对一些实验数据的解释，也不只是发现了一组更加精准的定律，而是一种关于现实的全新视角。

在量子力学先驱、诺贝尔奖获得者保罗·狄拉克(Paul Dirac，获得1933年诺贝尔物理学奖)看来，它"或许是迄今为止最伟大的科学发现"。而另一位20世纪物理学巨匠麦克斯·波恩(Max Born，1954年获得诺贝尔物理学奖)称之为"人类思考自然的最伟大壮举，哲学思辨、物理直觉和数学技巧最令人惊艳的结合"。

整个创立广义相对论的过程让爱因斯坦疲惫不堪。他的婚姻已经破裂，战火正在欧洲肆虐。但他却感到从未有过的幸福。"我最大的梦想已经实现，"他欣喜若狂地向他最好的朋友、工程师米歇尔·贝索(Michele Besso)说，"具备了广义协变性，且对水星近日点运动的计算惊人地精确。"他说自己"心满意足，同时又心力交瘁"。

多年以后，当爱因斯坦的小儿子爱德华(Eduard)问及他为何如此知名时，爱因斯坦用简单的图像描述了他的基本观点——引力使时空弯曲。他说："一只盲目的甲虫在弯曲的树枝表面爬动，它没有注意到自己爬过的轨迹其实是弯曲的，而我很幸运地注意到了。"

(来源：环球科学)

第二节 电力技术

20世纪，电力取代蒸汽动力而成为工业发展最重要的动力。20世纪出现的大规模电力系统是人类工程科学史上最重要的成就之一，是由发电、输电、变电、配电和用电等环节组成的电力生产与消费系统。它将自然界的一次能源通过发电动力装置转化成电力,再经输电、变电和配电将电力供应到各用户。

一、发电机站

发电机是将机械能转化为电能;电动机则相反,是将电能转化为机械能。电力开始作为机器的动力,其能量之大远远超过了蒸汽机,而且使用上要方便得多,因而很快以电力为能源的产品迅速被发明出来,制造发电,输电和配电设备的电力工业也纷纷建立和发展起来。

1. 发电站

20世纪的发电站技术以英国最为典型,英国作为世界上第一个资本主义国家,它的发电技术也是领先世界的,最具代表性的便是1901年建于纽卡斯尔的海王滩(Neptune Bank)发电站,其装机容量为2 100千瓦,电流为三相交流电。海王滩发电站的顾问工程师是默茨(Charles Merz),其不仅为英国也为其他国家和地区的供电做出了杰出贡献。早在设计海王滩发电站的时候,就已经将其设定为一座交流电站,而对交流电站来说,最重要的是要选择恰当的运行频率,运行频率过高或过低都会对发电和用电带来不小麻烦。事实上,在海王滩发电站之前,纽尔斯卡就已经拥有一座小型发电站,设定运行频率为一百赫,只因频率过高而致使感应电动机的效能未能充分发挥。与此相反,在苏格兰的克莱德和伯明翰等地,由于运行频率(25赫)过低甚至影响了照明灯光的稳定性,灯泡经常忽明忽暗,闪烁不定。然而,关于电流频率的设定,一开始每个国家电力部门的标准并不统一,美国设定的频率为60赫,德国是50赫,英国以及欧洲很多国家都借鉴了德国的做法,设定为50赫,在很大程度上这一频率也成为绝大多数欧洲国家的标准频率。但是,默茨并不是个墨守成规的人,他善于打破常规,所以并没有对海王滩发电站采用这个所谓的标准频率,而是设定为40赫,认为这个频率不高不低正合适,尽管这一标准并没有得到普遍认可。

由于电力公司要想方设法扩大工业负荷,所以海王滩发电站一开始使用的原动机是四缸低速船用往复式发动机,这种原动机是直接与发电机联轴的。如果海王滩发电站使用的原动机是当地厂商普遍使用的型号,一定能够有效消除人们心中的疑虑,使人们更加相信新电站的安全性和效能。默茨又一次选择了任性,在1901年底筹备扩大海王滩发电站时,打算弃用市面常用的型号,选择新型原动机。

20世纪初,发电站的主要动力是蒸汽,这就凸显出原动机的重要性,不论蒸汽的燃料来源是什么,发电机的转速都是由原动机来控制。当然,电力技术初期,发电机是由皮带传动的,运转速度也比较容易控制,但这仅仅适用于低功率设备。直到19世纪末,威兰斯(P. W. Willans)对中心阀式往复式蒸汽机进行了改进,将蒸汽机与发电机连轴在一起,从而极大提高了运转速度。因而,直到帕森斯的汽轮机问世以前,发电站几乎都是使用威兰斯所改进的蒸汽机。

总体而言,1903年以来,发电站的工作原理并没有实质性变化,仅体现为具体细节的改进、效率的提高以及发电规模的扩大。

2. 发电机

发电机是一种能量转换的电力设备，在电工技术中占有极重要的地位。物理学家奥斯特、安培和法拉第通过一系列实验和发现，确认了电磁感应现象，为发电机的发明提供理论基础。尤其是法拉第，他曾用圆铜盘置于永久磁铁两极之间，在圆铜盘边缘装上摩擦接片。当圆盘旋转时，切割磁力线感生的电流，流过伏特计，这就是发电机的雏型。

世界上第一台发电机是由法国比齐创制成功的，于1832年在巴黎展出。这台发电机用手轮转动马蹄形磁铁，线圈固定。1833年，比齐又在他创制的发电机上安装了整流子，把发出的交流电转变为直流电。

较早的发电机，磁场在静止的电枢外旋转，直到1895午后才改为回转磁场在电枢内旋转，即当今还在广泛应用的交流发电机。在汽轮发电机问世以前，带动发电机的原动机主要是蒸汽机，它的功率传递必须使用不同长短的铀、皮带轮、绳轮、齿轮等。用这种低速的蒸汽机驱动转速高的发电机，显然是不合理的。但蒸汽机的发明，却促进了对蒸汽性质和热力学理论的研究，使之适合于大功率发电机的高速汽轮机的出现成为可能。1900年，帕森斯制造成功率更大的1 000千瓦汽轮发电机(单相，1 500 r/min，150赫)。

汽轮机的发明和发展，为发电机提供强大而又经济的原动力，直到现在，火电厂和核电站均采用汽轮发电机。不过目前的机组容量，技术参数和经济指标的先进性，与百年以前不可同日而语。

进入20世纪以来，按照卡诺等理论研究提出的动力机械的循环最高温度和最低温度的差值越大，热效率也越高的热力学原理，不断提高蒸汽温度和压力，来提高蒸汽的热效率。汽轮机采用耐热合金钢材料和经过结构改进，它的蒸汽温度和压力明显提高，到五十年代末，蒸汽温度最高达650℃，蒸汽压力最高超过临界压力，达$3\ 452\times10^{4}$ Pa(帕)(352 kgf/cm^{2})，热效率因而提高到40%以上。

汽轮发电机制造技术的发展，体现在单机容量的不断增大。1901年，瑞士勃朗·鲍威利公司(BBC)制成第一台5 000千瓦、750 r/min汽轮发电机，1902年又制成15 000千瓦、3相、40赫、1 200 r/min汽轮发电机。1903年，美国威斯汀豪斯电气公司制造出5 000千瓦汽轮发电机，热效率14.5%，次年该厂又生产10 000千瓦机组，每千瓦耗汽5.7千克。1912年汽轮发电机的容量提高到2.5万千瓦，1925年10万千瓦机组问世。1930年美国第一台20万千瓦汽轮发电机投入运行。50年代中期开始，汽轮发电机技术水平提高更快，1955、1960年分别投入运行的最大机组容量为30万和50万千瓦，六十、七十年代，法国、英国、德国等国家先后投入60万千瓦、70万千瓦级大型机组，而美国、日本和苏联则分别投入130万千瓦、100万千瓦和80万千瓦大机组。目前世界上装于火电厂的最大汽轮发电机仍是瑞士勃朗·鲍威利公司为美国制造的130万千瓦机组(双轴)，1973年投入运行。苏联于1981年投入世界上最大的单轴120万千瓦汽轮发电机。

二、电力分配与输电技术

由发电、变电、输电、配电、用电等设备和相应的辅助系统，按规定的技术和经济要求组成的。电力系统的辅助系统(通称二次系统)——电力系统通信、电力系统安全自动装置、电力系统继电保护和调度自动化系统必须从整个电力系统出发,全面、系统地进行规划。

1. 输电技术

输电技术是电源中心向负荷中心输送电力的技术,是电力技术的一个重要组成部分。它可使分散的发电厂向电网输送电力,也可通过远距离大容量输电以实现2个电网的互联。输电方式大多是架空线,进入城市,由于无法获得线路走廊,也采用地下电缆。输电一般采用交流电,出于某些要求,例如远距离输电,2个电网之间非同步联络,改善输电稳定性,降低短路电流水平等,也采用直流输电。

(1) 早期直流输电

人们对电力的认识和应用都是从直流开始的,电力传输也不例外。最早的直流输电不需要经过换流,直接从宣流电源送出,即发电、输电、用电均为直流电。

在直流输电的初期发展史上,曾有一段兴衰经历。由于高电压大容量直流发电机制造技术问题,远距离输电所需的高电压不可能从直流电机直接获得。上世纪19世纪末,法国工程师芳建别出心裁,在送电端串联多台直流电机来提高输电电压,将75 kW电力输送到75 km远处,效率提高到50%。

20世纪初,瑞典工程师瑟雷做了改进,在各台串联的直流电机上装设短路器,可使任何1台电机从线路上切断或接上而不使线路断电,从而大大提高了运行可靠性。瑟雷制直流输电系统曾一度在欧洲发展,20多年中先后建成15条直流输电线路,其中规模最大、技术最完善的是从法国慕吉水电站到里昂的直流输电线路,1906年投入运行时,输电距离180 km,电压57 kV,输电容量4 700 kW。经1927年改建,又接入2座水电站,线路延长到260 km,电压升高到125 kV,输电容量1.9万千瓦。但是,这种直流输电的装置和运行方式十分复杂,造价昂贵,可靠性差,在技术上、经济上无法与当时已广泛应用的三相交流系统竞争,因此直流输电很快被淘汰。该条线路也于1937年拆除,被三相交流输电线路所代替。

要实现大容量、远距离输送电力,就要升高电压。这有待于能升降电压的变压器技术的发明应用与不断进步。

早在20世纪以前,人们就已经对变压器的功能有所了解,就是可以将交流电从某一电压转换为另一电压的转换设备。进入20世纪后,哈德・菲尔德(Robert Hadfield)意识到用优质铁做变压器铁芯能够避免能量损失,并成功研制出含4%硅的硅钢,现在这种硅钢还在继续使用。随着电网覆盖面的不断扩大以及电力技术的进步,变压器也越造越大。很多大型电网所使用的变压器,效率已经接近100%。但变压器只能解决交流电不同电压之间的转换,而不能解决交流电与直流电之间以及不同电压直流电系统之间的转换,这种负责系统的转换以往都是通过电动发电机组实现。1928年汞弧整流器的发明实现了从交流电到直流电的便捷转换。而如果是从直流电转换为交流电,则可以把汞弧整流器反向使用,这个方法为高压直流输电装置(HVDCPT)的采用开辟了前景。1983年,法国高拉德和英国吉布斯创制成有实用价值的变压器,并在伦敦展览会上展出。多台变压器原边串联在输电线路中,当接入变压器副边的电弧灯盏数变

化时，输电线电压会受到干扰。

升压变压器与发电机连接，能升高电压，使电力在高电压下输送大大降低了线路中的电能损耗；在用户端，降压变压器可以把电压降低。变压器的应用随着输电发展而日益扩大，技术经济效益与日俱增。

20 世纪，随着交流技术的不断发展完善，越来越显示出交流输电在经济效益，在技术性能上优于直流输电。长期实践更表明三相交流的发电、变电、输送、分园和使用都很方便，而且安全、可靠。输配电技术发展史上曾出现过的交流直流之争，终于以三相交流输电获胜而结束。

(2) 高压交流输电

输电技术发展的特点，就是要千方百计加大输电功率，增长输电距离和减少线路损失。为此需要加大导线截面，但更关键的是提高输电电压。要提高输电电压，又与线路本身以及变压器、断路器、高压电器等的绝缘水平密切相关。在输电技术发展初期，变压器、断路器的制造技术水平超越了线路本身技术的发展，线路绝缘水平成为输电发展的极限。1906 年，美国休伊特、巴克共同研制成悬式绝缘子，输电技术有了新的突破，使输电电压提高到 110～120 kV。同年，美国建成世界第一条 110 kV 高压输电线。线路电压提高后又出现导线截面不够大引起的电晕问题。电晕损耗是与线路电压、电晕临界电压差的平方成正比，因此电压提高了，电晕损失就会迅速增加，使输电技术发展遇到新的困难。1910—1934 年，美国皮克、怀特海和俄国沙特林、米特开维奇、高列夫研究发现：电晕临界电压与导线直径成比例增加。这就促使人们采用铝线或钢芯铝线作输电导线。铝的电阻率比铜大，要使导线有相同的电导，铝导线的截面约为铜导线的 2 倍。因此，铝导线比铜导线的直径约大 40%。若采用与铜线电导相等的铝线，使其线损保持不变，就能提高电晕临界电压，输电电压也就可升高到 150 kV。美国于 1912 年首先建成 154 kV 高压输电线，输送距离 150～250 km。当输电电压升高到 200～220 kV 时，靠近导线的绝悬子上的电压要比电晕电压高得多，就会产生电晕。经过多年研究试验，终于有了消除靠近导线绝缘子电晕电压高的技术措施：设计 2 个金属均压环，加在一串绝缘于的上端和下端，使绝缘子串电压分布均匀，从而使 220 kV 或更高电压的输电线能够获得合乎要求的绝缘。1923 年，美国采用这种技术措施，把 150 kV 线路升压到 220 kV 运行。1936 年，美国建成鲍尔德水闸水电站到洛杉矶的 287 kV 输电线，长 430 km，输送功率 25 万～30 万千瓦，创当时世界输电电压、输送容量、输送距离的最高纪录。

当电压等级提高到 330 kV 及以上时，输电线的结构就要采用分裂导线来控制输电线的电位梯度，以避免产生强烈的无线电干扰和减少线路损失。

20 世纪 50 年代，随着大型水电站的开发和大型矿口火电厂的兴建，超高压输电技术迅速发展。1952 年，瑞典首先建成一条 380 kV 超高压输电线路，长 940 km，最早采用德国设计的分裂导线。1956 年，苏联古比雪夫水电站至莫斯科 400 kV 双回超高压输电线投入运行，南北线路各长 810 km 和 890 km，共输电 115 万千瓦。1959 年，该双回线进行升压，出现世界上首条 500 kV 超高压输电线路。1965 年，加拿大建成从魁北克水电站到蒙特利尔的世界第一条 735 kV 超高压输电线路。1969 年 5 月，美国把建成的世界第一条765 kV线路，联入美国电力公司(AEP)电网。1981年，苏联兴建从车里雅宾斯克到库斯坦奈第一段510 km、1 150 kV特高压输电线路，1985年投入运行。它是目前世界最高的输电电压。苏联解体后，由于这条线路途经哈萨克斯坦共和国，管理维护困难，降压500 kV运行。日本分别于1992、1993、1996年建成属于日本东京电力公司的3段1 000 kV特高压互联输电线路，共长328.6 km。现在这3段线路仍以500 kV运行，因为在此电压下已能适应现有负荷需要。东京电力公司决定发展1 000 kV输电技术，一是为减少输电损耗；二是为了解决由于采用多回500 kV平行线路，将导致短路电流过大、电网稳定问题。

(3) 高压直流输电

现代电力传输系统一般是由交流输电与直流输电构成，互相配合，发挥各自的特长。在交流输电为主的电力系统中，直流输电具有特殊的作用：它能提高电力系统的稳定性，改善电力系统运行性能，方便其运行和管理；在电力传输领域里，远距离海底电缆或地下电缆输电，不同频率之间电力系统的联网或送电，直流有交流所不能取代的优点。

在发电和用电均为交流电的情况下，要进行直流输电，就必须解决换流问题，即在送端将交流电变换为直流电(整流)，由直流输电线路送到受端，然后再将直流电变换成交流电(逆变)，送人受端交流电网使用。现代高压直流输电的发展，与换流技术的发展密切相关。

1928年，具有栅极控制能力的汞弧阀研制成功，它不仅可用于“整流”，同时也解决了“逆变”问题。从此，应用汞弧阀换流，使高压直流输电成为现实。由于大功率交直流换流装置的发明与不断改进，直流输电得到各工业发达国家的重视。1936—1950年，美国、瑞士、德国、瑞典和苏联先后建成7条工业性试验直流输电线路。输送功率从500千瓦到6万千瓦，输送距离从5 km到112 km，电压从27 kV到200 kV。这些试验线路从交流获得电源，经过直流输电又与交流输电系统相连接。

到20世纪50年代，随着大型水电站开发和大型火电厂的建设，电力网迅速扩大，交流输电受到同步运行稳定性的限制。因而直流输电备受青睐，得以进入工业应用阶段。1954年，瑞典本土与哥特兰岛之间，建成世界第一个工业直流输电工程(海底电缆，长96 km，电压100 kV，输电容量2万千瓦)，采用汞弧阀换流。到1977年，最后一个采用汞弧阀换流的直流输电工程——美国纳尔逊河一期工程建成。世界上共出现过12个汞弧阀换流的直流输电工程。其中，最大的输送容量为144万千瓦(美国太平洋联络线一期工程)，最高输电电压为±450 kV(美国纳尔逊河一期工程)，最长输电距离为1 362 km(太平洋联络线)。由于汞弧阀制造技术复杂、价格昂贵、逆弧故障率高、可靠性较差，以及维护不便等因素，使直流输电的应用和发展受到了限制。

20世纪60年代初，电力电子和微电子技术的迅速发展，高电压大功率可控硅整流元件品闸管的发明，为换流装置制造开辟了新途径。加之晶闸管换流阀和计算机控制在直流输电工程中的应用，有效地改善了直流输电的运行性能和可靠性，促进了直流输电技术的发展。晶闸管换流阀没有逆弧故障，而且制造、试验、运行、维护和检修都比汞弧阀简单、方便。1970年，瑞典首先在原有的哥特兰岛直流输电工程，扩建了直流电压

为 50 kV、输送功率为 1 万千瓦的晶闸管换流阀试验工程。1972 年，世界上第一个全部采用晶闸管换流的伊尔河直流背靠背工程在加拿大投入运行。与此同时，原来采用汞弧阀换流的直流工程，也逐步被晶闸管换流阀所代替。不久，微机控制和保护、光电控制等新技术也在直流输电工程中得到了广泛应用。

从 1954 年到 1998 年，世界上已投入运行的直流输电工程有 61 项，其中，架空线路 15 项，电缆线路 10 项，架空线和电缆混合线路 9 项，背靠背直流输电工程 27 项。在已运行的直流输电工程中，最高电压是巴西和乌拉圭共建的伊泰普水电站至巴西圣保罗市的二回直流输电工程；电压 1 600 kV，输电距离 785 km 和 806 km。最长距离是非洲扎伊尔的英加列沙巴工程：电压±500 kV，输送距离 1 700 km，输送功率 112 万千瓦。最大输送功率是美国太平洋联络线工程：电压 1 500 kV，输送距离 1 361 km，输送功率 310 kW。

上述高压直流输电线路的组成，不仅是线路本身，还包括两端的换流站：送端整流站和受端逆变站。线路有两“极”（正极、负极），相当于三相交流输电线路中的三“相”。从电力传输技术要求看，高压交流输电线路必须三相才能运行，而直流输电线路中的正极或负极却能独立运行，任何一极加上回流电路都能独立输送电力。在输送功率和输送距离相同的条件下，直流输电架空线路的造价要比交流架空输电线路造价低约 20%～30%。因此，当距离达到某一长度时，直流输电线路比交流输电线路节省的费用，将抵偿直流两端换流站比交流两端变电所增加的费用。这一输送距离称为交直流输电的等价距离。在相同的可比条件下，当输电线路长度大于等价距离时，采用直流输电比交流输电要经济。正因如此，当今世界各国在大容量长距离输电发展中，往往采用超高压直流输电方案。在世界上已运行的直流工程中，约有 1/3 属于这种类型。还有另一种直流输电的类型是，采用交流输电在技术上困难或不可能，只能应用直流输电。例如，2 种不同频率（50 Hz 和 60 Hz）电网之间的联网，或向不同频率的电网送电等情况下，不得不采用直流输电。

2. 配电技术

配电技术是电力技术的一个重要组成部分。100 多年前的配电系统中，用电设备是在线路上串联着的。这种配电方式有很大缺陷，当正常切断任何一个用电设备时，或配电系统故障时，就要断开整条线路，造成大批用电设备停电。随后，为了在切断一用电设备时，其他用电设备仍能正常工作，加装了等效电阻。当用电设备切断时，它就自动由等效电阻所替代。但这并不是简单可靠的技术措施。经配电方式改进为并联后，就不会因其中任一用电设备切断或投入而中断配电系统的运行。因此，这种并联系统很快被推广应用，一直到现在仍普遍采用并联配电。

自从 19 世纪 70 年代开始出现电力为用户服务以来，为了适应城市工业和生活用电的不断增长，用户的用电电压也随之升高。但电压的改变需要较长时间进行配电设备的技术改进。配电电压从 110 V 到 220 V，再到 380 V（每次电压翻一番），约经历了 20 年时间。500 V 级电压（以 380 V 电压为基数增加 30%）历经 30 年后的 20 世纪初叶，才在中欧和北欧普遍采用。由于绝缘技术的进步，到 1966 年首次在工业上成功地应用 660 V 电压设备。采用三相 380 V 配电的联邦德国和其他一些西欧国家较早选择

660 V作为低压供电电压，因为660 V是380 V的$\sqrt{3}$倍，1台变压器用三角形接线或星形接线，就能优选这2种电压中的任一种电压配电。

上述几种低电压供电，对大容量配电设备就显得不经济.必须采用更高一级电压。在英国通常以33 kV作为高电压供电，相当于欧洲其他国家的3 kV电压等级。在美国采用1.3/3.2 kV电压等级，在中欧、北欧还相继采用10 kV和20 kV电压等级。

第二次世界大战后，世界各国随着人口的日益增多扁层建筑群大量出现，家用电器普及，城市用电密度急剧增大，随之配电技术也迅速发展，配电电压由低压到中压，进而高压线路深入市区。许多国家的大中城市已进行或正在进行配电网的技术改造，以满足社会经济发展所需求的用电需要。

城市配电是城市建设中的一项重要基础设施，其建设和改造要与城市建设和改造密切配合，同步实施，还要与环境协调。城市配电的可靠性要求很高，发达国家都已建成多回路环网，以保证供电可靠率达到99.99％以上。一些中小城市，常常先形成110 kV单(或双)环网，待高一级环网建成后，将110 kV环网分片运行。在大城市，如日本东京市则采用超高压线路形成市郊外环，再与高压内环相联，伸入市区供电。日本东京市在20世纪60年代初已在郊外围绕市区建成一个环形275 kV主干配电网，半径约50 km，全长240 km。到1965年底，东京东半部为1条2回线路，西半部为2条2回线路。所有东京附近多座大型火电厂和远方2座水电站都直接接在275 kV环形配电网上。这种电网结构，对保证安全经济输配电起到了较好作用。日本东京电力公司根据地区负荷增长和整个电网长远规划的需要，配合500 kV超高压输电的发展，20世纪70年代建成东京市郊500 kV外环，到20世纪80年代已形成双环。内环主要是向市区送电，外环主要是与大型电厂、超高压输电干线相联。为了加强配电网结构，275 kV内环以多点与500 kV外环连接。通过275 kV内环，共有11条275 kV线路引入市区。自20世纪70年代开始，东京陆续将这些高压引入的架空线路改为地下电线线路。

3. 变压器技术

随着电网的扩大、发电机单机容量的增大、输电电压的提高以及输电功率的加大，20世纪20年代开始，要求发展电压更高的大型电力变压器。同时为了加强电网联网和集中控制，适应负载变化和改善供电质量的需要，还积极要求发展技术比较复杂、工艺水平较高的有载调压和自动调压变压器。

大型电力变压器的发展。1905年，德国勃朗·鲍威利公司试制成第一台容量为1 000 kVA(当时属于大型)的变压器。30年代初，随着220 kV输电系统的采用和发展，大型变压器的制造技术得以迅速进步，包括采用控制油流进行冷却等技术。1930年，该公司已能制造7万kVA变压器。1941年，生产出容量为10万kVA的变压器。又经过14年(1955年)，试制成220 kV、绕组中性点装有有载调压开关的10万kVA降压变压器。同年还试制成20万kVA升压变压器。勃朗·鲍威利公司变压器技术的发展，有着世界变压器技术发展的一定代表性。70年代初制造的最大升压变压器的容量为130万kVA(60 Hz)，其高压侧电压为345 kV(调压范围为5％)，1971年提供给美国库克核电站。

电网中所装用的升压变压器和降压变压器各有其特点，升压变压器的变比大，输入

侧的电流大,电网侧的电压高。为了维持电网电压,升压变压器的高压侧应与电网电压相配合。在德国,通常把升压变压器的阻抗电压选为16%～18%,并带有载调压开关;而另一些国家仅装无载调压开关,或不装调压开关,因此绕组排列简单,但阻抗电压必须很低,还需要增加发电机的调压范围。

世界各国升压变压器的发展表明,一些工业发达国家制造和安装的大型变压器的容量,与勃朗·鲍威利公司制造的变压器容量大致相同。这可从70年代各国投入运行的最大变压器容量中窥见。

降压变压器几乎毫无例外地配有有载调压开关,以便在不同负荷条件下,调节电网电压和无功功率的潮流。大型降压变压器用来连接相邻的电压等级电网时,其变比小,通常采用自耦变压器较为合适。这从保持电压和电网稳定的观点来考虑是有利的;若从短路电流所造成的机械应力的观点来考虑则是不利的。

大型变压器的重量是限制其单台容量增加的重要因素。1967年,运输设备条件第一次允许制造容量为60万kVA、40kV升压变压器。80万kVA及以上升压变压器和60万kVA及以上降压变压器,就需要不充油运输。重量超过220t的变压器,要采用专门制造的"元宝"车运输。1967—1970年,法国和德国制成的第一辆32轴的元宝车辆,载重450t。有电压调节的100kVA以下的和无电压调节的150万kVA以下的变压器,可以用铁路运输。如果电厂工地靠近河、湖、海边,可用航运和公路运输相结合。当前运输变压器的重量可达600t。

电力需求的不断增长,意味着更高输电电压的出现,1 000kV以上特高压也已开始实际应用。在500kV以上的电网中,一般只能制造、安装单相交压器,其基本原因是:(1)要受到运输问题的限制;(2)变压器引出线的绝缘套管之间的空气绝缘距离,相对于变压器内部绝缘距离的要求不相适应;(3)单相变压器作为备用,要比三相变压器投资低得多。

在大型变压器技术发展中,瑞典通用电气公司(ASEA)也做出了贡献。1958年前,该公司生产的400kV大型变压器均为单相,1958年以后开始生产三相大型变压器,1964年制成400kV三相变压器,1965年为加拿大制造了三台20万kVA、735/315/12.5kV三相变压器,还为美国电力公司(AEP)制造150万kVA、765kV三相大型变压器。瑞典通用电气公司制造的大型变压器,除本身装有有载调压分接开关的一种方式外,还制造了一种专用的有载调压串联变压器。它的一次线圈与主变压器一次线圈串联,二次线圈由主变压器的附加线圈或单独的励磁变压器励磁。多年来,瑞典通用电气公司在变压器设计和制造中已实现了标准化,不同规格的变压器,由标准化元件组成,并用计算机担任复杂的设计和研究工作。例如,计算线圈的电压分市和各部位的电场强度,以及在整体结构的试验中对故障的可能性等,均利用计算机进行估算。

自从1891年第一台油纸绝缘变压器问世以来,将近一个世纪,这种绝缘结构继续统治着整个变压器制造业。由于用电量日益增多,配变电深入负荷中心,原有碳烃族可燃变压器油为绝缘的变压器已不敷应用,并在安全上造成威胁。因此,在新型电力变压器发展中的结构多趋向于难燃或不燃。

三、电力利用技术

电力技术应用的范围是十分广泛的，它为企业生产带来了更多的经济效益，而电力技术在电力系统中如何得到有效的应用也是非常重要的，本文将针对电力技术在电力系统中的应用进行分析探讨，从而促进电力资源的优化配置。

1. 照明设备

在19世纪爱迪生发明电灯之前，人类实现照明的方式非常简单，那就是直接借助各种火源的直射光，如蜡烛、油灯等等。这些发光设备虽然在人类的历史长河中点燃了漫漫岁月，却因为极低的发光效率和发光质量，只能尘封在历史的博物馆中，进入20世纪后，随着人类新工业革命的爆发，以爱迪生发明的新式白炽灯为代表的照明设备，正式成为人类生产生活中的主流发光设备。

(1) 金属丝白炽灯

1907年，A・贾斯脱发明拉制钨丝，制成钨丝白炽灯。随后不久，美国的I・朗缪尔发明螺旋钨丝，并在玻壳内充入惰性气体氮，以抑制钨丝的挥发。1915年发展到充入氩氮混合气。1912年，日本的三浦顺一为使灯丝和气体的接触面尽量减小，将钨丝从单螺旋发展成双螺旋，发光效率有很大提高。1935年，法国的A・克洛德在灯泡内充入氪气、氙气，进一步提高了发光效率。1959年，美国在白炽灯的基础上发展了体积和光衰极小的卤钨灯。白炽灯的发展史是提高灯泡发光效率的历史。白炽灯生产的效率也提高得很快。80年代，普通白炽灯高速生产线的产量已达8 000只/小时，并已采用计算机进行质量控制。

(2) 放电灯

放电灯(electric-discharge lamp)是电流经由特殊蒸汽或气体流通因而产生光线或是接近可见光之辐射能的一种电灯。气体放电灯放电发光的基本过程分3个阶段：① 放电灯接入工作电路后产生稳定的自持放电，由阴极发射的电子被外电场加速，电能转化为自由电子的动能；② 快速运动的电子与气体原子碰撞，气体原子被激发，自由电子的动能又转化为气体原子的内能；③ 受激气体原子从激发态返回基态，将获得的内能以光辐射的形式释放出来。上述过程重复进行，灯就持续发光。放电灯的光辐射与电流密度的大小、气体的种类及气压的高低有关。一定种类的气体原子只能辐射某些特定波长的光谱线。低气压时，放电灯的辐射光谱主要就是该原子的特征谱线。气压升高时，放电灯的辐射光谱展宽，向长波方向发展。当气压很高时，放电灯的辐射光谱中才有强的连续光谱成分。

1906年研制成汞蒸气压约为0.1兆帕的高压汞灯。30年代初，高压汞灯在以下三个方面获得发展：① 引进激活电极代替液汞电极；② 掌握金属丝和硬质玻璃或金属箔和石英玻璃的真空封接工艺；③ 选择适当的汞量使之在灯充分燃点后全部蒸发，改进了灯的启动性能和稳定性。40年代高压汞灯进入实用阶段。50年代后采用了适合高压汞灯所发射的、以365 nm长波紫外线为主并补充红色光谱的荧光粉。1965年采用稀土荧光粉，大幅度提高了显色性和发光效率。高压汞灯的发展为高强度气体放电灯奠定了技术基础。80年代，世界上高压汞灯的年产量约3 000万支。中国于60年代

试成高压汞灯,1987年年产量已超过550万支。

2. 电动机

电动机是把电能转换成机械能的一种设备。它是利用通电线圈(也就是定子绕组)产生旋转磁场并作用于转子(如鼠笼式闭合铝框)形成磁电动力旋转扭矩。电动机按使用电源不同分为直流电动机和交流电动机,电力系统中的电动机大部分是交流电机,可以是同步电机或者是异步电机(电机定子磁场转速与转子旋转转速不保持同步速)。电动机主要由定子与转子组成,通电导线在磁场中受力运动的方向跟电流方向和磁感线(磁场方向)方向有关。电动机工作原理是磁场对电流受力的作用,使电动机转动。

(1) 异步电动机

感应电动机又称“异步电动机”,即转子置于旋转磁场中,在旋转磁场的作用下,获得一个转动力矩,因而转子转动。转子是可转动的导体,通常多呈鼠笼状。定子是电动机中不转动的部分,主要任务是产生一个旋转磁场。旋转磁场并不是用机械方法来实现,而是以交流电通于数对电磁铁中,使其磁极性质循环改变,故相当于一个旋转的磁场。这种电动机并不像直流电动机有电刷或集电环,依据所用交流电的种类有单相电动机和三相电动机,单相电动机用在如洗衣机,电风扇等;三相电动机则作为工厂的动力设备。

(2) 同步电动机

同步电动机(synchronous motor)是由直流供电的励磁磁场与电枢的旋转磁场相互作用而产生转矩,以同步转速旋转的交流电动机。转子转速与定子旋转磁场的转速相同的交流电机。其转子转速n与磁极对数p、电源频率f之间满足$n = 60f/p$。转速n决定于电源频率f,故电源频率一定时,转速不变,且与负载无关。具有运行稳定性高和过载能力大等特点。常用于多机同步传动系统、精密调速稳速系统和大型设备(如轧钢机)等。同步电动机是属于交流电机,定子绕组与异步电动机相同。它的转子旋转速度与定子绕组所产生的旋转磁场的速度是一样的,所以称为同步电动机。正由于这样,同步电动机的电流在相位上是超前于电压的,即同步电动机是一个容性负载。为此,在很多时候,同步电动机是用以改进供电系统的功率因数的。

1845年,英国物理学家惠斯顿(Wheatstone)申请线性马达的专利,但原理于1960年代才被重视,而设计了实用性的线性马达,目前已被广泛在工业上应用。1902年,瑞典工程师丹尼尔森利用特斯拉感应马达的旋转磁场观念,发明了同步马达。1923年,苏格兰人James Weir French 发明三相可变磁阻型(Variable reluctance)步进马达。1962年,借助霍尔元件,实用的DC无刷马达终于问世。1980年代,实用的超音波马达开始问世。

阅读材料

神一样的存在——尼古拉·特斯拉

1856年7月10日,尼古拉·特斯拉出生在克罗地亚斯米湾村一个塞族家庭,父母都是塞尔维亚人,他是五个孩子中的老四。这个村庄位于奥匈帝国(今克罗地亚共和国)的利卡省戈斯皮奇附近。1862年时他的家庭移居到戈斯皮奇。

特斯拉少年时在克罗地亚的卡尔洛瓦茨上学，并在1875年于奥地利的格拉茨理工大学学习物理学、数学和机械学。他在大学只上了一年的课，第二年军事边境局撤销，他失去了助学金，因交不起学费被迫退学。特斯拉没有毕业。1877年，特斯拉到布拉格学习了两年，他一边去大学里旁听课程，一边在图书馆学习。1879年，他试图在马里博尔找一份工作但没有成功，之后返回布拉格继续学业，待到24岁。

1882年秋，特斯拉到爱迪生电话公司巴黎分公司当工程师，并成功设计出第一台感应电机模型。1884年，特斯拉第一次踏上美国国土，来到了纽约，开始在爱迪生实验室工作。除了前雇主查尔斯·巴切罗所写的推荐信外，他几乎是一无所有。这封信是写给托马斯·爱迪生的，信中提到："我知道有两个伟大的人，一个是你，另一个就是这个年轻人。"

爱迪生雇用了特斯拉，安排他在爱迪生机械公司工作。特斯拉开始为爱迪生进行简单的电器设计，他进步很快，不久以后就可以解决公司一些非常难的问题了。特斯拉完全负责了爱迪生公司直流电机的重新设计。

尼古拉·特斯拉辉煌年代

1886年特斯拉成立了自己的公司，公司负责安装特斯拉设计的弧光照明系统，并且设计了发电机的电力系统整流器，该设计是特斯拉取得的第一个专利。1891年特斯拉取得了特斯拉线圈的专利。同年7月31日，特斯拉加入美国国籍成为美国公民。他告诉他的朋友们，他珍惜这个国籍胜过珍惜他的很多科学发明。1892—1894年，特斯拉担任美国电力工程师协会(IEEE的前身)的副主席。1893年，西屋公司竞拍得在芝加哥举行的哥伦比亚博览会的用交流电照明的工程，这是在交流电发展史上的一件大事。西屋公司和特斯拉希望借此机会向美国民众展示交流电的可靠性和安全性。

在赢得著名的19世纪80年代的"电流之战"及在1894年成功进行短波无线通信试验之后，特斯拉被认为是当时美国最伟大的电气工程师之一。他的许多发现被认为是具有开创性的，是电机工程学的先驱。1891年，特斯拉在成功试验了把电力以无线能量传输的形式送到了目标用电器之后，致力于商业化的洲际电力无线输送，并且以此为设想建造了沃登克里弗塔。

尼古拉·特斯拉沉寂晚年

20世纪30年代，接近生命的尾声阶段，特斯拉变得深居简出，独居于纽约市的一个旅馆里，偶尔会向新闻界发表一些不同寻常的声明。因举止怪异，特斯拉被普遍认为是"疯狂科学家"的原型。1943年1月7日，终生未娶的特斯拉在纽约人旅馆因心脏衰竭逝世，享年86岁。

1928年，特斯拉的小型飞机"飞炉"专利(1655114号专利，空中运输装置)获批，但因为缺乏研制费用而没能制成样机。在现代技术文献中，这种根据特斯拉设计出来的飞机衍生而出的后代被称为垂直起落飞机(VTOL)。

特斯拉还曾设计一种"没有机翼，没有副翼，没有螺旋桨，没有其他外部装置的飞

机”。它的飞行速度极高，完全通过反作用实现续航和驱动，既可以通过机械方式又可以通过无线方式来控制，安装一定装置后，可以发射导弹非常精确地击中数千英里之外的预定目标。但是，特斯拉的碟状飞行器也仅有设计图，没有成型品。

天才之处

由于家境贫寒，父亲希望小尼古拉子承父业当一名神职人员，但小尼古拉却对神灵无动于衷，立志当电气工程师，并因此常常和父亲发生冲突。17 岁前的特斯拉“中了邪”般地沉浸在发明创造的幻想里，脑袋里经常浮现出种种异常奇怪的现象。17 岁时，特斯拉惊奇地发现，自己能够充分利用想象力，完全不需要任何模型、图纸或者实验，就可以在脑海中把所有细节完美地描绘出来，和实际情况没有丝毫差别。后来特斯拉发明创造都依靠这种能力。特斯拉说：“从具有可行性的理论到实际数据，没有什么东西是不能在脑海中预先测试的。人们将一个初步想法付诸实践的过程，完全是对精力、金钱和时间的浪费”。

特斯拉每天只睡 2 个小时，最终独自取得 700 多项发明专利。为了献身科学研究事业，终身不娶。除了是一位科学家，他还是诗人、哲学家、音乐鉴赏家、语言学家。他精通八种语言：塞尔维亚语、英语、捷克语、德语、法语、匈牙利语、意大利语、拉丁语。

尼古拉·特斯拉放弃专利

特斯拉一生的发明见证着他对社会无私的贡献。虽然有不少企业家利用了这位天才科学家的爱心和才华，骗取了他的研究成果和荣誉，可是晚年的他依然为人类的幸福而努力研究和发明。

在特斯拉众多的发明里，最惠及大众的莫过于其发明的各种交流电机了。在世界每一角落，经贸的发展、科学的进步和生活的享受都离不开交流电的帮助。2003 年年末的美国大停电和欧洲大停电，就曾陷社会和经济于大瘫痪。特斯拉拥有着交流电的专利权，在当时每销售一马力交流电就必须向特斯拉缴纳 2.5 美元的版税。在强大的利益驱动下，当时一股财团势力要挟特斯拉放弃此项专利权，并意图独占年利。经过多番交涉后，特斯拉决定放弃交流电的专利权，条件是交流电的专利将永久公开。从此，他便撕掉了交流电的专利，损失了收取版税的权利。从此，交流电再没有专利，成为一项免费的发明。如果交流电的发明专利不送给全人类免费使用，则每一马力交流电就将给他带来 2.5 美元的“专利费”，他将会是世界上最富有的人。

至今塞尔维亚的纸币上仍然印有尼古拉·特斯拉的头像。

尼古拉·特斯拉天才埋没

关于一个如此超前高产的天才发明家和科学家被世界所遗忘，有人认为这是由于特斯拉与爱迪生的合作，以及他和爱迪生的行事风格迥异所致。爱迪生善于商业运作，有经营头脑，而特斯拉只顾埋头发明，从不考虑用自己的专利发财。在给爱迪生“打工”期间，爱迪生承诺在特斯拉帮他改进发电机后会支付他 5 万美元，然而爱迪生欺骗了特斯拉，这导致了特斯拉愤而辞职。还有人认为，特斯拉的发明创造过于超前，在当时很难被人接受，他本人及其成果成为科学界争议的对象，有的甚至将他的成果称为“伪科学”。也有人感叹道，特斯拉生不逢时，“伟大发明家”爱迪生的光环遮住了“有争议”的特斯拉。特斯拉逝世后，有关他的许多资料和数据大多遗失，即便在贝尔格莱德尼古拉·特斯拉博物馆里收集的15万件展品中，也很少有关于特斯拉的科研数据资料。

1960年在巴黎召开的国际计量大会上，磁感应强度的单位被命名为特斯拉，以纪念他的贡献。

尼古拉·特斯拉社会评价

在美国，特斯拉在历史上或通俗文化上的名声可以媲美其他任何发明家或科学家。他的许多成就已伴随着一些争议被应用，去支持着许多的伪科学，如幽浮理论和新世纪神秘理论。特斯拉被当代的钦佩者誉为“创造出二十世纪的人”。他是一个被世界遗忘的伟人。

他的梦想就是给世界提供用之不竭的能源。特斯拉从不在意他的财务状况，终因穷困且在被遗忘的情况下在1943年1月7日的纽约人旅馆孤独地死于心脏衰竭，享年86岁。去世之后，特斯拉的成就慢慢被世人所忽视。但是在20世纪90年代，他的公众名望出人意料地上演了王者归来。在2005年，他被电视节目“最伟大的美国人”（美国在线和探索频道共同开展）列为前100名，这张名单是由公众投票产生。

虽然特斯拉给人们留下了很多疑问与不解之谜，但是毋庸置疑的是：他是一个对人类做出过巨大贡献的科学超人。

后世纪念

尼古拉·特斯拉被他的敌人称作“疯子”，被钦服他的人称为天才，被世人公认为一个谜。毫无疑问，他是一位开拓性的发明家，创造了一系列令人惊叹、甚至是让世界改头换面的装置。特斯拉不仅发现了旋转磁场——这是大多数交流电机器的基础，更将我们带向了机器人、计算机以及导弹科学的基本所在。然而，出乎所有人意料的是，所有这些装置的创造并无理论在先。他的天赋几乎是超自然的，他辉煌、热切燃烧的一生以及所有天才几乎都有的神经官能症，使其受扰于一系列的强迫症和恐惧症，并偏爱于凭脑海中的形象所见达成的试验方法。与此同时，他也是一位受人喜爱的社会人士，受到各色人等——包括马克·吐温和乔治·威斯汀豪斯等名人的钦佩，以及一大批社交名媛的爱慕。

尼古拉·特斯拉博物馆，建于1952年，位于塞尔维亚首都贝尔格莱德(Belgrade)，用来纪念并展示尼古拉·特斯拉的一生事迹。1957年，特斯拉的骨灰被运回，安置其中。博物馆收藏有约160 000件原始文献和约5 700件其他物品。2003年，由于特斯拉对世界的电气化和未来的技术进步做出重要贡献，这座博物馆被列入世界记忆遗产。

（来源：Telsa Timeline. 特斯拉宇宙；尼古拉·特斯拉. My Inventions and Other Writings. 企鹅经典，2011）

第三节 煤炭、石油与天然气技术的进步

20世纪初，煤的主导地位是毋庸置疑的。在1928年，据统计，它仍占世界能源生产的75%，而石油占17%，水力大约占8%。1950年左右，煤炭大约占总能源的一半，同时石油和天然气的比重提升至30%。但是，到了20世纪90年代这一比例已经颠倒过来。

一、煤炭技术

煤矿床呈层状赋存，分布范围广，储量大，煤质脆、易切割破碎，开采时常伴有水、火、瓦斯等灾害威胁，与开采其他矿藏相比，采煤技术有一些不同的特点。开采方式分露天开采、地下开采两类。通常采用机械化方法；少数用水力采煤；煤的地下气化尚处于试验阶段。

自20世纪以来，随着大工业对能源日益增长的需求，煤的生产能力大幅度增长。

1. 地下采煤技术

地下采煤生产的发展，推动了采煤技术的进步，20世纪以来地下采煤技术经历过两个发展阶段。

第一个发展阶段：采煤从手工生产过渡到单一生产工序的机械化生产。首先以蒸汽为动力的提升绞车、水泵、扇风机，取代了辘轳提升、水斗戽水和自然通风。20世纪初到40年代后期，陆续出现了风镐、电钻、凿岩机、链板输送机、气动装岩机、电动装载机、带式输送机、自动卸载矿车等采掘设备和大功率的电动绞车、水泵、扇风机等技术装备，但采掘工作面仍以使用电钻的爆破落煤技术和凿岩机为主。中国自1875年起，相继建立了基隆、开平两个煤矿，实现了矿井提升、矿井通风、排水等几个主要辅助生产工序的机械化作业，这是中国近代采煤工业的开始。

第二个发展阶段：采掘工作面从单一生产工序的机械化，发展为全部工序的综合机械化。20世纪40年代后期至50年代，英国、苏联分别研制出用于地下长壁工作面的联合采煤机，可同时完成落煤、装煤两道繁重工序的作业。与摩擦式或液压式单体支柱，以及稍后研制出的可弯曲输送机一起，构成了配套的普通机械化采煤设备（即普通采煤机组）。至60年代初，液压自移支架取代了单体支柱，构成了综合采煤机组，从而使工作面生产的采煤、装煤、运煤、支护、采空区处理等所有工序，实现了连续、协调一致的综合机械化。到1982年，采煤综合机械化程度：联邦德国为98%，英国为92%，前苏联为67%，波兰为77.8%。

矿井生产的日趋集中，生产规模的日益扩大，推动了矿井运输、矿井提升等环节的进一步技术改造。一些装备正朝着大型、强力、高速的方向发展。已出现了2 000吨/时的钢芯强力带式输送机，35吨的提升罐笼，有效载重达50吨的箕斗，以及每秒供风量为300立方米的扇风机等。在地下采煤方法方面，世界上大多数产煤国家采用长壁工作面采煤法(见壁式采煤法)。美国由于煤层平缓,顶板坚硬,适宜用连续采煤机开采,主要用工作面短的房柱法采煤(见柱式采煤法),效率高,但煤炭损失多。

2. 露天采煤技术

20世纪30年代,在软岩露天矿发展了能力大、效率高的连续开采新工艺,50年代得到推广。60年代以来,露天采煤规模、技术装备发展迅速,各种工艺方式都已形成配套的设备组合和系列,单机设备能力不断提高,并陆续出现了容量更大、生产能力更高的超重型装备:斗容137立方米、卸载半径近100米的机械铲;斗容168立方米、卸载半径为180米,并已用电子计算机监控的吊斗铲;日产20余万立方米的轮斗铲;载重达200~350吨系列的自翻车和自卸汽车;以及带宽3.6米,最长作业线98.65公里,最大生产能力每小时达48000立方米的带式输送机等。系统工程和电子计算技术开始用于露天矿的单机控制、系统监控、全矿以至全公司的组织管理,使全世界露天采煤占全部煤产量的百分比,由60年代的30%提高到1980年的40%,前苏联为32.6%,美国达55.3%,中国也正在大力发展露天采煤。

3. 运输与安全

无论露天开采还是地下开采,都须首先进行地质勘探,查明含煤地层的分布范围、可采层数、层厚、倾角、储量,以及地质构造、自燃倾向、水、瓦斯等赋存状况和开采条件,然后合理规划矿区的建设规模、矿井数目、产量和建设顺序。根据矿区总体设计和矿井设计,逐一建设后移交生产。露天开采包括剥离和采煤作业。首先剥去上覆岩层,使煤层敞露,然后开采。地下开采则需开凿一系列井巷(包括岩巷和煤巷),进入地下煤层,然后进行采煤。采区是井下生产的基本单元,矿山开拓和采区巷道布置是井下开采的重要组成部分。采区内布置一系列巷道和若干回采工作面,建成从工作面到井下大巷的运输、通风、供电、压气、煤仓等生产系统。视煤层赋存条件,可在单一煤层中布置采区,或在几个相邻煤层中联合布置采区。为维持矿井持续生产,在回采的同时,需及时进行开拓工作和准备新采区,形成新工作面。此外,还要布置联通井下各采区的开拓井巷,形成全矿性的井下生产系统。

通过井下运输系统,将采出的煤和矸石运到地面,把人员、材料、装备从地面运到井下工作地点。矿井通风系统不断供给井下新鲜空气,利用各种通风结构设施,迫使风流到达井下每个作业点,供井下人员呼吸、降温及稀释瓦斯等有害气体;乏风通过回风井巷排出地面。井下各工作地点所需的电力、压气动力、防尘等安全措施及用水,分别以专用管线,从地面变电站、压风机房以及贮水池输送到井下去;井下涌水则需在井底设集中水仓、水泵房,通过排水管排到地面;充填、井下防火等特需的充填材料、泥浆须另设专用的设备和输送系统。露天开采须增设剥离、排土、堆土装备,以及相应容量的排土场;采深不大时,无须通风措施。

二、石油与天然气

20世纪初,随着内燃机的发明情况骤变,至今为止石油是最重要的内燃机燃料。尤其在美国在德克萨斯州、俄克拉荷马州和加利福尼亚州的油田发现导致“淘金热”一般的形势。

1910年在加拿大(尤其是在艾伯塔)、荷属东印度、波斯、秘鲁、委内瑞拉和墨西哥发现了新的油田。这些油田全部被工业化开发。

直到1950年代为止,煤依然是世界上最重要的燃料,但石油的消耗量增长迅速。1973年能源危机和1979年能源危机爆发后媒介开始注重对石油提供程度进行报道。这也使人们意识到石油是一种有限的原料,最后会耗尽。不过至今为止所有预言石油即将用尽的试图都没有实现,所以也有人对这个讨论表示不以为然。石油的未来至今还无定论。2004年一份《今日美国》的新闻报道说地下的石油还够用40年。有些人认为,由于石油的总量是有限的,因此1970年代预言的耗尽今天虽然没有发生,但是这不过是被迟缓而已。也有人认为,随着技术的发展人类总是能够找到足够的便宜的碳氢化合物的来源的。地球上还有大量焦油砂、沥青和油母页岩等石油储藏,它们足以提供未来的石油来源。目前已经发现的加拿大的焦油砂和美国的油母页岩就含有相当于所有目前已知的油田的石油。

今天90%的运输能量是依靠石油获得的。石油运输方便、能量密度高,因此是最重要的运输驱动能源。此外,它是许多工业化学产品的原料,因此它是目前世界上最重要的商品之一。在许多军事冲突(包括第二次世界大战和海湾战争)中,占据石油资源是一个重要因素。

从寻找石油到利用石油,大致要经过四个主要环节,即寻找、开采、输送和加工,这四个环节一般又分别称为"石油勘探""油田开发""油气集输"和"石油炼制"。"石油勘探"有许多方法,但地下是否有油,最终要靠钻井来证实。一个国家在钻井技术上的进步程度,往往反映了这个国家石油工业的发展状况,因此,有的国家竞相宣布本国钻了世界上第一口油井,以表示他们在石油工业发展上迈出了最早的一步。

1. 勘探技术

勘探技术是指为了寻找和查明油气资源,而利用各种勘探手段了解地下的地质状况,认识生油、储油、油气运移、聚集、保存等条件,综合评价含油气远景,确定油气聚集的有利地区,找到储油气的圈闭,并探明油气田面积,搞清油气层情况和产出能力的过程。

(1) 圈闭勘探技术(20世纪初至40年代)

人们在长期寻找和利用石油和天然气的生产实践中,随着地学水平的提高,逐渐认识到,油气的聚集常和地下构造有关。

勘探理论一:线状分布理论。油气田呈线状分布,沿出油点的直线上找油。这一认识对解释盐丘翼部分布的油田有效,因盐丘构造多沿断裂分布。

勘探理论二:背斜理论。石油聚集于背斜构造的顶部,沿构造等高线分布,背斜高点找油最有利。

"背斜聚油理论"大大提高了油气勘探的成功率。在"背斜论"的指导下,油气勘探由单纯依据油气显示,转为依据背斜构造。地面地质测量寻找背斜构造成为找油的主要依据,地质家正式成为找油必不可缺少的专业人才。1917年美国石油地质家协会成立,确立了石油地质家在油气勘探中的主导地位。勘探领域扩大,主要为山前坳陷,山间坳陷。在石油成因理论上，认为石油是由生物形成的有机成因理论逐渐抬头，最后占据主要地位。该理论指导油气勘探工作已有一百多年的历史，该理论至今仍起着重要的作用。

油气勘探方法也有了很大发展，除在露头区采用地质法(地质填图找背斜)外，在覆盖区产生并逐步完善了重、磁、电、地震等地球物理勘探方法，在寻找背斜圈闭方面起了重要作用。为在钻井中划分出油气水层，电测和地质录井方法都有了相应的发展。钻井技术普遍提高到旋转钻水平，井深超过千米。

通过进一步的勘探实践，人们发现油气聚集的场所不仅包括背斜，还包括其他场所，如地层圈闭，于是提出圈闭的概念及找油理论，后来又逐渐提出复合圈闭、隐蔽圈闭等概念。

这一时期的代表性成果：我国老君庙油田、科威特布尔干披覆背斜油田(K砂岩储层)、沙特加瓦尔油田(J碳酸盐岩)。

(2) 盆地勘探(20世纪中叶以后)

20世纪中叶，随着圈闭聚油理论进一步发展，人们开始认识到控制油气聚集的更宏观因素。沉积盆地找油理论的提出，是石油地质学从实践到认识的一次重要飞跃。从沉积盆地整体出发，系统分析油气藏形成的基本地质条件、油气源与圈闭在时间和空间上的配置关系，逐渐缩小勘探靶区，提高油气勘探成功率。

盆地找油的实质是源控论和圈闭论的有机结合，系统研究油气藏形成的石油地质条件和油气分布规律，这是现代油气勘探理论的基本指导原则。70年代后期提出和迅速发展起来的含油气系统理论，是对盆地找油理论的系统总结和发展。

2. 开采技术

(1) 初期阶段

从19世纪末到20世纪30年代，随着内燃机的出现，对油料提出了迫切的要求。这个阶段技术上的主要标志是以利用天然能量开采为主。石油的采收率平均只有15%～20%，钻井深度不大，观察油藏的手段只有简单的温度计、压力计等。

(2) 第二阶段

从30年代末到50年代末，以建立油田开发的理论体系为标志。主要内容是：① 形成了作为钻井工程理论基础的岩石力学；② 基本确立了油藏物理和渗流力学体系，普遍采用人工增补油藏能量的注水开采技术。在苏联广泛采用了早期注水保持地层压力的技术，使石油的最终采收率从30年代的15%～20%，提高到30%以上，发展了以电测方法为中心的测井技术和钻4 500米以上的超深井的钻井技术。在矿场集输工艺中广泛地应用了以油气相平衡理论为基础的石油稳定技术。基本建立了与油气田开发和开采有关的应用科学和工程技术体系。

(3) 第三阶段

从60年代开始，以电子计算机和现代科学技术广泛用于油、气田开发为标志，开发技术迅速发展。主要方面有：① 建立的各种油层的沉积相模型，提高了预测储油砂体的非均质性及其连续性的能力，从而能更经济有效地布置井位和开发工作；② 把现代物理中的核技术应用到测井中，形成放射性测井技术，与原有的电测技术，加上新的生

产测井系列，可以用来直接测定油藏中油、气、水的分布情况，在不同开发阶段能采取更为有效的措施；③ 对油气藏内部在采油气过程中起作用的表面现象及在多孔介质中的多相渗流的规律等，有了更深刻的理解，并根据物理模型和数学模型对这些现象由定性进入定量解释(见油藏数值模拟)，试验和开发了除注水以外提高石油采收率的新技术；④ 以喷射钻井和平衡钻井为基础的优化钻井技术迅速发展，钻井速度有很大的提高，可以打各种特殊类型的井，包括丛式井、定向井，甚至水平井，加上优质泥浆，使钻井过程中油层的污染降到最低限度；⑤ 大型酸化压裂技术的应用使很多过去没有经济价值的油、气藏，特别是致密气藏，可以投入开发，大大增加了天然资源的利用程度，对油井的出砂、结蜡和高含水所造成的困难，在很大程度上得到了解决(见稠油开采，油井防蜡和清蜡，油井防砂和清砂，水油比控制)；⑥ 向油层注蒸汽，热采技术的应用已经使很多稠油油藏投入开发；⑦ 油、气分离技术和气体处理技术的自动化和电子监控，使矿场油、气集输中的损耗降到很低，并能提供质量更高的产品。

海上油气开发海上油气开发与陆地上的没有很大的不同，只是建造采油平台的工程耗资要大得多，因而对油气田范围的评价工作要更加慎重。要进行风险分析，准确选定平台位置和建设规模。避免由于对地下油藏认识不清或推断错误，造成损失。60 年代开始，前瞻中国油田服务行业发展前景与投资战略规划海上石油开发有了极大的发展。海上油田的采油量已达到世界总采油量的 20%左右。形成了整套的海上开采和集输的专用设备和技术。平台的建设已经可以抗风、浪、冰流及地震等各种灾害，油、气田开采的水深已经超过 200 米。

当今世界上还有不少地区尚未勘探或充分勘探，深部地层及海洋深水部分的油气勘探刚刚开始不久，还会发现更多的油气藏，已开发的油气藏中应用提高石油采收率技术可以开采出的原油数量也是相当大的；这些都预示着油、气开采的科学技术将会有更大的发展。

3. 输运技术

现代输气管道发源于美国建成的世界上第一条工业规模的长距离输气管线。自 20 世纪 60 年代以来，全球天然气管道建设发展迅速。在北美、独联体国家及欧洲，天然气管道已连接成地区性、全国性乃至跨国性的大型供气系统。全球干线输气管道的总长度已超过 140 万千米，约占全球油气干线管道总长度的 70%。最早的一条原油输送管道，是美国在宾夕法尼亚州修建的一条管径 50 毫米长 9 756 米从油田输送原油到火车站的管道，从此开始了管道输油工业。但油气管道运输是从 1928 年电弧焊技术问世，以及无缝钢管的应用而得到发展和初具规模的。管道输送技术的第一次飞跃是在第二次世界大战期间，由于德国潜艇对油轮的袭击，严重威胁了美国的油料供应，美国于 1942 年初开始仅用一年多的时间就紧急建成了一条全长 2 018 千米，管径分别为 600 毫米(当时最大的)和 500 毫米的原油管道，保障了原油的供应。半年之后又投用了一条长 2 373 千米、管径为 500 毫米的成品油管道。对保证盟国的战争胜利起了重要作用。

第二次世界大战以后，管道运输有了较大的发展。世界上比较著名的大型输油管道系统有四种。(1) 前苏联的“友谊”输油管道。它是世界上距离最长、管径最大的原油管道，其北、南线长度分别为4 412千米和5 500千米，管径为426～1 220毫米，年输原油量超过1亿吨，管道工作压力4.9～6.28兆帕。(2) 美国阿拉斯加原油管道。其全长1 287千米，管径1 220毫米，工作压力8.23兆帕，设计输油能力1亿吨/年。(3) 沙特阿拉伯的东—西原油管道。其管径1 220毫米，全长1 202千米，工作压力5.88兆帕，输油能力1.37亿立方米/年。(4) 美国科洛尼尔成品油管道系统。该管道系统干线管径为750～1 020毫米，总长4 613千米，干线与支线总长8 413千米，有10个供油点和281个出油点，主要输送汽油、柴油、燃料油等100多个品级和牌号的油品。全系统的输油能力为1.4亿吨/年。

中国于1958年建成了第一条长距离输油管道—克拉玛依—独山子输油管道，全长147千东海油气田储运管道米，管径150毫米。60年代后，随着大庆、胜利、华北、中原等油田的开发，兴建了贯穿东北、华北、华东地区的原油管道网。东北地区的大庆—铁岭(复线)、铁岭—大连、铁岭—秦皇岛4条干线管径均为720毫米，总长2 181千米，形成了从大庆到秦皇岛和大庆到大连的两大输油动脉，年输油能力4 000万吨。到1995年底，中国共有9 272千米的干线原油管道，年输送原油量约1.2亿吨。1997年，中国还建成了具有国际先进技术水平的、常温输送的库尔勒—鄯善原油管道。到1989年，中国在四川、重庆地区已形成了一个总长度达1 400多千米的环形干线输气管网。中国其他地区已建成的输气管道主要有华北至北京输气管线(两条)、大港至天津输气管线、中沧线(濮阳至沧州)、中开线(濮阳至开封)、天沧线(天津至沧州)、陕京线(靖边至北京)、靖西线(靖边至西安)、靖银线(靖边至银川)、轮库线(轮南至库尔勒)、吐乌线(吐鲁番至乌鲁木齐)等。此外，中国在20世纪90年代还建成了两条长距离海底输气管道。一条是南海崖13-1气田至香港输气管线，另一条是东海平湖凝析气田至上海的湿天然气管线。中国的天然气管道建设正面临着历史上最好的机遇，酝酿多年的"西气东输"工程已经建成。这项工程的核心部分是建设一条从新疆塔里木到上海、总长度达4 000多千米的大型干线输气管道。

4. 炼制技术

(1) 常减压蒸馏技术

常减压蒸馏是原油加工的第一道工序，将原油进行初步的处理、分离，为二次加工装置提供合格的原料。

常减压蒸馏装置的构成，一般包括电脱盐、常压蒸馏、减压蒸馏三部分，有些装置还有：航煤脱硫醇、初馏塔等部分。

常减压蒸馏主要产品，有石脑油、重整原料、煤油、柴油等产品。

减压系统，有润滑油馏分、催化裂化原料、加氢裂化原料、焦化原料、沥青原料、燃料油等。

常减压蒸馏发展的三大趋势为总体原油加工能力不会有大的增长、装置数目不断减少、装置能力不断扩大。

(2) 催化裂化技术

催化裂化是在酸性催化剂作用下，通过裂化反应将重质油转化为轻质油的加工工艺。其操作条件：460～570℃、1～2个大气压。催化裂化的化学反应主要包括裂解、异

构化、烷基转移、歧化、氢转移、环化、缩合、叠合、烷基化等过程,也含有非催化反应(热裂化),这是次要过程。

催化裂化技术的变化和未来趋势：50年代引进前苏联移动床催化裂化(小球催化剂)。1965年五朵金花之一流化催化裂化在抚顺石油二厂建成投产。“五朵金花”：催化裂化、催化重整、延迟焦化、尿素脱蜡、微球催化剂与添加剂。70年代分子筛催化剂的出现,带动了提升管催化裂化技术的发展。1984年石家庄炼油厂大庆全常渣催化裂化的工业运行,翻开了我国重油催化裂化的新篇章。90年代初,前郭炼油厂实现了吉林原油全减压渣油催化裂化;1998年大庆全减渣在燕化炼油厂实行了工业化。90年代,催化裂化家族技术生产低烯烃成为催化裂化技术的又一新领域。DCC(CRP-1)最大量生产丙烯,丙烯12%~18%;丁烯11%~14%。MGG(ARGG)最大量生产LPG与优质汽油。丙烯、丁烯10%~11%;汽油49%~50%。MIO最大量生产异丁烯、异戊烯与优质汽油。HCC、CPP最大量生产乙烯。21世纪初,两段提升管催化裂化技术工业化,是提升管催化裂化技术的又一新里程碑。多种汽油降烯烃技术与催化剂的开发,提高了产品质量,满足环保法规要求。MGD、MIP、FDFCC、ARFCC(辅助提升管)。DOCO、LBO、GOR等系列降烯烃催化剂。

(3) 加氢裂化、加氢精制技术

在催化剂作用下,存在于石油馏分中的硫、氮、氧杂原子及金属杂质,通过加氢反应分别转化成H_2S、NH_3、H_2O、金属硫化物沉积物,以改善石油馏分的品质。原料：重整原料、汽油、煤油、柴油重油、渣油。操作条件：随原料而定,200~420℃,2~20兆帕,空速0.2~10 h^{-1}。

加氢工艺是现代炼油工艺中最重要的技术之一,世界各国的炼油厂加氢装置加工能力占其原料油加工能力的比例达到50.11%,它不仅是炼油工业生产清洁燃料的主要手段,而且也成为石油化工企业的关键技术,发挥着不可替代的作用。国民经济持续、高速、健康的发展带动了汽车工业的快速发展,我国汽车的社会保有量逐年增加,致使汽车尾气排放的有害物质已成为城市(特别是大中城市)空气严重污染的最大公害。据环保部门测报,城市空气污染的60%~70%来自汽车尾气的污染。大幅度改善空气质量。

减少汽车尾气污染除了采取改进汽车设计、设置汽车尾气转化器等措施外,最重要而有效的是使用清洁燃料。通过降低燃料中能造成尾气污染的组分(如硫、氮、芳烃、烯烃等)含量,提高有利于燃料燃烧的指标,可以显著减少空气污染。中国大多数原油较重,减压渣油的含量一般在40%~50%。随着原油需求量的增加,更多的稠油被开采出来。原油总的趋势是变重、质量变差。因此催化、焦化等二次加工油品占总量的比例增加。大量加工进口高硫原油,使得各馏分的硫含量大幅度上升。世界炼油工业的发展趋势是：继续扩大馏分油和重油加氢处理装置的加工能力,以改进油品质量的适应环保要求;加氢装置的加工能力将大幅度增加,年均增长8.3%,以满足增产清洁燃料生产的需要。我国炼油装置构成不尽合理,催化裂化比例过高,加氢裂化、加氢精制、催化重整、烷基化和醚化装置比例过低。加氢总能力占原油一次加工能力的17.82%,低于50.11%的世界平均水平。由于更加严厉的硫排放标准,汽油和柴油的超深度加氢脱硫是目前本领域的挑战及研究核心。

(4) 催化重整技术

催化重整是在催化剂存在下，将直链烷烃或环烷烃转化为芳烃的过程。它是炼厂生产高辛烷值汽油组分的重要过程，也是为石油化工生产芳烃的主要过程。此外，它还富产廉价的氢气成为炼厂用氢的主要来源。催化重整包含氢化、异构化、芳基化、裂化等反应。催化重整技术经历了三个阶段的发展。第一阶段：1940—1949年，临氢重整，辛烷值为80。缺点：催化剂活性低、寿命短(几个小时)，辛烷值低，二战后停止发展。第二阶段：1949—1967年，铂重整。美国UOP，第一套铂重整装置Platfroming。优点：催化剂活性高、稳定性好、选择性好等。第三阶段：1967年，铂铼重整。1967年，Chevron开发PtRe/Cl-Al_2O_3。

第四节　动力机械

19世纪末，内燃机的发明和应用为汽车、机车、船舶提供了动力，并导致飞机的发明，使人类交通运输业的面貌发生了巨大的变革，更促进了机械制造业的巨大发展。19世纪末至20世纪初，随着汽轮机、燃气轮机、喷气式发动机、火箭发动机的发明，交通工具的速度大大提高，人们的交往更加方便，人类活动的领域更加开阔，航天事业得以开拓，从而进一步带动和促进了其他科学和工业部门的发展。

一、内燃机

从内燃机问世已有百年左右的发展历史，迄今已达到一个较高的技术水平。在20世纪这一漫长的发展历程中，有两个重要的发展阶段是具有划时代意义的：一是20世纪50年代初兴起的增压技术在发动机上的广泛应用，二是20世纪70年代开始的电子技术及计算机在发动机研制中的应用，这两个发展趋势至今都方兴未艾。

1. 发展概况

随着能源短缺和环境污染的日趋严重，内燃机正面临着排气净化法规和燃油耗法规进一步强化的严峻挑战，从而促进了各种基础研究和应用研究的开展，使当代内燃机技术达到一个新的水平，对具有百年历史的内燃机来说，20世纪最后十年的发展，成绩是巨大的。

内燃机在进入20世纪以后，是人类利用得最多的动力机械。尽管现代的蒸汽动力发电站、水力发电站和原子能发电站中的大型动力机械发出了巨大的功率，但是现在全世界内燃机的总功率占所有各种动力机械功率总和的90%以上。据统计，1958年美国各种动力机械和动力设备所发出的总功率是107.4亿马力，其中内燃机所发出的功率竟达103亿马力，占全部总功率的96%。内燃机所消耗的燃料占全国燃料消耗量的30%以上。

汽油机在19世纪末已经基本定型。20世纪以来，汽油机技术的改进主要是通过

提高转速、提高压缩比等来增大功率，近年来正在努力降低排气污染，减小噪音。随着汽车的大量生产，20 世纪内汽油机在材料和生产技术方面的改进和提高，远远超过对汽油机本身的技术的改进和提高。

柴油机在 20 世纪初开始推广应用。30 年代，在中小型船舶动力方面柴油机已经超过了蒸汽动力机械。50 年代以前，柴油机主要用于船舶、发电、农业机械、矿山机械、军用车辆等。50 年代以后，柴油机又进入汽车、拖拉机行业。由于柴油机热效率高，柴油本身的价格低，因此，柴油机所消耗的燃料费用比汽油机低得多，并且排气污染比汽油机少，故近年来柴油机的应用范围迅速扩大。在农业机械中几乎挤掉了汽油机。在汽车中用柴油机取代汽油机的进展很快，不但载重汽车、重型车辆采用柴油机，在部分小轿车中也采用柴油机。20 世纪以来，柴油机技术的提高主要在提高转速，进行增压，改善燃烧和改进结构等。近年来出现了各种改进柴油机的技术研究，如低压缩比、可变压缩比、增压中冷、二级增压、超高增压、可变几何预燃室等。随着电子计算机的广泛使用，目前已经可以利用电子计算机设计柴油机，随着耐高温材料的发展，不用冷却的绝热发动机已开始进行试验。目前已经开始研究将柴油机和燃气轮机组合在一起的复合发动机，可以综合两者的优点和改善两者的缺点。

燃气轮机和喷气发动机是 20 世纪出现的动力机械，虽然在十八世纪末已经提出过这种循环，但因当时压气机和膨胀机的部件效率太低而没有成功。到 20 世纪 30 年代，由于运用了空气动力学理论和耐高温材料才获得成功。第一种能实际运转的燃气轮机是 1939 年在瑞士制成的。在铁路机车上采用燃气轮机是 1941 年开始的。1960 年全世界用燃气轮机发电的装机容量为 250 万千瓦，1970 年猛增到 3 300 万千瓦。现在燃气轮机发电装机容量约每年增长 29%。单机的最大功率为 10 万千瓦。燃气轮机发电主要用来承担尖峰电力负荷的需要。把燃气轮机与蒸汽动力装置联结起来而形成燃气——蒸汽联合循环，可以提高发电站总的热效率。采用耐热合金材料的联合循环的总热效率可以达到 50%以上。燃气轮喷气发动机是在 1943 年出现的。飞机上采用喷气发动机的初期就使飞行速度增加了 40%以上。因为活塞式发动的螺旋桨所产生的推力随飞行速度的增加而减小，而喷气发动机所产生的推力则损飞行速度的增加而增大的，因此航空上喷气发动机很快取代了活塞式发动机。喷气发动机的最高工作压力已从早期的 4 个大气压提高到 30 个大气压，最高工作温度从 700℃提高到 1 600℃以上。现在，简单循环的喷气发动机在高空运行时的总功率已超过 42%。

2. 综合性能演进

(1) 用于机车、船舶及固定式装置的中、低速柴油机

在中、低速大型动力装置中几乎毫无例外地采用柴油机。在 750～3 000 kW 功率范围内，中速四冲程柴油机由于其结构紧凑、操作灵活与成本适中而仍受广泛欢迎，此外，转速范围 450～1 500 r/min 有利于高功率化和与配套装置的高效匹配，所以机车、低于 4 000 t 排水量的小型船舶以及摆渡用的运输船，通常首先选用中速柴油机。其平均有效压力可达 2.5 兆帕，最高压力限制在 18 兆帕以下，比油耗已低于 2 009/kW·h。属于这一档次的代表机型有法国 PA6-280 柴油机，可用于机车、船舶或发电装置，其主要性能指标为：转速 1 000 r/min、功率 1 770 kW、最高压力 13.73 兆帕、平均有效压力

1.98兆帕、比油耗209.49/kW·h、行程缸径比1.036;此外,还有原苏联16Ⅲ49、英国帕克斯曼16VLX等机型。

功率3 000~7 500 kW的较大型发动机,四冲程柴油机在生产成本上优于二冲程柴油机,而油耗两者不相上下,代表机型如Sulzer ZA40柴油机、PC2-6柴油机、ZV40柴油机。这些发动机在平均有效压力为2~2.3兆帕的情况下,其最高压力为15~16兆帕,活塞平均速度9 m/s左右,行程缸径比为1.2~1.4。

在7 500~40 000 kW功率范围内,长行程或超长行程二冲程柴油机在近10年中得到发展,循环热效率比其他型式的发动机高,现已达到50%~55.6%。其额定转速为从200 r/min到60 r/min以下,具有倒车直接耦合能力,适用于直接驱动船舶螺旋桨,从而可提高推进效率。这类发动机在平均有效压力约为1.7兆帕时的最高压力一般为12.5兆帕,行程缸径比为3~3.5,并且还在增大,不过活塞平均速度限制在7 m/s左右,比油耗已降至200~150 g/kW·h左右,达到较高的技术水平。

中、低速大功率柴油机的使用寿命已有明显的提高,低速二冲程柴油机的大修期可达20 000小时;中速四冲程柴油机达12 000~15 000小时;比重量也有了下降,中速强载发动机单位功率的重量可达1.36 kg/kW。由此,更增加了柴油机在这一功率档次内与燃气轮机和蒸汽轮机的竞争力。

(2) 高速车用内燃机

20世纪80年代以后,由于能源和环境形势的严峻,车用内燃机的生产和使用都受到排气净化法规和燃油耗法规的严格限制,美国政府还专门实施了"企业共同平均燃油经济性(CAFE)"目标。这种限制,促进了内燃机技术水平的提高和各种新技术的开发研究与应用,使车用内燃机达到一个新的水平。下面分别就汽油机和柴油机加以说明。

① 车用汽油机。

汽油机仍是汽车发动机的体统机型,由于其升功率高、工作柔和平稳、噪声低、比容积小和比重量轻,所以在轿车和轻型车上占有优势。在比油耗上由于一系列新技术的采用,也可与柴油机相抗争,因此20世纪末汽油机有了一个长足的发展。为了满足排放法规并达到良好的燃油经济性,促使高空燃比、稀混合气燃烧系统的采用。在这种系统中高压缩比与强烈的油气混合运动相结合,使燃烧速率提高,爆燃极限扩大。这样,在燃用无铅、辛烷值为93的汽油时,压缩比为10.5~12的高紊流运动汽油机,可采用空燃比为22以上的稀燃系统。例如,May火球式高紊流燃烧室用于JagaarXJS型车辆上,可提高车辆燃油经济性20%;德国鲍尔希公司的最佳热力学系统,在部分负荷时可提高燃油经济性30%;还有里卡多公司的HRCC系统,福特公司改进的HRCC系统,以及将采用的第三代稀混合气燃烧技术,其空燃比都有较大提高。丰田公司开发了一种在怠速、容易加速、减速和常速运行条件下的稀混合气燃烧系统,空燃比可达24。为了提高燃油经济性,还可采用高压缩比、分层充气的技术措施。在BMW公司的最新型Eta发动机中采用了一种快速燃烧系统,采用的压缩比允许高至13,燃油经济性可改善1.5%~1.8%。使用有铅汽油时的压缩比也有了提高,如福特公司CVH燃烧室的压缩比为9.5,英国Jaguar MAY燃烧室的压缩比为12.5。松田公司的稳定燃烧系统为一种简单的分层充气系统,"S"形进气道与带导气屏进气门相配合起着加强空燃混合气

涡流的作用，结合高能点火系统，可在发动机全工况范围内取得提高燃烧速度与稳定着火的良好效果。菲亚特公司的 Marker 系统为另一种最新分层充气系统，其目的在于取得良好的燃油经济性与适用多种燃料，燃油经济性可比一般汽油机提高 30%。此外，还有本田公司的复合旋流燃烧控制(CVCC)充量分层系统，GM 公司的轴向分层喷油式发动机等，都能较好地改善经济性。至于汽油喷射，MAN 公司的试验值得一提，MAM 公司采取汽油向燃烧室壁面喷射，燃油由壁面蒸发形成混合气，实现了工质分层、外源点火的燃烧方式。经过单缸机试验后，将缸径 108 mm，行程 128 mm，6 缸直列 MAN0836FM 发动机改装成外源点火的发动机，压缩比为 16。尽管它还带有原机固有的缺点，即较重的结构所造成的高摩擦功，但性能还是有了很大的改善，在整个工作转速范围内都接近于等压燃烧，最高压力比原机低 1.765～2.35 兆帕.在整个转速范围内没有超过 5.5 兆帕，比油耗接近于柴油机的水平，最低油耗在 231.8 g/kW·h 左右。这是一个很值得注意的尝试。

② 车用柴油机。

在载货车的运行费中，燃料费约占 70%，降低油耗是发动机运行经济性首要追求的目标。因为通常柴油机汽车的运行油耗比汽油机汽车要低 30%～40%，所以国际上明显的发展趋势是大量发展柴油机汽车，即使是在以汽油机占绝对优势的轿车领域，柴油机的渗透量在欧洲与日本也逐年增加。1984 年西欧柴油机轿车销售量为 12.3 万多辆，为轿车总销售量约 13.3%，在德国达到 20%。

以日本大、中型汽车燃油消耗率的改进为例，在过去若干年的统计数据中表明，燃油消耗率以每年 2% 的比率不断下降，如柴油机的最低油耗；20 世纪 60 年代为 258.4 g/kW·h，70 年代由于直喷式的采用，油耗率大为改善，降到 224.4 g/kW·h，80 年代采用了带中冷器的增压装置和电子控制，降到 197.2 g/kW·h；到 90 年代初，可以降到 177 g/kW·h 左右。车用柴油机的发展趋势有如下五个特点：

a. 小排量发动机的柴油机化、直喷化及其向轿车领域的扩展；
b. 分开式燃烧室柴油机的直顷化；
c. 直喷式柴油机的(涡轮)增压化；
d. 涡轮增压直喷式柴油机再加进气中冷器；
e. 电子控制技术的应用。

增压、高压(100 Wa 以上，有些已达 150 Wa)喷射无涡流系统、微涡流系统、可变涡流进气道以及电控技术等的采用，使车用柴油机的性能有了一个较大的提高。

③ 小型通用柴油机。

为耕耘机、拖拉机等农业机械用途而发展起来的小型通用柴油机大致可分为卧式和立式两大类。

卧式柴油机，以手摇起动形式为主，它操作简便，除农用外还可作为一船工业用，功率大致为 22 kW 以下。

立式柴油机 Ph 于作业机械向大型发展以及考虑到改善操作条件，且满足小型、高速、大功率以及低振动、低噪声等方面的要求，所以正向多缸机发展，功率扩大到 74 kW 左右，作为通用发动机用于农业以外的一般工业用途，也是车用柴油机激烈竞争的对象。

为加强这类发动机在国际市场上的竞争能力，美、日、西欧各主要生产厂家自20世纪80年代初以来，积极进行机型品种整理，研究价值工程，调整产品方向，使之适应各种用途，也即在探讨各种用途的同时，致力于新机型的开发。最突出的动向是，甚至连原来不作考虑的小缸径系列机型也采用直喷燃烧方式，把经济性放在首位. 在整机性能上也有较大提高，以满足用户的需要。

卧式通用柴油机以其用途和特性可分为22 kW级的低速卧式机型、以7.35 kW为中心的小型通用机型和轻小机型三种。轻小型卧式水冷柴油机可配套于植保机械、旋拼机和联合收超机，与风冷柴油机相比，其噪声低、工作扭矩大、油耗低，且耐久可靠，因此得到用户好评。

立式通用柴油机，机型多样，竞争激烈，提高更新快。特别值得一提的是久保田公司公布的超小型系列水冷多缸机Z400-B、D600-B、V800-B、V800-TB，是目前世界上最小的单缸排量为200 mL的独特机型，该机与中型系列相同，具有更高的可靠性；其高压油泵较以往小40%，是世界上一种小型带该子挺扦的铝系体轻型喷油泵；它采用了独特的三旋流燃烧系统(TVCS)，与直喷式小型风冷柴油机相比，油耗更低，振动及噪声更小。

3. 增压技术发展

20世纪20年代就有人提出压缩空气提高进气密度的设想，直到1926年瑞士人A·J·伯玉希(A.J. Buchi)才第一次设计了一台带废气涡轮增压器的增压发动机。由于当时的技术水平和工艺、材料的限制，还难于制造出性能良好的涡轮增压器，加上第二次世界大战的影响，增压技术未能迅速普及，直到大战结束后，增压技术研究的应用才受到重视。1950年增压技术开始在柴油机上采用并作为产品提供市场。50年代，增压度约为50%，四冲程机的平均有效压力在0.7～0.8兆帕之间，无中冷，处于一个技术水平较低的发展阶段。其后20多年间，增压技术得到了迅速的发展和广泛的采用，20世纪末大功率柴油机已是“无机不增压”，国外车用柴油机60%以上为增压机型，车用汽油机采用涡轮增压或机械增压的机型也逐年增多，增压技术对内燃机性能的提高起了划时代的作用。70年代，增加度达200%以上，正式产品作为商品提供的柴油机的平均有效压力，四冲程机已达2.0兆帕以上，二冲程机已超过1.3兆帕，普遍采用中冷，使高增压四冲程机实用化。试验研究则向更高水平冲刺，英国Atlas公司已研制出曾高压达3.5兆帕的试验机，并已投入运转。增压四冲程柴油机的比油耗不大于187.6 g/kW·h，二冲程机不大于160.8 g/kW·h，经济性有了很大的提高，车用柴油机的比油耗也达到204 g/kW·h的水平，单级增压比接近5，并发展了两级增压和超高增压系统，相对于20世纪50年代初期刚采用增压技术的发动机技术水平，30年来有了惊人的发展。进入80年代仍保持这种发展势头。进排气系统的优化设计，提高充气效率，充分利用废气能量，出现谐振进气系统和MPC增压系统。可变截面涡轮增压器，使得单级涡轮增压比可达到5甚至更高。进一步发展到与动力涡轮复合式二级涡轮增压系统。由此可见，高增压、超高增压的效果是可观的，将发动机的性能提到了一个崭新的水平。

4. 电子控制技术的发展

70 年代开始的电子技术在发动机上的应用具有划时代的意义。进入 80 年代后，发动机电控技术已有了很大的发展，其主要目标是保持发动机各运行参数的最佳值，以求得发动机功率、燃油耗和排故性能的最佳平衡，并监视运行状况。

电子控制系统一般由传感器、执行器和控制器三部分组成。由此构成各种不同功能、不同用途的控制系统。例如，有的系统是在柴油机上采用可编程序的发动机控制系统，具有电子调速功能，采用电子控制空燃比，可将喷油提前角始终保持在最佳值；有的系统采用步进电机作执行元件来控制喷油量和喷油定时；还有将晶体管点火系统与电子控制汽油喷射装置相组合的系统；以及为适应排放法规，将空燃比、点火定时、废气再循环串及怠速 4 个因素进行电子控制，开发了阳电控系统，并取得了令人满意的效果。

发动机电子控制的思路是根据预先用试验求得的发动机性能和排放因，通过电控系统对发动机运行参数进行程序控制，对汽油机还增加了爆震控制。典型的例子有装在日产公司 3 升 V6 发动机上的分缸爆层控制，它将压力传感器装在火花塞座的金属部分，从而可对气缸内的气体压力进行检验、分析，进而对各缸独立地进行点火定时的控制，它作为控制燃烧的方法而引人注目。

发动机电子控制，已达到接近理想的最佳控制运行的可能性，因而提高了使用价值。

二、汽轮机

20 世纪初，法国拉托和瑞士佐莱分别制造了多级冲动式汽轮机。多级结构为增大汽轮机功率开拓了道路，已被广泛采用，机组功率不断增大。帕森斯在 1884 年取得英国专利，制成了第一台 10 马力的多级反动式汽轮机，这台汽轮机的功率和效率在当时都占领先地位。20 世纪初，美国的柯蒂斯制成多个速度级的汽轮机，每个速度级一般有两列动叶，在第一列动叶后在汽缸上装有导向叶片，将气流导向第二列动叶。速度级的汽轮机只用于小型的汽轮机上，主要驱动泵、鼓风机等，也常用作中小型多级汽轮机的第一级。

1. 两种形式

汽轮机是将蒸汽的能量转换成为机械功的旋转式动力机械，又称蒸汽透平。主要用作发电用的原动机，也可直接驱动各种泵、风机、压缩机和船舶螺旋桨等，还可以利用汽轮机的排汽或中间抽汽满足生产和生活上的供热需要。

1910 年，瑞典的 B · 容克斯川和 F · 容克斯川兄弟制成辐流的反动式汽轮机。20 世纪初，法国的 A · 拉托和瑞士的 H · 佐莱分别制造了多级冲动式汽轮机，美国的 C · G · 柯蒂斯制成多个速度级的汽轮机。

19 世纪末，瑞典拉瓦尔和英国帕森斯分别创制了实用的汽轮机。拉瓦尔于 1882 年制成了第一台 5 马力(3.67 千瓦)的单级冲动式汽轮机，并解决了有关的喷嘴设计和强度设计问题。单级冲动式汽轮机功率很小，现在已很少采用。

20 世纪初，法国拉托和瑞士佐莱分别制造了多级冲动式汽轮机。多级结构为增大汽轮机功率开拓了道路，已被广泛采用，机组功率不断增大。帕森斯在1884年取得英国专利，制成了第一台10马力的多级反动式汽轮机，这台汽轮机的功率和效率在当时都占领先地位。

20世纪初，美国的柯蒂斯制成多个速度级的汽轮机，每个速度级一般有两列动叶，在第一列动叶后在汽缸上装有导向叶片，将气流导向第二列动叶。现在速度级的汽轮机只用于小型的汽轮机上，主要驱动泵、鼓风机等，也常用作中小型多级汽轮机的第一级。

在60年代，世界工业发达的国家生产的汽轮机已经达到500～600兆瓦等级水平。1972年，瑞士BBC公司制造的1 300兆瓦双轴全速汽轮机在美国投入运行，设计参数达到24兆帕，蒸汽温度538℃，3 600 rpm；1974年，西德KWU公司制造的1 300兆瓦单轴半速(1 500 rpm)饱和蒸汽参数汽轮机投入运行；1982年，世界上最大的1 200兆瓦单轴全速汽轮机在前苏联投入运行，压力24兆帕，蒸汽温度540℃。

汽轮机是一种以蒸汽为动力，并将蒸气的热能转化为机械功的旋转机械，是现代火力发电厂中应用最广泛的原动机。汽轮机具有单机功率大、效率高、寿命长等优点。汽轮机按工作原理分为冲动式汽轮机和反动式汽轮机，冲动式汽轮机蒸汽主要在静叶中膨胀，在动叶中只有少量的膨胀；反动式汽轮机蒸汽在静叶和动叶中膨胀，而且膨胀程度相同。

2. 电站汽轮机

汽轮机的出现推动了电力工业的发展，到20世纪初，电站汽轮机单机功率已达10兆瓦。随着电力应用的日益广泛，美国纽约等大城市的电站尖峰负荷在20年代已接近1 000兆瓦，如果单机功率只有10兆瓦，则需要装机近百台，因此20年代时单机功率就已增大到60兆瓦，30年代初又出现了165兆瓦和208兆瓦的汽轮机。

此后的经济衰退和第二次世界大战爆发，使汽轮机单机功率的增大处于停顿状态。50年代，随着战后经济发展，电力需求突飞猛进，单机功率又开始不断增大，陆续出现了325～600兆瓦的大型汽轮机；60年代制成了1 000兆瓦汽轮机；70年代，制成了1 300兆瓦汽轮机。现在许多国家常用的单机功率为300～600兆瓦。

汽轮机在社会经济的各部门中都有广泛的应用。汽轮机种类很多，并有不同的分类方法。汽轮机的蒸汽从进口膨胀到出口，单位质量蒸汽的容积增大几百倍，甚至上千倍，因此各级叶片高度必须逐级加长。大功率凝汽式汽轮机所需的排汽面积很大，末级叶片须做得很长。

汽轮机装置的热经济性用汽轮机热耗率或热效率表示。汽轮机热耗率是每输出单位机械功所消耗的蒸汽热量，热效率是输出机械功与所耗蒸汽热量之比。对于整个电站，还需考虑锅炉效率和厂内用电。因此，电站热耗率比单独汽轮机的热耗率高，电站热效率比单独汽轮机的热效率低。

一座汽轮发电机总功率为1 000兆瓦的电站，每年约需耗用标准煤230万吨。如果热效率绝对值能提高1%，每年可节约标准煤6万吨。因此，汽轮机装置的热效率一直受到重视。为了提高汽轮机热效率，除了不断改进汽轮机本身的效率，包括改进各级叶片的叶型设计(以减少流动损失)和降低阀门及进排汽管损失以外，还可从热力学观

点出发采取措施。

根据热力学原理，新蒸汽参数越高，热力循环的热效率也越高。早期汽轮机所用新蒸汽压力和温度都较低，热效率低于 20%。随着单机功率的提高，30 年代初新蒸汽压力已提高到 3～4 兆帕，温度为 400～450℃。随着高温材料的不断改进，蒸汽温度逐步提高到 535℃，压力也提高到 6～12.5 兆帕，个别的已达 16 兆帕，热效率达 30%以上。50 年代初，已有采用新蒸汽温度为 600℃的汽轮机。以后又有新蒸汽温度为 650℃的汽轮机。

现代大型汽轮机按照其输出功率的不同，采用的新蒸汽压力又可以分为各个压力等级，通常采用新蒸汽压力 24.5～26 兆帕，新蒸汽温度和再热温度为 535～578℃的超临界参数，或新汽压力为 16.5 兆帕、新汽温度和再热温度为 535℃的亚临界参数。使用这些汽轮机的热效率约为 40%。

另外，汽轮机的排汽压力越低，蒸汽循环的热效率就越高。不过排汽压力主要取决凝汽器的真空度，真空度又取决于冷却水的温度和抽真空的设备(通常称为真空泵)，如果采用过低的排汽压力，就需要增大冷却水流量、增大凝汽器冷却水和冷却介质的换热面、降低被使用的冷却水的温度和抽真空的设备，较长的末级叶片，但同时真空太低又会导致汽轮机汽缸(低压缸)的蒸汽流速加快，使汽轮机汽缸(低压缸)差胀加剧，危及汽轮机安全运转。凝汽式汽轮机常用的排汽压力为 5～10 千帕(一个标准大气压是 101 325 帕斯卡)。船用汽轮机组为了减轻重量，减小尺寸，常用 0.006～0.01 兆帕的排汽压力。

此外，提高汽轮机热效率的措施还有，采用回热循环、采用再热循环、采用供热式汽轮机等。提高汽轮机的热效率，对节约能源有着重大的意义。

3. 清洁能源汽轮机

大型汽轮机组的研制是汽轮机未来发展的一个重要方向，这其中研制更长的末级叶片，是进一步发展大型汽轮机的一个关键；研究提高热效率是汽轮机发展的另一方向，采用更高蒸汽参数和二次再热，研制调峰机组，推广供热汽轮机的应用则是这方面发展的重要趋势。

现代核电站汽轮机的数量正在快速增加，因此研究适用于不同反应堆型的、性能良好的汽轮机具有特别重要的意义。

全世界利用地热的汽轮机的装机容量，1983 年已有 3 190 兆瓦，不过对熔岩等深层更高温度地热资源的利用尚待探索；利用太阳能的汽轮机电站已在建造，海洋温差发电也在研究之中。所有这些新能源方面的汽轮机尚待继续进行试验研究。

另外，在汽轮机设计、制造和运行过程中，采用新的理论和技术，以改善汽轮机的性能，也是未来汽轮机研究的一个重要内容。例如：气体动力学方面的三维流动理论，湿蒸汽双相流动理论；强度方面的有限元法和断裂力学分析；振动方面的快速傅里叶转换、模态分析和激光技术；设计、制造工艺、试验测量和运行监测等方面的电子计算机技术；寿命监控方面的超声检查和耗损计算。此外，还将研制氟利昂等新工质的应用，以及新结构、新工艺和新材料等。

第五节　水能技术

水能资源最显著的特点是可再生、无污染。开发水能对江河的综合治理和综合利用具有积极作用，对促进国民经济发展，改善能源消费结构，缓解由于消耗煤炭、石油资源所带来的环境污染有重要意义，因此世界各国都把开发水能放在能源发展战略的优先地位。

一、水电站技术

水电站是将水能转换为电能的综合工程设施，又称水电厂。它包括为利用水能生产电能而兴建的一系列水电站建筑物及装设的各种水电站设备。有些水电站除发电所需的建筑物外，还常有为防洪、灌溉、航运、过木、过鱼等综合利用目的服务的其他建筑物。这些建筑物的综合体称水电站枢纽或水利枢纽。

水电站枢纽的组成建筑物有以下 6 种。

1. 挡水建筑物

用以截断水流，集中落差，形成水库的拦河坝、闸或河床式水电站的水电站的长房等水工建筑物，如混凝土重力坝、拱坝、土石坝、堆石坝及拦河闸等。

2. 泄水建筑物

用以宣泄洪水或放空水库的建筑物，如开敞式河岸溢洪道、溢流坝、泄洪洞及放水底孔等。

3. 进水建筑物

从河道或水库按发电要求引进发电流量的引水道首部建筑物，如有压、无压进水口等。

4. 引水建筑物

向水电站输送发电流量的明渠及其渠系建筑物、压力隧洞、压力管道等建筑物。

5. 平水建筑物

在水电站负荷变化时用以平稳引水建筑物中流量和压力的变化，保证水电站调节稳定的建筑物。对有压引水式水电站为调压井或调压塔；对无压引水式电站为渠道末端的压力前池。

6. 厂房枢纽建筑物

水电站厂房枢纽建筑物主要是指水电站的主厂房、副厂房、变压器场、高压开关站、交通道路及尾水渠等建筑物。这些建筑物一般集中布置在同一局部区域形成厂区。厂区是发电、变电、配电、送电的中心，是电能生产的中枢。

水电是清洁能源，可再生、无污染、运行费用低，便于进行电力调峰，有利于提高资源利用率和经济社会的综合效益。在地球传统能源日益紧张的情况下，世界各国普遍优先开发水电大力利用水能资源。

今后在水力资源丰富而又未充分开发的国家(如中国),常规水电站的建设将稳步增长。大型电站的机组单机容量将向巨型化发展。同时,随着经济发展和能源日益紧张,小水电将受到各国的重视。由于电网调峰、调频、调相的需要,抽水蓄能电站将有较快的发展。潮汐电站和波浪能电站的建设由于受建站条件及造价等因素制约,在近期内不会有大幅度的增长。各类电站的自动化和远动化将进一步完善和推广。

二、动力设备

将水能转变为电能的机电设备称水电站动力设备。其在常规水电站和潮汐电站为水轮机和水轮发电机组成的水轮发电机组,及附属的调速器、油压装置、励磁设备等。抽水蓄能电站的动力设备为由水泵水轮机和水轮发电电动机组成的抽水蓄能机组及其附属的电气、机械设备。水电站的电气装置除水轮发电机及其附属设备外,还包括发电机电压配电设备、升压变压器、高压配电装置和监视、控制、测量、信号和保护性电气设备等。

水的落差在重力作用下形成动能,从河流或水库等高位水源处向低位处引水,利用水的压力或者流速冲击水轮机,使之旋转,从而将水能转化为机械能,然后再由水轮机带动发电机旋转,切割磁力线产生交流电。低位水通过吸收阳光进行水循环分布在地球各处,从而恢复高位水源。

利用水电站枢纽集中天然水流的落差形成水头汇集、调节天然水流的流量,并将它输向水轮机,经水轮机与发电机的联合运转,将集中的水能转换为电能,再经变压器、开关站和输电线路等将电能输入电网。

通常用坝拦蓄水流、抬高水位形成水库,并修建溢流坝、溢洪道、泄水孔、泄洪洞(水工隧洞)等泄水建筑物宣泄多余洪水。水电站引水建筑物可采用渠道、隧洞或压力钢管,其首部建筑物称进水口。

水电站厂房分为主厂房和副厂房。主厂房包括安装水轮发电机组或抽水蓄能机组和各种辅助设备的主机室,以及组装、检修设备的装配场。副厂房包括水电站的运行、控制、试验、管理和操作人员工作、生活的用房。引水建筑物将水流导入水轮机,经水轮机和尾水道至下游。当有压引水道或有压尾水道较长时,为减小水击压力常修建调压室。而在无压引水道末端与发电压力水管进口的连接处常修建前池。为了将电厂生产的电能输入电网还要修建升压开关站。

20 世纪世界装机容量最大的水电站是巴西和巴拉圭合建的伊泰普水电站,装机 1 260 万千瓦。20 世纪 30 年代后,水电站的数量和装机容量均有很大发展。1978 年日本建成海明号波浪发电试验船,是世界上第一座大型波能发电站。1985 年,美国巴斯康蒂投产世界装机容量最大的抽水蓄能电站。1986 年,中国在浙江省建成试验性的江厦潮汐电站,装机 3 200 千瓦。中国的广州抽水蓄能电站,一期工程装机 120 万千瓦,计划在 90 年代完工。1988 年,中国竣工的湖北葛洲坝水利枢纽,装机 271.5 万千瓦。80 年代末,世界上一些工业发达国家,如瑞士和法国的水能资源已几近全部开发。1994 年已开工兴建的三峡水利枢纽建成后,装机容量为 2 250 万千瓦(32 台 70 万千瓦和1台10万千瓦地下电源电站)，到目前为止已经成为世界上最大的水电站。

三、大坝

1. 土坝

公元前2200多年，巴比伦人已在幼发拉底河修建土坝。公元前印度和埃及也建了一些土坝。为了防御黄河洪水，早在春秋(公元前770—前476)以前中国人民就沿黄河两岸修建土堤，经历代扩充加固，至今总长已达1 498千米。就结构而言土堤也是土坝。公元前598—前591年在安徽省寿县修建堤堰，形成安丰塘水库。17和18世纪俄国在乌拉尔等地修了200多座土坝。19世纪末美国修建一些水力冲填坝，到1900年美国土坝总数超过100座。

土力学于20世纪成为一门独立学科，其理论实践和测试手段日臻完善。大功率高工效的大型土方机械相继出现，加之土坝本身所具有的上述优点，遂使土坝得到迅速发展，在世界坝工中所占比例日益增加。在1961—1968年世界修建的100米以上高坝中，土坝仅占38%，而1975—1977年迅速提高到62%。苏联罗贡坝高335米，为世界最高的坝。自1949—1980年底，在中国已建约2 600座大中型水库大坝中，土坝约占90%。

19世纪中叶美国在西部的偏远矿区，修建了早期的堆石坝，上游面采用木板防渗。1931年美国建成了高100米的盐泉堆石坝，防渗体为钢筋混凝土面板。1934年德国修建了世界第一座高13米的阿梅克沥青混凝土斜墙堆石坝。

由于在相当长的一段时间内，堆石主要采用码砌或自高处向下抛填，再辅以压力水冲实的方法施工，对石料的块径和强度要求高。抛填的堆石坝，坝的密实度较低，建成后有较大的沉陷，容易造成防渗体破坏而引起坝体漏水。因此，在20世纪50年代以前，世界上修建的堆石坝数量不多，大于100米的高坝更少。

20世纪50年代，出现了用定向爆破方法修建堆石坝。中国已建成坝高82.5米的石砭峪坝。20世纪60年代以后，随着重型振动碾等机械的出现，坝体堆石可碾压到相当高的密度，使坝的沉陷量大大减小，对石料也只要求一般的强度，并可将溢洪道、输水洞开挖出的石料用于填筑坝壳。这就使工程具有投资省、施工速度快和质量好等优点，从而出现了高堆石坝比重增加的趋势，坝的高度现已超过200米。1980年墨西哥修建的奇科阿森堆石坝，坝高261米。

钢筋混凝土面板碾压堆石坝也是60年代以后发展起来的，世界上最高的钢筋混凝土面板堆石坝是巴西1980年建成的高160米的福斯杜阿雷亚坝。中国湖北省的西北口钢筋混凝土面板堆石坝，最大坝高85米。

2. 重力坝

重力坝是世界上最早出现的一种坝型之一。公元前2900年埃及美尼斯王朝在首都孟菲斯城附近的尼罗河上，建造了一座高15米、长240米的挡水坝。中国于公元前3世纪，在连通长江与珠江流域的灵渠工程上，修建了一座高5米的砌石溢流坝，迄今已运行2 000多年，是世界上现存的，使用历史最久的一座重力坝。18世纪，在法国和

西班牙用浆砌石修建了早期的重力坝,横断面都很大,接近于梯形。1853年以后,在筑坝实践中,设计理论逐步发展,法国工程师们开始拟出一些重力坝的设计准则,如抗滑稳定、坝基应力三分点准则等,出现了以三角形断面为基础的重力坝断面。20世纪初,由于混凝土工艺和施工机械的迅速发展,在美国建造了阿罗罗克坝和象山坝等第一批混凝土重力坝。1930年以后,美国修建了高183米的沙斯塔坝和高168米的大古力坝以后,重力坝的设计理论和施工技术有了一个飞跃。在应力计算方面,提出了重力法和弹性理论法,包括考虑空间影响的试荷载法;在构造方面,建立了完整的分缝、排水和廊道系统,以及温度、变形、应力等观测系统;在施工方面,机械化程度有了显著增长,发展了柱状浇筑法和混凝土散热冷却以及纵缝灌浆等一整套施工工艺。1950年以后,重力坝继续得到发展,在瑞士修建了当今世界上最高的重力坝——大迪克桑斯坝,坝高285米;在印度修建了高226米的巴克拉坝和高192米的拉克华坝;在美国修建了高219米的德沃夏克坝。苏联在寒冷地区多修建混凝土重力坝,如高215米的托克托古尔坝,在中国,60年代初建成高106米的三门峡重力坝和高105米的新安江宽缝重力坝;70年代建成了高147米的刘家峡重力坝和高90.5米的牛路岭空腹重力坝。80年代又建成了高165米的乌江渡拱形重力坝。1970年以后,世界上创造出碾压混凝土坝筑坝技术。它的特点是采用干硬性混凝土,用自卸汽车运料入仓,推土机平仓,振动碾碾压,通仓薄层浇筑,不设纵缝,不进行水管冷却,横缝用切缝机切割。它具有节省水泥,简化温度控制和施工工艺,缩短工期,降低造价的优点。美国威洛克里克坝(又译柳溪坝)、日本岛地川坝、中国福建坑口坝和南盘江天生桥二级水电站首部枢纽都采用了这种施工技术。坑口坝坝高56.8米,通仓浇筑,不设横缝,但在迎水面增设防渗面,简化了坝体构造。

3. 巨型支墩坝

支墩坝由一系列倾斜的面板和支承面板的支墩(扶壁)组成的坝。面板直接承受上游水压力和泥沙压力等荷载,通过支墩将荷载传给地基。面板和支墩连成整体,或用缝分开。进入20世纪以后,连拱坝有较大发展,1968年加拿大修建的马尼克五级连拱坝,坝高214米,是当前世界上最高的支墩坝。

大头坝是F·A·内茨利在1926年首先提出的。1975年巴西和巴拉圭修建的伊泰普水电站大头坝,坝高196米,是当前世界上最高的大头坝。

1903年安布生设计并建造了第一座有倾斜盖面的平板坝。1948年阿根廷建造了艾斯卡巴坝,坝高83米,是当前世界上最高的平板坝。中国自1949年以来也建造了很多高支墩坝。

1956年建成的梅山连拱坝,坝高88.24米。1958年建成的金江平板坝,坝高54米。1960年建成的新丰江大头坝,坝高105米。1980年建成的湖南镇梯形坝,坝高129米,是中国最高的支墩坝。

根据面板的形式,支墩坝可分为三种类型。

(1) 折叠平板坝

折叠平板坝由平板面板和支墩组成的支墩坝。自1903年修建了第一座有倾斜面板的安布生平板坝以后,世界各国修建了很多中、低高度的平板坝。阿根廷在1948年修建的埃斯卡巴平板坝，坝高83米，是世界上最高的平板坝。苏联修建了一些土基上的溢流平板坝。中国在1958及1973年分别建成高54米的金江平板坝和高42米的龙亭平板坝。

(2) 折叠连拱坝

折叠连拱坝由拱形面板和支墩组成的支墩坝。

与其他形式的支墩坝比较，连拱坝有下列特点。

① 拱形面板为受压构件，承载能力强，可以做得较薄。支墩间距可以增大。混凝土用量最少，但钢筋用量较多。混凝土平均含钢筋量可达30～40 kg/m³。施工模板也较复杂。混凝土单位体积的造价高。

② 面板与支墩整体连接，对地基变形和温度变化的反应比较灵敏，要求修建在气候温和地区，且地基比较坚固。

③ 上游拱形面板与溢流面板的连接比较复杂，因此很少用作溢流坝。

(3) 折叠大头坝

面板由支墩上游部分扩宽形成，称为头部。相邻支墩的头部用伸缩缝分开，为大体积混凝土结构。对于高度不大的支墩坝，除平板坝的面板外，也可用浆砌石建造。

大头坝与宽缝重力坝结构体型相似，其区别为：

① 大头坝支墩间的空距一般大于支墩厚度，而宽缝重力坝则相反；

② 大头坝上游面的倾斜度一般较宽缝重力坝大；

③ 大头坝支墩下游部分可以不扩宽，坝腔是开敞的，而宽缝重力坝则是封闭的。

大头坝头部有以下三种形式。

① 平板式：上游面为平面，施工简单。但在水压力作用下，上游面易产生拉应力，引起裂缝。

② 圆弧式：上游面为圆弧。作用于弧面上的水压力向头部中心辐集，应力条件好，但施工模板较复杂。

③ 钻石式：上游面由三个折面组成，兼有平板式和圆弧式的优点，最常采用。大头坝支墩有单支墩和双支墩两种形式，高坝多采用双支墩以增强其侧向稳定性。为了提高支墩的侧向劲度或为了防寒，也可将下游部分扩宽，使坝腔封闭，这时在结构体形上接近宽缝重力坝。

四、水轮机

水轮机是把水流的能量转换为旋转机械能的动力机械，它属于流体机械中的透平机械。早在公元前100年前后，中国就出现了水轮机的雏形——水轮，用于提灌和驱动粮食加工器械。现代水轮机则大多数安装在水电站内，用来驱动发电机发电。在水电站中，上游水库中的水经引水管引向水轮机，推动水轮机转轮旋转，带动发电机发电。作完功的水则通过尾水管道排向下游。水头越高、流量越大，水轮机的输出功率也就越大。

水轮机按工作原理可分为冲击式水轮机和反击式水轮机两大类。冲击式水轮机的

转轮受到水流的冲击而旋转，工作过程中水流的压力不变，主要是动能的转换；反击式水轮机的转轮在水中受到水流的反作用力而旋转，工作过程中水流的压力能和动能均有改变，但主要是压力能的转换。

1912年奥地利工程师V·卡普兰设计出第一台转桨轴流式水轮机，故称为卡普兰水轮机。其转轮叶片一般由装在转轮体内的油压接力器操作，可按水头和负荷变化作相应转动，以保持活动导叶转角和叶片转角间的最优配合，从而提高平均效率，这类水轮机的最高效率有的已超过94%。但是，这种水轮机需要一个操作叶片转动的机构，因而结构较复杂，造价较高，一般用于水头、出力均有较大变化幅度的大中型水电站。

20世纪40—50年代又相继出现贯流式和斜流式水轮机，同时水轮机又发展为水泵水轮机，应用于抽水蓄能电站。

1. 贯流式水轮机

贯流式水轮机是一种卧轴式水轮机，即水流在流道内基本上沿着水平轴向运动。它主要适用于1～25米的水头，是低水头、大流量水电站的一种专用机型。由于其水流在流道内基本上沿轴向运动，不转弯，因此机组的过水能力和水力效率能有所提高。特适用于潮汐电站，其双向发电、双向抽水和双向泄水等功能很适合综合利用低水头水力资源。

由于目前中高水头水电资源开发殆尽，可开发的水电资源多为低水头，贯流式水轮机适合低水头应用，而且效率高投资低，近年来发展较快，而且功率也越来越大。

贯流式水轮机的机组主要有全贯流和半贯流，其中半贯流由轴伸贯流式、竖井贯流式、灯泡贯流式三种，由于全贯流式水轮机制造工艺要求很高目前应用很少，下面介绍半贯流式的三种形式。

轴伸贯流式水轮机。轴伸贯流式水轮发电机组采用卧式布置，也有倾斜安装的，水轮机部分主要有转轮室、转轮、导叶与控制机构、S形尾水管组成，转轮主轴穿出尾水管连接到发电机。由于低转速发电机体积庞大、价格贵，小型贯流式水轮发电机组多采用齿轮增速后带动高速发电机的形式。图中蓝绿色箭头线表示水流走向，水流沿轴向进入，经过导叶进入转轮室，推动转轮旋转做功，流经转轮叶片后，通过S形尾水管排出。该水轮发电机造价与工程投资少，但效率较低，在低水头小水电站中应用较广，其中水平卧式用得最多。

竖井贯流式水轮机。竖井贯流式水轮机是将发电机组安装在水轮机上游侧的一个混凝土竖井中，水轮机部分主要由导叶机构、转轮室、转轮、尾水管组成，转轮主轴伸入混凝土竖井中，通过齿轮箱等增速装置连接到发电机。也有把发电机布置在上面厂房，转轮主轴通过扇齿轮或皮带轮与发电机连接，使竖井尺寸更小一些。图中蓝绿色箭头线表示水流走向，水流进入后从混凝土竖井两旁通过再汇集到导叶进入转轮室，水流推动转轮旋转做功后从尾水管排出。竖井贯流式水轮机组结构简单、造价低廉、运行和维护方便，但效率较低，在低水头小水电站中应用较广。

灯泡贯流式水轮机。灯泡贯流式水轮机组的发电机密封安装在水轮机上游侧一个灯泡型的金属壳体中，发电机水平方向安装，发动机主轴直接连接水轮机转轮。

灯泡贯流式水轮机组的水轮机部分由转轮室、导叶机构、转轮、尾水管组成；发电机轴直接连接到转轮，一同安装在钢制灯泡外壳上，发电机在灯泡壳内，转轮在灯泡尾端，发电机轴承通过轴承支持环固定在灯泡外壳上，转轮端轴承固定在灯泡尾端外壳上，发电机轴前端连接到电机滑环与转轮变桨控制的油路装置。钢制灯泡通过上支柱、下支柱固定在混凝土基础中，上支柱也是人员出入灯泡的通道。图中蓝色箭头线表示水流走向，水流进入后从灯泡周围均匀通过到达转轮，推动转轮旋转做功后由尾水管排出。通过导叶角度与转轮叶片角度的调整配合可使水轮机运行在最优状态。灯泡贯流式水轮机组具有结构紧凑、稳定性好、效率较高，适用于低水头大中型水电站。

2. 斜流式水轮机

斜流式水轮机是在20世纪50年代初为了提高轴流式水轮机适用水头而在轴流转浆式水轮机基础上改进提出的新机型，其结构形式及性能特征与轴流转浆式水轮机类似。

斜流式水轮机转轮布置在与主轴同心的圆锥面上，叶片轴线与水轮机主轴中心线形成交角，随水头不同而异。一般水头在40～80米时交角取60°，在60～130米时取45°，在120～200米时取30°。因此，在斜流式转轮上能比轴流式转轮布置更多的叶片，降低了叶片单位面积上所承受的压力，提高了适用水头。在斜流式转轮体内布置有叶片转动机构，也能随着外负荷变化进行双重调节，因此它的平均效率比混流式高，高效区比混流式宽。由于它的轴面投影图中水流是斜向流进转轮，又斜向流出的，所以又称其为对角流转浆式水轮机。它的适用水头在轴流式与混流式水轮机之间，为40～200米。

由于其倾斜桨叶操作机构的结构特别复杂，加工工艺要求和造价均较高，所以一般只在大中型水电站中运用，目前这种水轮机的应用还不普遍。

20世纪80年代初，世界上单机功率最大的水斗式水轮机装于挪威的悉·西马电站，其单机容量为315兆瓦，水头885米，转速为300转/分钟，于1980年投入运行。水头最高的水斗式水轮机装于奥地利的赖瑟克山电站，其单机功率为22.8兆瓦，转速750转/分钟，水头达1 763.5米，1959年投入运行。80年代，世界上尺寸最大的转桨式水轮机是中国东方电机厂制造的，装在中国长江中游的葛洲坝电站，其单机功率为170兆瓦，水头为18.6米，转速为54.6转/分钟，转轮直径为11.3米，于1981年投入运行。世界上水头最高的转桨式水轮机装在意大利的那姆比亚电站，其水头为88.4米，单机功率为13.5兆瓦，转速为375转/分钟，于1959年投入运行。世界上水头最高的混流式水轮机装于奥地利的罗斯亥克电站，其水头为672米，单机功率为58.4兆瓦，于1967年投入运行。功率和尺寸最大的混流式水轮机装于美国的大古力第三电站，其单机功率为700兆瓦，转轮直径约9.75米，水头为87米，转速为85.7转/分钟，于1978年投入运行。世界上最大的混流式水泵水轮机装于联邦德国的不来梅蓄能电站。其水轮机水头237.5米，发电机功率660兆瓦，转速125转/分钟；水泵扬程247.3米，电动机功率700兆瓦，转速125转/分钟。世界上容量最大的斜流式水轮机装于苏联的洁雅电站，单机功率为215兆瓦，水头为78.5米。

水泵水轮机主要用于抽水蓄能电站。在电力系统负荷低于基本负荷时，它可用作

水泵，利用多余发电能力，从下游水库抽水到上游水库，以位能形式蓄存能量；在系统负荷高于基本负荷时，可用作水轮机，发出电力以调节高峰负荷。因此，纯抽水蓄能电站并不能增加电力系统的电量，但可以改善火力发电机组的运行经济性，提高电力系统的总效率。20 世纪 50 年代以来，抽水蓄能机组在世界各国受到普遍重视并获得迅速发展。

早期发展的或水头很高的抽水蓄能机组大多采用三机式，即由发电电动机、水轮机和水泵串联组成。它的优点是水轮机和水泵分别设计，可各自具有较高效率，而且发电和抽水时机组的旋转方向相同，可以迅速从发电转换为抽水，或从抽水转换为发电。同时，可以利用水轮机来启动机组。它的缺点是造价高，电站投资大。

斜流式水泵水轮机转轮的叶片可以转动，在水头和负荷变化时仍有良好的运行性能，但受水力特性和材料强度的限制，到 80 年代初，它的最高水头只用到 136.2 米（日本的高根第一电站）。对于更高的水头，需要采用混流式水泵水轮机。

水轮机抽水蓄能电站设有上、下两个水库。在蓄存相同能量的条件下，提高扬程可以缩小库容、提高机组转速、降低工程造价。因此，300 米以上的高水头蓄能电站发展很快。世界上水头最高的混流式水泵水轮机装于南斯拉夫的巴伊纳巴什塔电站，其单机功率为 315 兆瓦，水轮机水头为 600.3 米；水泵扬程为 623.1 米，转速为 428.6 转/分钟，于 1977 年投入运行。20 世纪以来，水电机组一直向高参数、大容量方向发展。随着电力系统中火电容量的增加和核电的发展，为解决合理调峰问题，世界各国除在主要水系大力开发或扩建大型电站外，正在积极兴建抽水蓄能电站，水泵水轮机因而得到迅速发展。为了充分利用各种水力资源，潮汐、落差很低的平原河流甚至波浪等也引起普遍重视，从而使贯流式水轮机和其他小型机组迅速发展。

阅读材料

世界之最——三峡水电站

三峡水电站，即长江三峡水利枢纽工程，又称三峡工程。中国湖北省宜昌市境内的长江西陵峡段与下游的葛洲坝水电站构成梯级电站。

三峡水电站是世界上规模最大的水电站，也是中国有史以来建设最大型的工程项目。而由它所引发的移民搬迁、环境等诸多问题，使它从开始筹建的那一刻起，便始终与巨大的争议相伴。三峡水电站的功能有十多种，如航运、发电、种植等等。三峡水电站 1992 年获得中国全国人民代表大会批准建设，1994 年正式动工兴建，2003 年六月一日下午开始蓄水发电，于 2009 年全部完工。

选址

三峡大坝的选址最初有南津关、太平溪、三斗坪等多个候选坝址。最终选定的三斗坪坝址，位于葛洲坝水电站上游 38 千米处，地势开阔，地质条件为较坚硬的花岗岩，地震烈度小。江中有一沙洲中堡岛，将长江一分为二，左侧为宽约 900 米的大江和江岸边的小山坛子岭，右侧为宽约 300 米的后河，可为分期施工提供便利。

关于大坝的坝高，在筹划中曾有低坝、中坝、高坝三种方案。1950年代，在苏联专家的影响下，各方多支持高坝方案。到了1980年代初，“短、平、快”的思路占了主流，因而低坝方案非常流行。但是，出于为重庆改善航运条件的考虑，各方最终同意建设中坝。

三峡水电站移民

移民是三峡工程最大的难点，在工程总投资中用于移民安置的经费占到了45%。当三峡蓄水完成后，将会淹没129座城镇，其中包括万州、涪陵等两座中等城市和十多座小城市，会产生113万移民，在世界工程史上绝无仅有，并且如果库尾水位超出预计，还会再增加新的移民数量。移民的安置主要通过就地后靠或者就近搬迁来解决，但后来发现，水库淹没了大量耕地，从而导致整个库区人多地少，生态环境趋于恶化，于是对农村人口又增加了一种移民方式，就是由政府安排，举家外迁至其他省份居住，现已经有大约14万名库区移民迁到了上海、江苏、浙江、安徽、福建、江西、山东、湖北(库区外)、湖南、广东、重庆(库区外)、四川等省市生活。

三峡水电站论证

从三峡工程筹建的那一刻起，它就与各种争议相伴。早期的不同意见多偏重于经济和技术因素，普遍认为经济上无法支撑，技术上也无法难以实现预定目标，并且移民的难度极大。争议还包括：三峡工程对当地地质的影响，对气候的影响等。

1983年水利电力部提交了工程可行性研究报告，并着手进行前期准备。1984年国务院批准了这份可行性研究报告，但是在1985年的中国人民政治协商会议上，以周培源、李锐等为首的许多政协委员表示了强烈反对。于是，从1986年到1988年，国务院又召集张光斗、陆佑楣等412位专业人士，分十四个专题对三峡工程进行全面重新论证，结论认为：技术方面可行、经济方面合理，“建比不建好，早建比晚建更为有利”。

三峡水电站规划

2011年5月18日，时任国务院总理温家宝主持召开国务院常务会议，讨论通过《三峡后续工作规划》和《长江中下游流域水污染防治规划》。

会议指出，在党中央、国务院的坚强领导和全国人民的大力支持下，经过17年艰苦努力，三峡工程初步设计建设任务如期完成，防洪、发电、航运、水资源利用等综合效益开始全面发挥。

三峡工程在发挥巨大综合效益的同时，在移民安稳致富、生态环境保护、地质灾害防治等方面还存在一些必须解决的问题，对长江中下游航运、灌溉、供水等也产生了一定影响。

这些问题有的在论证设计中已经预见但需要在运行后加以解决，有的在工程建设期已经认识到但受当时条件限制难以有效解决，有的是随着经济社会发展而提出的新要求。适时开展三峡后续工作，对于确保三峡工程长期安全运行和持续发挥综合效益，提升其服务国民经济和社会发展能力，更好更多地造福广大人民群众，意义重大。

会议强调，开展三峡后续工作，必须坚持以人为本、关注民生，保护环境、持续发展，统筹兼顾、突出重点，国家扶持、多元投入，区分缓急、分步实施的原则，完善扶持政策，加大资金投入，建设和谐稳定的新库区，实现经济社会与环境协调发展。

《三峡后续工作规划》的主要目标是：到2020年，移民生活水平和质量达到湖北省、重庆市同期平均水平，覆盖城乡居民的社会保障体系建立，库区经济结构战略性调整取得重大进展，交通、水利及城镇等基础设施进一步完善，移民安置区社会公共服务均等化基本实现，生态环境恶化趋势得到有效遏制，地质灾害防治长效机制进一步健全，防灾减灾体系基本建立。

三峡水电站建设规模

三峡大坝为混凝土重力坝，大坝长2 335米，底部宽115米，顶部宽40米，高程185米，正常蓄水位175米。大坝坝体可抵御万年一遇的特大洪水，最大下泄流量可达每秒钟10万立方米。整个工程的土石方挖填量约1.34亿立方米，混凝土浇筑量约2 800万立方米，耗用钢材59.3万吨。水库全长600余千米，水面平均宽度1.1千米，总面积1 084平方千米，总库容393亿立方米，其中防洪库容221.5亿立方米，调节能力为季调节型。

三峡水电站的机组布置在大坝的后侧，共安装32台70万千瓦水轮发电机组，其中左岸14台，右岸12台，地下6台，另外还有2台5万千瓦的电源机组，总装机容量2 250万千瓦，远远超过位居世界第二的巴西伊泰普水电站。

三峡电站初期的规划是26台70万千瓦的机组，也就是装机容量为1 820万千瓦，年发电量847亿度。后又在右岸大坝“白石尖”山体内建设地下电站，建6台70万千瓦的水轮发电机。再加上三峡电站自身的两台5万千瓦的电源电站，总装机容量达到了2 250万千瓦。

截至2014年12月31日24时，三峡电站全年发电量达988亿千瓦时，创单座水电站年发电量新的世界最高纪录，并首度成为世界上年度发电量最高的水电站。

三峡电站全年累计发电988亿千瓦时，相当于减少4 900多万吨原煤消耗，减少近一亿吨二氧化碳排放。如果每千瓦时电能对GDP的贡献按10元计算，三峡电站全年发出的清洁电能，相当于为国家带动创造了近一万亿元财富。这也为国家“稳增长、调结构、惠民生”注入了强大动力。

三峡水电站项目投资

三峡工程预测的静态总投资大约为900亿元人民币(1993年5月末价格)，其中工程投资500亿元，移民安置400亿元。预测动态总投资将可能达到2 039亿元，估计实际总投资约1 800亿元。建设资金主要来自三峡工程建设基金即电费附加费。

据2011年《三峡(重庆)库区移民工作报告》显示，三峡后续工作目标所需的规划投资总额为1 238.9亿元。公开数据显示，截至2009年底，三峡工程已累计完成投资1 849亿元人民币。

根据全国人大财经委员会关于三峡工程竣工验收的相关要求和国务院的部署，审计署于2011年6月至2012年2月对长江三峡工程竣工财务决算草案进行了审计。按照三峡集团公司等编制的竣工财务决算草案，三峡工程财务决算总金额为2 078.73亿元。

三峡水电站主要功能

三峡工程主要有三大效益，即防洪、发电和航运，其中防洪被认为是三峡工程最核心的效益。

一是防洪。历史上，长江上游河段及其多条支流频繁发生洪水，每次特大洪水时，宜昌以下的长江荆州河段（荆江）都要采取分洪措施，淹没乡村和农田，以保障武汉的安全。在三峡工程建成后，其巨大库容所提供的调蓄能力将能使下游荆江地区抵御百年一遇的特大洪水，也有助于洞庭湖的治理和荆江堤防的全面修补。

二是发电。三峡工程的经济效益主要体现在发电。该工程是中国西电东送工程中线的巨型电源点，所发的电力将主要售予华中电网的湖北省、河南省、湖南省、江西省、重庆市，华东电网的上海市、江苏省、浙江省、安徽省，以及南方电网的广东省，可缓解我国的电力供应紧张局面。截至2012年底，三峡电站历年累计发电量达到6 291.4亿千瓦时，相当于减排二氧化碳4.96亿吨，减排二氧化硫595万吨，为节能减排做出了积极贡献。

三是航运。三峡蓄水前，川江单向年运输量只有1 000万吨，万吨级船舶根本无法到达重庆。三峡工程结束了“自古川江不夜航”的历史，三峡几次蓄水使川江通航条件日益改善。2009年，通过三峡大坝的货运量有7 000万吨左右。自2003年三峡船闸通航以来，累计过坝货运量突破3亿吨，超过蓄水前22年的货运量总和。

三峡水电站产生影响

一是环境影响。三峡工程影响环境来自于水库的污染。三峡两岸城镇和游客的排放的污水和生活垃圾，都未经处理直接排入长江。在蓄水后，由于水流静态化，污染物不能及时下泻而蓄积在水库中，因此已经造成了水质恶化和垃圾漂浮，并可能引发传染病，部分城镇已在其他水源采集生活用水，同时大批移民开垦荒地，也加剧了水体污染，并产生水土流失的现象。对此，当地政府正在大力兴建污水处理厂和垃圾填埋场以期解决污染问题，如果发现污染过于严重，也可能会采取大坝增加下泄流量来实现换水。

三峡工程将会对周边生态造成冲击，因为有大坝阻隔，鱼类无法正常通过三峡，它们的生活习性和遗传等会发生变异。三峡完全蓄水后将淹没560多种陆生珍稀植物，但它们中的绝大多数在淹没线以上也有分布，只有疏花水柏枝和荷叶铁线蕨两种完全在淹没线以下，现均已迁植。

二是人文影响。在水库蓄满水后，三峡的峡谷将会受到一定程度削弱，同时三峡周边在古代是巴文化和楚文化的交汇地。水库淹没区已探明的文物点有1 200多个，从1992年起文物部门便开始进行抢救性发掘，预计可在2009年蓄水完成前抢救、保护完毕。此外，政府还对其中的全国重点文物保护单位和其他重要古建筑文物设立专案、拨给专款予以保护。

来源：1. 三峡工程. 项目生命内核，2013.

2. 三峡工程大事回放.中国日报,2013.
3. 世界最大水坝——三峡大坝正式建成.中国日报,2013.
4. 大事记.中国日报,2013.
5. 快讯:世界最大水坝——三峡大坝正式建成.中国新闻网,2013.

思考题

1. 简述20世纪物理学发展的历程和代表性成果。
2. 试析20世纪物理学与电力技术发展的关系。
3. 简述20世纪电力、水能技术的进步对社会发展的深远影响。

参考文献与续读书目

[1] 刘青泉.科技史与当代科技.江西人民出版社,1999.
[2] 孙守春,关连芳,张淑芳.科技史概论.吉林人民出版社,2002.
[3] 查尔斯·辛格等.技术史,第6卷.上海科教版,2004.
[4] 查尔斯·辛格等.技术史,第7卷.上海科教版,2004.
[5] 清华大学自然辩证法教研组.科学技术史讲义.清华大学出版社,1982.
[6] 关士续.科学技术史简编.黑龙江科学技术出版社,1984.
[7] 汪晓原.简明科学技术史.上海交通大学出版社,2001.
[8] 李思孟,宋子良.科学技术史.华中科技大学出版社,2000.
[9] [荷兰] 福布斯,柯礼文等译.科学技术史.求实出版社,1985.

第六章　20 世纪的新能源科技
（约 1900 年至约 2000 年）

本章涉及的内容主要是第二次工业革命之后的新能源科学和技术的发展。相对于此前的传统能源科技发展，在整个 20 世纪，随着人类生活水平和社会经济发展程度的不断提高，人类对于能源的需求量也在不断增长。第二次工业革命带来的传统能源诸如石油天然气资源的巨大消耗，使人们发觉这些传统能源具有有限且不可再生性，并且石油天然气资源在燃烧过程中产生的废水废气，已经开始对全球气候和环境产生巨大负面作用，也直接影响人类生活的继续改善。因此，资源、环境、社会发展之间的密切关系，导致人类自身开始不断探索开发和利用新的、可再生能源，应当说整个 20 世纪是人类社会能源变革的不断探索时期，常规能源之外的太阳能、风能、生物质能、地热能和海洋能等的清洁性和无污染性，再加上新的能源科学的兴起，新能源开始被越来越多国家和人民所接受。

第一节　新能源科学

在整个 20 世纪，在继承传统能源科学的基础上，许多新兴的能源科学开始出现，比如粒子物理学的提出和发展、放射学的运用、电路理论的发展，进一步提升了人类对能源科学的探知欲望，同时这些新能源科学推动了整个 20 世纪传统能源技术的产生和推广。科学技术在生产力发展中的作用发生质的突变，它逐步成为决定生产力总体水平高低的首要因素。“科学技术是第一生产力”蕴含着重大的理论和实践意义。

一、粒子物理学的发展

粒子物理，又称高能物理，是研究物质组成最小单元——基本粒子的性质和其相互作用规律的一门学科。经过半个多世纪的努力，科学家们发现组成原子核的中子和质子不是基本的，物质是由夸克组成的。夸克与轻子组成基本粒子世界。相继发现了重子、介子、夸克、轻子，改变了传统意义上将电子、质子、中子认为是“基本粒子”的观点。

1. 夸克的发现

1935 年，日本科学家提出了“交换粒子”的概念，作为新相互作用理论的基本概念。这种交换粒子的质量介于电子和质子之间，约为电子质量的 250 倍，质子质量的 1/7，

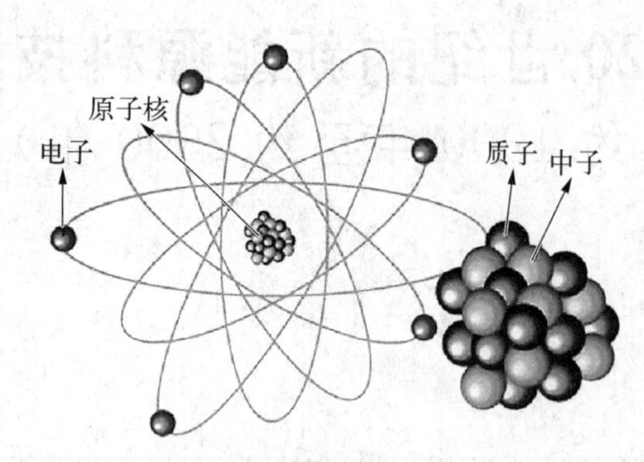

图 6.1 原子内部的中子、质子和电子
(摘自中电投集团网站)

这种粒子后来被称为介子。1936 年,美国科学家安德森(Carl David Anderson,1905—1991 年)在宇宙线中发现一种比电子约重 207 倍的粒子,当时误认为就是介子,后来发现这种粒子其实并不参与强相互作用,是一种轻子,所以改名为 μ 子。1947 年,英国物理学家鲍威尔(Cecil Frank Powell,1903—1969 年)拍摄了大量宇宙射线在不同高度穿过乳胶的底片,并对底片中粒子留下的轨迹进行了仔细分析后发现了汤川所预言的介子,被命名为 π 介子。20 世纪 40 年代末,罗切斯特和布特勒等发现一批不速之客,一类是重介子,另一类是超子。

随着介子和超子在 20 世纪 40—50 年代的陆续发现,基本粒子的家族迅速扩大,这些粒子绝大部分是强作用粒子,简称强子。强子,属于现代粒子物理学中的概念,也是量子力学中的重要概念。强子是一种亚原子粒子,所有受到强相互作用影响的亚原子粒子都被称为强子,包括重子和介子。

1955 年日本物理学家提出了一个结构模型:强子中只有质子、中子和超子三种是基础的粒子,由它们构成其他所有的强子。该模型存在一系列困难,但是所提出的强子具有内部结构的思想是正确的。1961 年,盖尔曼(Murray Gell-Mann)提出了一种粒子分类系统,叫"八重道"——或技术上应叫 SU(3)味对称。以色列物理学家尤瓦勒·内埃曼(Yuval Ne'eman),在同年亦独立地开发出一套跟八重道相近的理论。1964 年美国物理学家盖尔曼改造了坂田模型,提出了"夸克模型",认为强子是由三种具有 SU(3)对称性的组分构成的,他把这些组分称为夸克。1965 年,谢尔登·李·格拉肖(Sheldon Glashow)预测有第四种夸克存在,他们把它叫做"魅"。科学界称之为"盖尔曼茨威格模型的延伸方案"。1968 年,史丹佛线性加速器中心(SLAC)的深度非弹性散射实验证明质子并非基本粒子。理查德·费曼命名为"成子"。1971 年,格拉肖、约翰·李尔普罗斯(John Iliopoulos)一起对当时尚未发现的粲夸克,提出更多它存在的理据。到 1973 年,小林诚(Kobayashi Makoto)和益川敏英(Toshihide Maskawa)指出再加一对夸克,就能解释实验中观测到的 CP 破坏,于是夸克应有的味被提升到现时的六种。1974 年,美国华裔科学家丁肇中等人发现了 J/ψ 粒子,这是第四种夸克发现的证据。以色列物理学家哈伊姆·哈拉里(Haim Harari)在 1975 年的论文中,最早把加上的夸克命名为"顶"及"底"。底夸克在 1977 年被利昂·莱德曼领导的费米实验室研究小组观测到。这是一个代表顶夸克存在的有力征兆:没有顶夸克的话,底夸克就没有伴侣。然而,一直都没有观测到顶夸克,直至 1995 年,终于被费米实验室观测到。

图 6.2 由 2 个上夸克及 1 个下夸克所构成的质子
(摘自网络)

它的质量比之前预料的要大得多——几乎跟金原子一样重。

2. 轻子的发现

除夸克外，轻子也是至今为止所发现的最基本的粒子之一。1931年，泡利(Pauli)为了解释β衰变(原子核自发地放出β粒子(电子)使质子和中子相互转变)中的能量和动量失踪的现象，根据守恒定律预言：应该存在着一种还不知道的极其微小的中性粒子带走了β衰变中那一部分能量和动量，当时泡利将这种粒子命名为“中子”。

1932年真正的中子被发现后，美籍意大利科学家费米(Enrico Fermi，1901—1954年)，将泡利的“中子”正名为“中微子”。1933年，费米提出的β衰变定量理论指出：β衰变就是核内一个中子通过弱相互作用衰变成一个电子、一个质子和一个反中微子。中微子只参与弱作用，具有最强的穿透力。由于中微子与物质间的相互作用极其微弱，中微子的检测非常困难。1936年，安德森在宇宙线中发现的比电子约重207倍的粒子，当时误认为是介子，后来发现这种粒子其实并不参与强相互作用是一种轻子，称为μ子。1942年，中国科学家王淦昌提出了一种利用轨道电子俘获检测中微子的可行方案(K俘获法)。

1952年，美国科学家戴维斯应用王淦昌提出的K俘获法，间接观测到了中微子的存在。1956年，美国科学家莱因斯和考恩用核反应堆发出的反中微子与质子碰撞，第一次直接证实了中微子的存在。1962年，美国科学家在美国布鲁克海文国家实验室的加速器上用质子束打击铍靶的实验中发现中微子有“味道”的属性，证实与μ子相伴的μ子中微子nμ和与电子相伴的电子中微子ne是不同的中微子(第三、四种轻子)。1975年，美国科学家在美国SLAC实验室的SPEAR正负电子对撞机上发现了一个比质子重两倍，比电子重3 500倍的新粒子，其特性类似于电子和μ子。经过反复检验，证明是在电子和μ子之外的又一种轻子(第五种轻子)，以希腊字母τ表示(取自Triton——氚核的第一个字母)。因为τ轻子比第一个被发现的轻子——电子重很多，也称它为重轻子。同时有实验迹象表明，存在与重轻子τ相伴的中微子nτ，相应地存在τ轻子数守恒。重轻子及其相伴的中微子的发现，轻子由4种增加到6种。因为中微子是轻子的“前辈”，τ轻子的发现理论上意味着τ中微子的存在。但是，由于τ中微子几乎没有质量，又不带电，且几乎不与周围物质相互作用，一直难寻踪迹。1982年，美国费米实验室科学家用实验支持τ中微子存在的假设。1989年，欧洲核子研究中心科学家证实τ中微子应是最后一类中微子，但没有找到直接的证据。1994年，美国加利福尼亚大学的维多里奥·保罗内和费米实验室的拜伦·伦德博格(Byron Lund Borg)提出了“τ子中微子直接观测器”的构想，1996年，直接观测器在费米国家实验室建造完成。从1997年起，54位来自美国、日本、希腊和韩国的科学家在费米实验室合作探测τ中微子。他们用粒子加速器制造一股可能含有τ中微子的中微子束，然后让中微子束穿过τ中微子直接观测器内一个约1米长的铁板靶。这一铁板靶被两层感光乳剂夹着，感光乳剂类似于胶卷，能够“记录”粒子与铁原子核的相互作用。

科学家们用3年时间从靶上的600多万个粒子轨迹中鉴定出了4个表征τ轻子存在和衰变的痕迹，这也是表明τ中微子存在的关键线索。τ轻子的痕迹被科学家拍摄下来，并在计算机中形成三维图像，其主要特征就是其轨迹里有个结，这是τ轻子在形成后迅速衰变的表现。据估算，几十万亿个τ中微子中只有1个与靶中的铁原子核相互作用并生成一个τ轻子。由此，科学家第一次找到了τ中微子（第六种轻子）存在的直接证据。2000年7月21日，费米国家实验室宣布了这一重大成果。迄今的实验尚未发现轻子有内部结构。人们认为轻子是与夸克属于同一层次的粒子。

到目前为止，实验上还没有发现任何表明电子、μ子有内部结构的迹象。但是，科学家们一直从实验和理论两方面对夸克和轻子的内部结构进行研究，有理由相信总有一天会有重大突破。从物质微观结构研究的历史可以看出，研究质子、中子等“基本粒子”内部构造及其相互作用力的规律大约需要几百兆电子伏（MeV）到几百千兆电子伏（GeV）甚至更高的能量，因此研究基本粒子内部组分的性质及其相互作用规律的粒子物理学也称高能物理学。

二、放射学的发展

放射学的发展在20世纪也经历了一个由无到有、缓慢到快速发展的时期。

威廉·康拉德·伦琴（Wilhelm Röntgen，1845—1923年）于1895年11月8日发现了X射线，为开创医疗影像技术铺平了道路，这一发现不仅对医学诊断有重大影响，还直接影响了20世纪许多重大科学发现，X线迅速得到实际应用，包括医学诊断、治疗和工业应用。随后，X射线很快被用于实践。1899年罗伯特·哈钦森（Robert Hutchison）在加拿大皇家银禧医院建造了提取X射线的设备。1902年将X线纳入到医学临床应用之中。

1896年，法国物理学家贝克勒尔（Becquerel）发表了一篇工作报告，详细地介绍了他通过多次实验发现的具有天然放射性的铀元素。这是第一次观察到的核变化。现在通常就把这一重大发现看成是核物理学的开端。

1898年6月居里夫妇得到一种新的放射性很强的元素。他们根据拉丁文中波兰的国名“Polonia”，将这个元素取名为“Polonium”（钋），以纪念居里夫人的祖国。该元素的元素符号是“Po”。随后，居里夫妇发现了一种放射性更强的元素，将新元素定名为“Radium”（镭），意思是“赋予放射性的物质”，元素符号为“Ra”。1898年12月，居里夫妇发表了他们发现元素镭的报告。

1902年年底，居里夫人提炼出了十分之一克极纯净的氯化镭，并准确测定了它的原子量。从此镭的存在得到了证实。镭是一种极难得到的天然放射性物质，它的形体是有光泽的、像细盐一样的白色结晶。在光谱分析中，它与任何已知的元素的谱线都不相同。镭虽然不是人类第一个发现的放射性元素，但却是放射性最强的元素。

1934年，康塔德（Coutard）首次报道使用X线治疗喉癌、扁桃体癌，获得了28%的5年生存率。他还报告了沿用至今的外照射剂量分割方式，至今仍认为分次照剂量、两次照射之间的间隔时间和总治疗时间是影响放疗疗效的关键因素。由此看，医学应用推进了放射学的发展步伐。

在20世纪50年代以前，主要采用放射性镭制成镭针、镭管，治疗子宫颈癌、舌癌、乳腺癌的治疗，也使用低能X线机治疗头颈部肿瘤、皮肤癌、慢性湿疹、神经性皮炎。

这一时期被称为“镭和低能X线治疗时代”。在这一时期，放射学技术的进展远超过肿瘤生物学的进展。1913年，X线球管发明，可以得到140千伏的峰值能量，到1922年，250千伏的X线就被尝试用于深部肿瘤的治疗。1932年，X线发生器能产生800～1 000千伏的X线用于医学用途。

随着原子能技术的发展，人们获得了更好的放射源。20世纪40年代，制造出人工放射性同位素。1952年，约翰斯(Johns)研制成功远距离钴-60治疗机，开始进入临床应用。1955年，卡普兰(Kaplan)研制成功第一台医用直线加速器，也在美国斯坦福大学投入使用。

钴-60释放的γ射线能量达到1.8～2.2兆伏，加速器的能量更高，不但使深部肿瘤受到更多放射剂量，也使浅部组织和皮肤得到更好的保护。从此，放射治疗从千伏时代进入了兆伏时代。放射性同位素包括钴-60、铯-137、铱-192、钯-103、碘-125，先后投入临床使用。同时，放射治疗物理学、放射生物学、临床治疗计划、计算机辅助放射治疗也得到迅速发展，逐渐形成了完整的放射肿瘤学。放射肿瘤学的研究范围是以放射线治疗肿瘤为主的一门学科，它是由放射学和肿瘤学发展并结合而成的二级学科，包括放射物理学、放射生物学和临床肿瘤学等学科。

1951年，瑞典神经外科学家莱克塞尔(Lars Leksell)提出了放射外科的概念，并于1967年发明了伽马刀，全称伽马射线立体定向治疗系统。伽马刀主要用于对颅内病变进行非侵入性的治疗。它的主体结构是一个设有201个钴-60放射源的半球体。每个钴源所产生的伽马射线束沿圆球半径聚集于球心上。以磁共振(SIR)或电子计算机断层定位仪(CT)及脑血管造影为配套的检查设备，采用立体定向及电子计算机系统定位把颅内病灶设计为靶点图形，并置于半圆球心上，然后再通过201束伽马射线对靶点进行聚集照射，使靶点组织受到一次大剂量照射产生不可逆的生物学毁损，从而达到治疗目的。

在伽马刀的基础上，基于脑部神经外科的临床要求，MV级X射线外照射脑部立体定向放射(外科)治疗设备在20世纪80年代研制成功并迅速发展起来。该设备利用非共面多扇形扫描原理实现了X射线在靶区的“聚焦”，从而实现了在靶区内，因X线“聚焦”形成了超高剂量累积；在靶区外，因扇形扫描形成低剂量区。由于在靶区边缘剂量陡然下降，类似外科手术刀对肿瘤的切除效果，因此被人们形象地称其为“X刀”。

到1990年代，随着计算机技术，特别是医学数字诊断图像技术的发展(如CT、MR)，人体内实体肿瘤的空间形状已经可以被准确地确定和描述。准确诊断的目的是为了正确治疗。常规医用电子直线加速器所产生的矩形或圆形辐射野已明显不能满足临床的要求，3D适形放射治疗设备。随之研制成功并迅速在临床治疗中推广使用。与常规放疗设备相比，3D适形放射治疗设备增加了多叶准直器，因此，它所产生的辐射野可根据人体内肿瘤在空间任意角度(指机架360转动角度范围内)方向上的几何投影形状任意改变，使辐射野的几何形状始终与之匹配。

三、电路理论的新发展

1827年，欧姆定律的提出标志着电路理论开始成为电磁学的一个分支，20世纪30

年代—50年代，电路理论逐渐成熟，成为一门独立的学科，这一时段也被称为经典电路理论阶段，此后电路理论又划分为两个阶段，分别为把20世纪60年代到70年代这一段时期称为"近代电路理论发展阶段"，20世纪70年代以后的时期被称为"电路与系统理论发展阶段"。

1. 经典电路理论发展阶段

20世纪初到30年代是经典电路理论初步发展的时期。1904年拉塞尔(R. Russell)提出对偶原理；1911年海维赛德(O. Heaviside)提出阻抗概念，从而建立起正弦稳态交流电路的分析方法；1918年福特斯库(Fortescue)提出三相对称分量法，同年巴尔的摩(Baltimore)提出了电气滤波器概念；1920年瓦格纳(Wagner)发明了实际的滤波器，同年坎贝尔(Campbell)提出了理想变压器概念；1921年布里辛格(Breisig)提出了四端网络及黑箱概念；1924年福斯特(Foster)提出电抗定理；1926年卡夫穆勒(Kupfmuller)提出了瞬态响应概念；1933年诺顿(L. Norton)提出了戴维南定理的对偶形式—诺顿定理。该阶段的电路理论也运用到了实际应用中。1904年佛莱明(J. A. Fleming)发明了真空二极管，继之于1906年福里斯特成功地发明了真空三极管，从而使得无线电通讯与广播事业加速发展起来。

20世纪40年代到50年代，经典电路理论迎来了发展高潮。1948年特勒根(B. D. H. Tellegen)提出了回转器理论，这一器件后于1964年由施诺依(B. A. Shenoi)用晶体管首先实现；特勒根还于1952年确立了电路理论中除了KCL和KVL之外的另一个基本定理—特勒根定理。吉耶曼(E. Guillemin)和考尔(W. Cauer)等人在20世纪30年代的著作对于建立电路理论这门独立的学科起着奠基的作用，而他们在20世纪40年代和50年代的著作却被认为是这门学科发展史上的重要里程碑。1953年，麻省理工学院的吉耶曼教授发表了他的重要著作 *Introductory Circuit Theory*，书中引入网络图论的基本原理来系统列写电路分析方程，对电路进行时域和频域分析，着重强调时间响应、自然频率、阻抗函数特性和零点极点的概念，以及网络综合理论等。1952年达默(Dummer)首先提出了集成电路的设想，20世纪50年代末制成了第一批集成电路(IC)。1954年由埃伯斯(J. J. Ebers)和摩尔(J. L. Moll)提出了双极型晶体管(BJT)的一套EM模型。

实践应用方面，1945年贝尔实验室着手实施一个加强的研究计划，以便更好地了解半导体物理基础，实施这个计划的结果是1948年肖克利(W. Shockley)、布拉顿(W. H. Brattain)和巴登(J. Barden)三人宣布发明了锗点触式晶体管，从而开始了固体电子学的时代。进入20世纪40年代后，由于生产的发展和第二次世界大战的需要，除了电力和电信之外，自动控制技术急剧兴起，于是在电气科学技术领域内就形成了鼎足三立的体系，即电力系统、通信系统和控制系统。

2. 近代电路理论发展阶段

近代电路理论从20世纪60年代开始，到70年代就已形成，这十几年的进展相当于过去的几十年，这种发展的高速度是在社会生产力急剧发展的推动之下产生的，其发展的结果使得社会生产中的电气化、自动化和智能化水平迅速提高。其肇始于20世纪50年代末期就开始的所谓的"电子革命"和"计算机革命"。

在时域分析中，引用了施瓦兹（L. Schwartz）的《分布理论》著作中的成果，严格给出了电路的冲击响应的概念。在电路理论研究中系统地应用拓扑学特别是一维拓扑学的成果，这不仅极大地丰富了电路理论的内容和提高了它的理论水平，而且还为电路的计算机辅助分析和设计提供了坚实的理论基础。

近代电路理论站在集合论的高度，把电路看成是特定拓扑结构的支路集和节点集。从而应用空间的概念，借助于矩阵和张量的工具来对基尔霍夫定律进行描述，这给古典的基尔霍夫定律注入了新的活力。在计算方法上采用了“系统的步骤”，以此与计算机的辅助分析方法相适应，使得昔日难以入手的多端网络问题、时变网络以及非线性网络问题变得易于解决。

在近代电路理论阶段，计算机就已经开始应用于电路分析。1956年美国人艾伦（Aaron）已开始借助计算机用最小二乘法去解决滤波器的设计问题，随后德瑟（Desoer）和麦卓（Mitra）、史密斯（Smith）和特梅斯（Temes）、卡拉汉（Calahan）等人不断地对使用计算机设计滤波器的方法进行改进。1962年美国IBM公司的布拉宁介绍了第一个通用电路分析程序TAP，它采用拓扑矩阵法建立方程，能对最多含20个晶体管的开关电路进行直流分析和瞬态分析。由于它所用的计算方法比较落后，解题时间过长，很快就被淘汰了。1964至1966年间出现了一批新的程序，如ECAP、CORNAP、NET1和AEDNET等，其中ECAP是首次使用节点法列写方程的通用程序之一，而AEDNET程序则开始具有了某些非线性分析的能力，它们的主要缺点是计算时间长、占内存量大。为了克服这些缺点，1967年廷尼在LU分解法中提出以最佳排列为基础的稀疏代数方程组解法，从而找到了既能节约内存又能缩短计算时间的有效方法。1968年后，吉尔（Gill）等人针对电路方程是刚性方程，其时间常数分离很大的特点，提出了刚性稳定的概念，并给出了多步隐式积分法及其他一些较好的数值方法，使电路分析技术进一步得到发展。

3. 电路与系统理论发展阶段

在近代电路理论向前发展的同时，20世纪60—70年代首先在自然科学和技术的领域内形成了严谨而完整的“系统”概念，接着“系统理论”成为受到普遍重视的研究领域。电路与系统理论发展阶段开始的标志是科学界20世纪70年代正式提出了建立概念体系更扩展的“电路与系统”（CAS）学科。

该阶段，电路的拓扑（或图论）分析和综合法已成为电路理论中的一个专门课题。其次，图论还是设计印刷电路、集成电路布线、布局及版图设计等不可缺少的理论基础，特别是针对超大规模集成电路（VLSI）的设计问题而言，图论的应用研究更是日趋广泛。

20世纪70年代中期对运算放大器等器件提出的宏模型（Macro Model）建模方法，是为这类器件建模的一种好方法。器件建模理论自70年代起逐步走向完善，这方面蔡少棠作出了很多非常重要的贡献。

被称为电路理论中第三类问题（第一类是分析，第二类是综合设计）的模拟电路故障诊断是20世纪80年代开始兴起的一个引人入胜的研究领域。这个问题是在1962年首先由伯科威茨提出的，但直到20世纪70年代末才开始引起人们的注意。同时，电路的数字综合是电路理论研究的一个新方向。由于集成电路和微处理器的发展，大多数用模拟系统执行的功能都可以使用数字系统实时完成，因而当前数字滤波是研究得最多的。

1971年美国科学家首先提出了稀疏表格法，随即IBM公司采用此法编制出具有统计分析能力的ASTAP程序；1975年美国加州大学贝克莱分校制成了SPICE-2程序，这两个程序是第二代电路分析程序的代表。从1975年开始到20世纪80年代，又出现了一批所谓第三代电路模拟程序，其代表有MOTIS、MOTIS-C、SPLICE和RELAX等。这一代程序的主要特点是运用子电路的分解和并行处理技术，避免重复子电路的再存储并且不计算潜伏状态的子电路。

近二十年来，电路技术的应用领域迅速扩展，从分立到集成，构成实际电路的基本元件及其结构特征已经发生了根本性变化，电路设计理念也逐步产生了重大更新。具体有如下表现：组成电路的目的从早期的能量处理（含传输）扩展到信号处理（含传输）；数字电路的应用已经明显超过模拟电路，数字与模拟混合系统得到了非常广泛的应用；大规模和超大规模集成电路技术日趋成熟，除了在一些特定领域之外，分立元件组成的电路已被集成电路广泛取代。

4. 我国集成电路的研究和发展

初期（1956—1978年）：我国集成电路产业的建设最早可以追溯到1956年，当年中科院应用物理所开办了半导体器件短期培训班，同时北京大学、复旦大学、吉林大学、厦门大学和南京大学联合开办了半导体物理专业。

拓展期（1978—1988年）：1978年，十一届三中全会确立了改革开放的总体政策，为了加重集成电路产业的发展，国家于1982年成立了电子计算机和大规模集成电路领导小组，先后由万里、李鹏等任组长。1983年，领导小组提出了“治散治乱”的工作方针和“建立南北两个基地和一个点”的发展战略，南方基地主要指上海，江苏和浙江，北方基地主要指北京，天津和沈阳，一个点指西安，发展航天配套。

加速期（1988年至今）：从1988年开始，我国集成电路产业进入了高速发展期。1986年，我国诞生了第一家无晶圆设计公司——北京集成电路设计中心。1997年，华润上华有限公司在无锡成立，成为我国首家开放式的代工厂。1998年908主体华晶项目进行了验收，标志了我国集成电路加工工艺进入亚微米领域，1999年上海华虹NEC电子有限公司建成投产，标志着我国拥有了深亚微米超大规模集成电路芯片生产线。2000年以后，以中芯国际为代表的一大批集成电路企业的建立，其中包括中芯国际、宏力半导体、成都成芯、武汉新芯、和舰科技、松江台积电，重庆茂德、吉林华微、杭州士兰等，我国的集成电路产业开始踏上国际化的征程，和国际先进制造水平的差距也缩短到1个技术节点，规模也迅速扩大并形成成熟产业链。

索迪——为放射化学、核物理学奠定基础

索迪（Frederick Soddy，1877—1956），19世纪、20世纪之交发生的物理因此而

生长出一批富有活力的新学科，促成了一系列新技术和新的实验手段的出现，揭开了现代自然科学的序幕，在这场伟大的科技革命中，一些化学家也建立了永载史册的业绩，居里夫人、索迪就是其中的代表。索迪于 1910 年提出了同位素假说，1913 年发现了放射性元素的位移规律，为放射化学、核物理学这两门新学科的建立奠定了重要基础。因此荣获了 1921 年的诺贝尔化学奖。

1877 年 9 月 2 日，索迪生于英国伦敦一个商人家庭。少年时就立志将来作一位有成就的科学家，为此，从小学到大学他都努力学习，学习成绩年年优秀，还曾多次获得奖学金，1898 年，他以荣获一级荣誉学位的优异成绩毕业于牛津大学。

1899 年，英国化学家克鲁克斯在分离铀矿物过程中，发现一部分铀具有放射性，另一部分铀却无放射性。其他一些科学家也发现了这一现象。同时还发现，钍、镭等放射性元素不仅能产生具有放射性的物质，而且还能使与它有接触的物质也产生放射性。这种放射性还会随着时间流逝而减弱，最后会消失。这些奇异的、当时无法解释的现象引起了当时正在加拿大蒙特利尔大学任实验物理学教授的卢瑟福的极大兴趣。他决定开展这一课题的研究，然而他觉得开展这项研究，必须为自己配备一个精通化学的实验助手。正当卢瑟福为自己寻找助手时，恰逢索迪到蒙特利尔大学访问。索迪一眼就被卢瑟福相中。就这样索迪刚出校门不久，就很幸运地成为卢瑟福的助手。事实已证明他们的合作是卓有成效的。

1902 年，卢瑟福、索迪提出元素蜕变假说：放射性是由于原子本身分裂或蜕变为另一种元素的原子而引起的。这与一般的化学反应不同，它不是原子间或分子间的变化，而是原子本身的自发变化，放射出 α、β、γ 射线，变成新的放射性元素。同时他们将这些实验结果和上述假说整理写成论文："放射性的变化"。他们关于元素蜕变的假说一提出来，立即引起物理学界、化学界的强烈反对，因为认为一种元素的原子可以变成另一种元素的原子的观点，打破了长期以来认为元素的原子不能变的传统观念。周围的同事们也纷纷告诫他们，千万要小心，以免愚弄自己。开始时卢瑟福也有点犹豫，但是尊重实验事实的朴素唯物主义思想和科学家的责任感，促使卢瑟福和索迪勇敢地决定，一定要使论文发表。

他们将论文寄到当时在科学界颇有影响的《哲学杂志》时，遭到杂志主编开尔文勋爵的拒绝。开尔文勋爵是英国科学界的泰斗，19 世纪最杰出的物理学家之一。在学术问题上开尔文有一种观点，他认为实验仅是验证理论的一种方法。另外，晚年以思想保守而著称的开尔文实际上是反对元素蜕变理论。卢瑟福和索迪在提出元素蜕变假说时，根据放射性元素在自发地发射射线的同时，还不断地放出能量这一事实，提出了"原子能"的概念。卢瑟福还用这理论说明太阳能和地热的来源，平息了物理学家和地质学家对此的长期争论。开尔文则是物理学家的代表，主张这种能源来自引力收缩。开尔文显然不愿意发表卢瑟福和索迪的论文。在这种情况下，卢瑟福只好赶回剑桥，求助于他的导师汤姆逊。通过实验测定了电子的荷质比，从而证实了电子的存在的汤姆逊，对新的科学发现和理论遭受白眼是很有感触的，因此他毫不迟疑地支持卢瑟福。汤姆逊亲自找到开尔文，向开尔文保证这篇文章由他负责，开尔文

才不得不同意刊登卢瑟福和索迪的论文。

关于元素蜕变假说的论文的发表，引起的轰动是可想而知的。起初，甚至连居里夫人也表示不能轻易相信。门捷列夫则不但自己表示怀疑，还号召其他科学家不要相信。至于开尔文，尽管同意发表了这篇论文，他还是在1906年和1907年英国科学促进协会的两次年会上一再发起挑战，认为镭产生新元素并不能证明原子的蜕变，而可能镭本身就含有该元素的化合物。卢瑟福、索迪、居里夫人都对开尔文进行了反驳，而最有力的反驳莫过于实验事实。在提出元素蜕变假说后，卢瑟福、索迪开始了对放射性元素的进一步深入研究。

1899年卢瑟福曾发现铀和铀的化合物所发出的射线有两种，一种极易被吸收、他命名为α射线：另人种有较强的穿透本领，他称之为β射线。为了探索α、β射线的本质，卢瑟福和索迪利用空气液化机在低温条件下浓缩射气，证明射气是一种气体，这气体与拉姆塞曾发现的惰性气体很相像。继续研究时，他们又发现镭衰变时放出氦离子，于是他们推测α射线就是氦离子流。为了验证这一推测，1903年3月索迪离开了卢瑟福实验室，回到伦敦，和以发现和研究惰性气体闻名于世的拉姆塞合作，研究镭所放射的气体。不久他们的实验就确认了卢瑟福和索迪的上述推测，α射线就是带正电荷的氦离子流。卢瑟福则证明该射线就是电子流。他们的共同努力，终于揭示了放射线的本质。

根据同位素假说，他们把天然放射性元素归纳为三个放射系列：铀-镭系、钍系、锕系。这不仅解决了数目众多的放射性"新"元素在周期表中的位置问题，而且也说明了它们之间的变化关系。根据位移规则推论，三个放射系列的最终产物都是铅，但各系列产生的铅的原子量却不一样。为了验证同位素假说和位移规则的准确性，1914年美国化学家里查兹完成了此项工作。1919年，英国化学家阿斯顿研制成质谱仪，使人们对同位素有了更清晰的认识。

（来源：科技世界网，2016）

第二节　原子能技术的利用

随着射线的发现，用实验的方式研究原子的结构变为现实。其中，循踪被发射粒子的实验方法发现当被发射粒子和原子相撞时，粒子轨道的偏离程度有时远比预期的大，会产生原子力，而核动力即是基于这种简单的原子模型发展起来的。

第二次世界大战促使原子能在实践中的运用，尤其是第二次世界大战末期，美国在日本广岛和长崎分别投下了两颗原子弹，其强大的破坏力使人为之震惊之余，人类也开始反思和平时期到来后，能否将原子能所蕴含的巨大能量造福人类。20世纪初至今，铀浓缩技术、反应堆、商业发电技术、核武器技术称为原子能利用的四种主要方式。

一、铀浓缩技术

铀是自然界中一种稀有化学元素，具有放射性。天然矿石中铀的三种同位素共生，其中作为核燃料的铀-235 的含量非常低，只有约 0.7%。为了能够最大限度地提取铀-235，铀浓缩技术随之产生。

铀浓缩，顾名思义，是指通过技术手段从天然铀中分离出浓缩铀，提高铀-235 铀同位素的丰度。根据国际原子能机构的定义，按照铀-235 含量的不同，可以分为低浓缩铀（铀-235 的丰度为 0.7%～20%）和高浓缩铀（铀-235 的丰度大于 20%）。铀-235 丰度高于 90%的铀称为武器级高浓缩铀。随着科技的发展，以及核能在人类生活中作用的增强，20 世纪以来，铀浓缩技术也取得了很大的突破。

1919 年，林德曼（Lindemann）和阿斯顿（Aston）已提出用离心法来分离同位素。1939 年，美国海军资助弗吉尼亚大学用离心分离法来浓缩铀。当曼哈顿计划形成时，对这种方法仍寄以很大的希望，甚至在 1942 年橡树岭厂址被选定后，对于究竟是建造离心分离工厂还是气体扩散工厂也还有疑虑。但是，鉴于建造材料和可用技术方面的原因，这一技术被搁置。

1940 年，美国国家标准局开始了热扩散工艺的研究，目的是获得浓缩铀燃料，推进潜艇的动力反应堆之需，并在橡树岭建造了工厂，投入实际使用，该方法应当是最早用于实际使用的铀浓缩技术，但是由于耗费时间长，效率低，第二次世界大战之后就被抛弃。

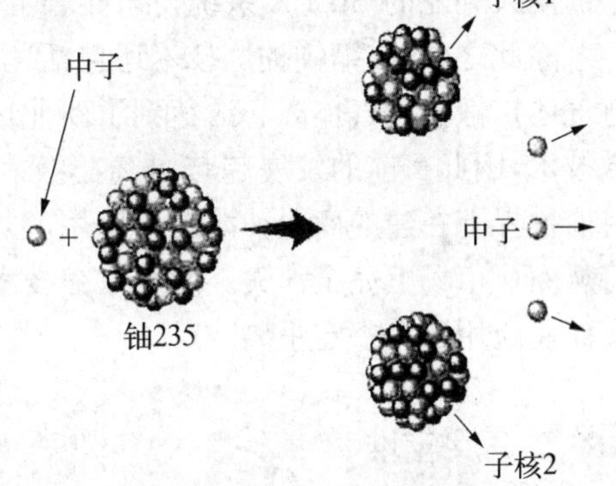

图 6.3 铀-235 裂变示意图
（摘自：江门市科学技术协会网站）

20 世纪 40 年代初，美国在曼哈顿计划中最早使用了电磁同位素分离技术，以分离出武器高级铀，用于原子弹的制造，但是由于其能耗巨大，相当于稍晚出现的气体扩散技术的十倍，因此这种方法随即被放弃。此后，有两种气体动力学技术曾被推进到示范阶段。一种是分离喷嘴技术，在巴西建造了示范厂；另一种是南非开发的 Helikon 涡流管技术。法国的 Chemex 法利用这两种同位素在发生氧化/还原反应过程中的微小差别来进行同位素分离。但是，以上几种分离浓缩铀的方式都是二战时期为制造原子弹而采取的权宜之计，二战技术后，与以上技术有关的工厂被全部关闭，唯一留下的是气体分散技术。

气体分散技术在战后被长期运用于商业浓铀缩活动中，此后这项技术在俄罗斯、英国、法国、中国和阿根廷得到使用。目前只有美国和法国仍在大规模使用这一技术。在法国南部的特里卡斯坦，自 1979 年以来一直在运行着一座浓缩能力为 10 800 吨分离功（tSWU/a）的气体扩散厂。目前气体扩散技术占世界总浓缩能力的大约 40%。然而，它由于其能耗高，而且大多数气体扩散工厂目前已接近其设计使用寿命，离心分离技术逐渐后来居上。

目前有很多国家在采用离心分离技术进行浓缩铀的提炼。美国在20世纪40年代初就在实验室利用气体离心技术对铀同位素进行了分离。但是,由于气体扩散技术的开发更为容易,因此美国在曼哈顿计划中选择开发气体扩散技术,而将离心分离技术暂时搁置。到20世纪60年代,美国将离心分离技术作为第二代浓缩技术加以开发和利用。离心分离技术在20世纪末逐渐取代了气体扩散技术,成为许多国家提炼浓缩铀的主要方式。

激光浓缩技术一度成为人们关注的焦点,它比离心分离技术耗能更低,能够大幅度降低建设费用和尾料丰度上。原子蒸汽激光同位素分离法于20世纪70年代开始研发。1985年,美国政府支持将该技术作为新技术来取代将于21世纪初达到其经济寿命的气体扩散工厂。然而,在投入了巨额研发费进行研发后,美国放弃了这项技术,而改为支持澳大利亚的SILEX(激光同位素分离)铀浓缩技术。法国曾为证明AVLIS的科学技术可行性开展了4年(到2003年)研发工作,但目前已停止了这方面工作。采用这种技术生产出了大约200 kg的2.5%浓缩铀。目前尚在研究的激光浓缩技术是SILEX。SILEX是澳大利亚开发的一种利用UF6的分子工艺。USEC在1996年参与这项技术的研究,但在2003年放弃。2006年,美国通用电气公司(GE)与持有该项技术的澳大利亚的SILEX系统公司签署了合作协议,双方将共同进行这项技术的开发。

除此之外,浓缩铀提炼技术还包括化学分离法、等离子体分离法等,但迄今为止,只有气体扩散法和气体离心法达到了商业成熟程度,由于离心技术的能耗远低于气体扩散技术,因此目前的发展趋势是离心技术将逐渐取代气体扩散技术在市场中的地位。目前世界上在建的商业铀浓缩厂使用的均是离心技术。在不远的未来,气体扩散技术将从商业市场上完全消失。激光浓缩技术目前仍处于研究阶段,只是一种未来技术,距离商业应用还有一定距离。

二、反应堆

反应堆,又称为原子能反应堆或反应堆,是能维持可控自持链式核裂变反应,以实现核能利用的装置。核反应堆通过合理布置核燃料,使得在无须补加中子源的条件下能在其中发生自持链式核裂变过程。核反应堆根据燃料类型分为天然铀堆、浓缩铀堆、钍堆;根据中子能量分为快中子堆和热中子堆;根据冷却剂(载热剂)材料分为水冷堆、气冷堆、有机液冷堆、液态金属冷堆;根据慢化剂分为石墨堆、水冷堆、有机堆、熔盐堆、钠冷堆;根据中子通量分为高通量堆和一般能量堆;根据热工状态分为沸腾堆、非沸腾堆、压水堆;根据运行方式分为脉冲堆和稳态堆等等。反应堆作为有效利用原子能的方式,是20世纪新能源领域最为激动人心的发明,虽然最初用于军事目的,但是和平年代为民用能源领域的发展做出了不可磨灭的贡献。

1. 早期反应堆的发展

早在1929年,科克罗夫特(Sir John Douglas Cockcroft, 1897—1967年)就利用质子成功地实现了原子核的变换。但是,用质子引起核反应需要消耗非常多的能量,使质子和目标的原子核碰撞命中的机会也非常之少。1938年,德国人奥托·哈恩(O.

Ottohahn，1879—1968 年）等人成功地使中子和铀原子发生了碰撞。这项实验有着非常重大的意义，它不仅使铀原子简单地发生了分裂，而且裂变后总的质量减少，同时放出能量。尤其重要的是铀原子裂变时，除裂变碎片之外还射出 2～3 个中子，这个中子又可以引起下一个铀原子的裂变，从而发生连锁反应。这为核反应堆的实现提供了前提。

1942 年 12 月 2 日曼哈顿计划期间，费米的研究组人员全体集合在美国芝加哥大学 Stagger Field 的一个巨大石墨型反应堆前面。这时由费米发出信号，紧接着从那座埋没在石墨之间的 7 吨铀燃料构成的巨大反应堆里，控制棒缓慢地被拔了出来，随着计数器发出了咔嚓咔嚓的响声，到控制棒上升到一定程度，计数器的声音响成了一片，这说明连锁反应开始了。这是人类第一次释放并控制了原子能的时刻，这个反应堆被命名为“芝加哥一号堆”（Chicago Pile-1）。但是，芝加哥一号只算是实验性的反应堆，直到 1944 年，制造结合型铀块的难题解决后，美国杜邦公司投入制造的反应堆才发出了第一度电，标志着应用型反应堆的出现，但由于并没有发现一种短寿命的核裂变产物氙，使得这座反应堆很快被关闭。

图 6.4　“芝加哥一号”反应堆

（摘自网络）

1947 年，加拿大乔克里弗地区建成了两座研究型反应堆，保持了未来十年世界最佳普适研究反应堆地位。此后在此基础上建立的 CANDU 工业反应堆使用重水作为减速机和冷却剂，能够高效利用铀浓缩燃料，在加拿大获取了巨大成功，并成功实现商业化，出售给了一些发展中国家。

冷战爆发后，美苏两国在所有领域展开了竞争，其中，原子能领域的竞争尤为瞩目。在应用型反应堆领域，前苏联在战后走在了前列。第二次世界大战结束后，苏联已经对反应堆做了大量的基础性研究。1949 年，前苏联试验了第一颗原子弹，说明前苏联拥有核反应堆不晚于 1948 年。1949 年，前苏联开始设计建造一个 5 兆瓦试验性动力生产发电反应堆，到 1954 年正式投入使用，世界上第一座原子能发电站，利用浓缩铀作燃料，采用石墨水冷堆，电输出功率为 5 000 千瓦。1955 年 9 月，前苏联宣布一个 100 兆瓦原子能发电站投入运营，标志着前苏联核能发电在第二次世界大战后开始投入实际应用。同时，前苏联已经开始利用沸水反应堆和增压水反应堆作为船舶动力系统加以使用。

与前苏联几乎同时，英国原子能组织也在设计建造试验性反应堆，目的是为了生产制造原子弹的钚。最初，英国原子能组织希望建立石墨减速或者水冷反应堆，但考虑到环境、居民安全等因素，最后决定建造气冷反应堆，用二氧化碳作为冷却剂。英国原子能组织设计制造的气冷反应堆把反应堆的安全系数提高到了不止一个层次。1956 年英国建成原子能发电站，随后 1959 年美国也建成了一座核电站。整个 20 世纪 50 年代，前苏联、英国和美国核电站所运用反应堆按照历史年代属于第一代反应堆，以原型堆为核电站的基础，规模较小，基本上处于试验阶段，而且都无法避免使用减速剂，限制了在实际生活中的大规模运用，随着快速反应堆的出现，这一技术难题得到解决。

在美国、加拿大、英国和前苏联科学家的共同努力下，20 世纪 50 年代实验性反应堆开始得到改进，其标志是快速反应堆的发明。快速反应堆又称快中子反应堆或者快速增殖反应堆。很早时候物理学家就已经发现快中子反应堆是从核裂变中产生动力的理想方法。科学家发现如果使用一块纯裂变物质，比如钚、铀-235 作为燃料，就可以不必为减慢中子速度而是用减速剂。所有发射出的中子都可以进一步裂变，或者从铀-238之类的"肥沃"物质中增殖出裂变原子，这样产生出的裂变原子数多于被破坏的裂变原子数。

1951 年英国的哈维尔-里斯利研究小组在快速反应堆研制过程中发现，冷却 100～200 兆瓦的热量需要使用液态金属作为冷却剂，其中钠可以作为冷却剂，但是常温下钠容易固化，最后选用了钠钾合金。由于制作陶瓷氧化铀燃料源尚未问世，因此采用的是低熔点的金属燃料，但是风险也较大。由于中子辐射会使液态金属冷却剂具有放射性，在出现泄漏的情况下，液态金属会和水发生剧烈反应，所以应当有一个"双层墙"将液态金属和最后的冷却水隔开。由于离心泵尚未研制出来，哈维尔小组用电磁泵来代替。1955 年，英国建设了敦雷试验反应堆，经过将近四年的试验才找出了快速反应堆控制的方法和研制燃料元的简便办法，直到 1976 年才设计出一个 250 兆瓦发电原型反应堆。不过在此之前一个 25 万千瓦的快速反应堆已经投入运行。

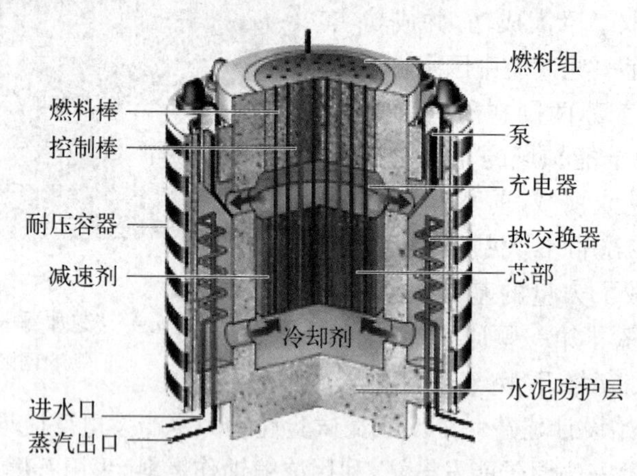

图 6.5　热中子增殖堆容器剖面图

(摘自中科院物理研究所)

2. 轻水型反应堆的发展

轻水堆就堆内载出核裂变热能的方式可分为压水堆和沸水堆两种，是目前国际上多数核电站所采用的两种堆型。

在经历了核能发展的低潮后，美国能源部和核管会的支持和合作下，美国电力公司业界下属的电力研究所(EPRI)从 1985 年开始了一项旨在现有轻水堆基础上搞一个先进轻水堆的计划。这个计划规定将于 1989 年首先产生一个"技术要求文件"，涉及基本设计、性能、核电站主体和主要系统的运行要求。计划中两台大型(125万至135万千瓦级)和一台中型(60万千瓦级)先进轻水堆将分别于90年代初期和中期获得许可证。然后由于20世纪90年代后期克林顿政府实施核不扩散政策,导致该项研究最终中断。回收废燃料是此类速反应堆的核心,它的反应器仅会产生一小部分废物。

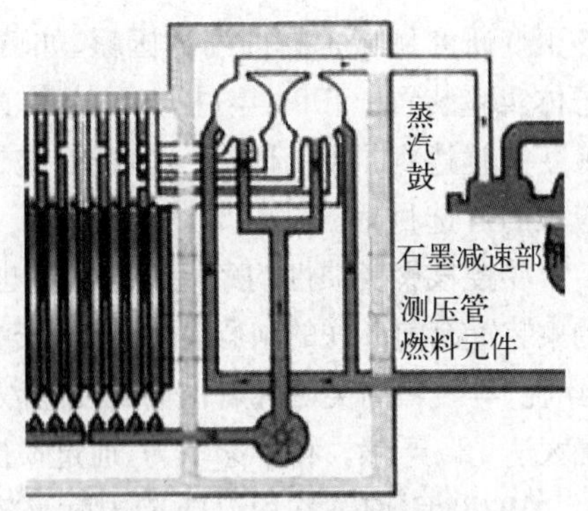

图6.6 轻水反应堆结构图
(摘自网络)

1980年代后期日本从美国引进反应堆技术,积极与美国合作进行先进轻水堆研究开发工作。日立、东芝、东京电力与奇异在先进沸水堆方面合作,三菱重工、关西电力与西屋在先进压水堆方面合作,此外,关西电力也参加EPRI计划。1996年后,日本开始设计制造第三代核反应堆,其特点是更为安全节能、设计更为简单。在美国,联邦能源部(DOE)和商业核工业部在90年代制定了四项先进反应堆的设计规范。美国核管理委员会(NRC)在1997年5月最终认证了其中的两种轻水反应堆设计,并规定其发电量应在1 300兆瓦内。同时,日本日立和东芝公司也成功地制造出了一个先进的沸水堆。

美国能源部核能科学技术办公室组织政府、工厂和世界范围内的一些研究机构,就下一代核能系统(即“第四代”,Generation IV)的开发进行了广泛的讨论,并组织成立了一个获得政府认可的、从事第四代核能系统研究开发的正式的国际合作组织,即第四代国际论坛(Generation IV International Forum,简称GIF),其成员国包括阿根廷、巴西、加拿大、法国、日本、韩国、南非、瑞士、英国和美国,所有这些国家都参加签署了GIF章程。GIF章程建立了一个国际间合作研究开发第四代核能系统的框架,并且还指出,第四代核能系统在经济性、安全性和可靠性、可持续性、防止核扩散等方面应具有显著的优势,并且可以在2030年以前投入商业应用。

3. 受控热核巨变技术

1950年以前,英国、美国、前苏联已秘密开始了受控聚变的研究。1950—1951年,上述三国的科学家都同时用氘气进行直线箍缩和环状箍缩的实验,实现了等离子体的磁绝热。1950年,前苏联科学家提出利用磁场和电流的相互作用去约束等离子体的主张,在此思想基础上,于1952年发明了闭端式磁系统托卡马克装置。同年,前苏联物理学家提出磁镜装置原理,美国科学家也单独设计了磁镜装置,建成了把环形容器扭曲成8字形以仿照星体中发生聚变反应的仿星器。

1960年代末,前苏联科学家的研究使托卡马克装置T-3内得以把约一千万摄氏度高温的等离子体约束数毫秒,被认为是等离子体磁捕集器中最有前途的一种。美国、日本和欧洲国家也转向对应用托卡马克系统的研究,主要注重对环状等离子体在各种条件下的基本参量的研究。经过各国科学家的努力,各类受控热核聚变研究装置逐渐接近热核聚变所要求的临界条件。

1980年代,科学家对托卡马克装置上发生的种种现象实质加深了理解,在受控热

核聚变研究领域走在前列的国家，如英国、美国、日本和前苏联建成了一系列临界等离子体实验装置。1994年，托卡马克装置的研究出现突破，该装置进行的一次所产生的聚变能就达到了64千焦。这表明，这种类型的装置极有可能成为未来受控热核电站反应堆的首选目标。

受控核聚变惯性约束聚变的研究也在紧锣密鼓地进行着。80年代投入运转的惯性约束装置有前苏联的向心爆炸装置"安卡拉-5"和"海豚-1"激光器，以及美国的激光装置"诺瓦"等。目前美国拥有世界最强的激光器——利弗莫尔实验室的"诺瓦"，其输出功率最大达125千焦。科学家认为，通过惯性约束受控聚变去获取电能的前景也十分乐观。

1978年，前苏联倡议建造国际环室1NTOR国际托卡马克反应堆的方案(其大半径5.2米，小半径1.4米，等离子体中电流6.4兆安)。为此，在维也纳成立了由欧共体、前苏联、美国和日本的专家组成的工作小组。1988年，工作小组开始设计国际热核实验反应堆ITER，并与1990年12月完成了ITER的概念设计。

三、商业发电技术

和平年代核反应堆主要用于发电，反应堆的出现是发电技术历史上的一次伟大的革新。

1. 试验、起步阶段(1951—1968年)

20世纪50年代和60年代是核能用于发电的试验和选型阶段。1954年6月，前苏联建成世界上第一座核电机组——5 000千瓦石墨水冷堆奥布宁斯克核电站。美国于1956年投入运行了第一台核电机组，电功率为4 500千瓦的沸水堆机组，1957年12月建成了希平港(Shipping Port)压水堆核电站，1960年7月建成了德累斯顿(Dresden-1)沸水堆核电站。法国和英国在1956年也各建成一台石墨气冷堆机组。到了20世纪60年代，德国、日本、加拿大等国的核电工业相继发展起来，总装机1 223万千瓦，最大单机容量60.8万千瓦。此时，发电成本已经低于常规火电站。例如，加拿大于1962年

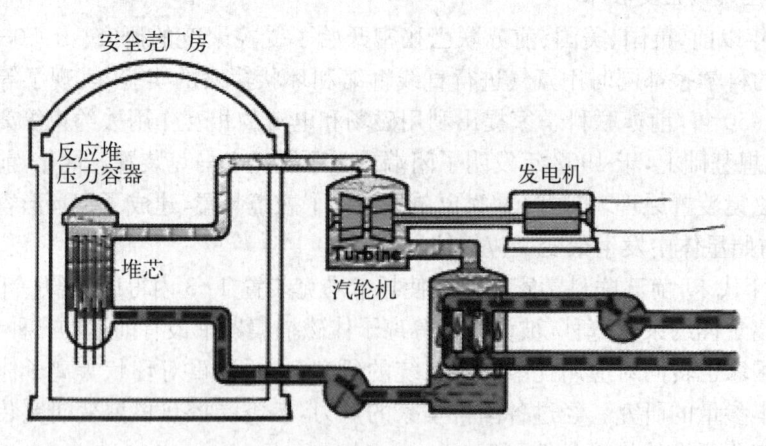

图6.7　沸水堆核电站工作原理图

(摘自国家重大技术装备网)

建成NPD天然铀重水堆核电厂，采用天然铀燃料，用重水作为慢化剂和冷却剂。这些核电厂显示出比较成熟的技术和低廉的发电成本，为核电的商用推广打下了基础。

2. 迅速发展阶段(1969—1979年)

美国经过充分试验后认为轻水堆核电经济性是可以实现的，导致了世界范围内核电厂建设的第一个高潮，1967年核电厂订货达到25.6 GW；从1969年开始，美国核电总装机容量超过英国，居世界第一位，1973年美国核电总装机容量占世界的2/3。1973年世界第一位石油危机后，为摆脱对中东石油的依赖，形成了第二个核电厂建设高潮。1973、1974两年，共订货66.9 GW，核电设备制造能力达到每年25～30 GW。美国还通过出口轻水堆技术和开放分离功市场，使轻水堆成为世界核电厂建设的主导堆型。

这一阶段核电技术趋于成熟，拥有核电站的国家逐年增多。特别是1973—1974年的石油危机，将世界核电的发展推向高潮。1970—1982年，美国的核电从218亿度增加到3 000亿度，增加了12.8倍，其比例在电力生产中从1.3%提高到16%；法国核电增加了20.4倍，比例从3.7%增加到40%以上；日本增加了21.8倍，比例从1.3%增加到20%。印度、巴西、阿根廷、哈萨克斯坦等发展中国家也建成了一批核电站。

60年代末70年代初，各工业发达国家的经济处于上升时期，电力需求以十年翻了一番的速度迅速增长。各国出于对化石燃料资源供应的担心，寄希望于核电。美、苏、英、法等国都制订了庞大的核电发展计划。后起的联邦德国和日本，也挤进了发展核电的行列。一些发展中国家，哈萨克斯坦是世界上第一个商业原型快中子反应堆(BN-350)开始于1972年，生产120兆瓦的电力和热力的淡化海水里海。其他发展中国家如印度、阿根廷、巴西等，则以购买成套设备的方式开始进行核电厂建设。

在核电大发展的形势下，美、英、法、联邦德国等国还积极开发了快中子增殖堆和高温气冷堆，建成一批实验堆和原型堆。

3. 发展缓慢阶段(1980—2000年)

进入20世纪80年代以后，各国采取大力节约能源以及能源结构调整的措施，世界经济特别是发达国家的经济增长缓慢，因而对电力需求增长不快甚至下降。核电发展遇到重重困难。1979年3月，美国发生了三里岛核电厂事故，虽然未造成人身伤亡，却对世界核电发展产生了重大影响，特别是公众对核安全的疑虑难以消除。1986年4月，前苏联又发生了切尔诺贝利核电厂事故，影响更为深远。这两次大的核电事故使有些人对核电产生了恐惧心理，形成了反对建核电站的一股强大势力。在这种情况下，公众和政府对核电的安全性要求不断提高，致使核电设计更复杂、政府审批时间加长、建造周期加长、建设成木上升，以致核电的经济竞争性下降。1978—1983年，单美国就取消了67座核电站的订货，净减少发电能力约7 800万千瓦；另一些国家如瑞典、奥地利、荷兰、意大利等国放慢了甚至停止发展核电，前苏联也做出了不再建造石墨水冷堆核电厂的决定。

为保证核电的安全性，美国在三里岛事故后所采取的提高安全性的措施，使核电厂建设工期拖长，投资增加，核电厂的经济竞争力下降，特别是投资风险的不确定性阻滞了核电的继续发展。

小故事

灾民之问——我们何时才能归家？

强震和海啸已经过去了5年，但截至今年2月，福岛县仍有约9.9万人疏散在外，只能住在临时安置房中，难以回归故土，同时也难以走向新生。这种漫长的等待正摧折着灾民的精神。2011年7月，58岁的灾民渡边滨子在避难的公寓中自杀身亡，2014年，68岁的灾民大场京子怀抱爱犬投海自尽。她们之所以选择轻生，“对看不到未来的避难生活绝望”是重要因素。2011年以来，每年都有诸多地震海啸的幸存者，在避难途中选择结束自己的生命。

《日本中文导报》称，地震海啸没有能够夺走的生命，却在灾后日本政府的慢动作中，丝丝缕缕饱受折磨。灾民何时才能回家？日媒采访了岩手、宫城、福岛3县的安置部门，了解到所有灾民撤出临时安置房的时间，估计最快也要到2021年3月，即灾后第10年。这意味着，等待还将继续。而即使重建最终完成，曾经的故土也不再相同。核辐射的阴影挥之不去，居民的健康问题，即使并未确证与辐射有关，也无法阻止人们心生猜测；而2万生命在这里逝去，更是巨大的精神压力。福岛县知事内堀雅雄称，“人们失去了基本的生活”。

（摘自：中国新闻网）

从20世纪80年代末到90年代初开始，各核工业发达国家积极为核电的复苏而努力，着手制订以更安全、更经济为目标的设计标准规范。美国率先制订了先进轻水堆的电力公司要求文件(Utility Requirements Document, URD)，同时理顺核电厂安全审批程序。西欧国家制订了欧洲的电力公司要求文件(EUR)，日本、韩国也在制订类似的文件(分别为JURD和KURD)。这些文件的基本思想和原则都是一致的。各核电设备供应厂商通用电气按URD的要求进行了更安全、更经济轻水堆型的开发研究，美国通用电气公司同日本东芝公司、日立公司联合开发了改良型沸水堆ABWR，美国ABB-CE开发了改良型压水堆系统80＋，美国西屋公司开发了非能动安全型压水堆AP-600，法国法马通公司和德国西门子公司联合开发了改良型欧洲压水堆EPR等，其中ABWR、系统80＋和AP-600已获得美国核监管委员会(USNRC)的最终设计批准书(final design approval, FDA)，并有两台ABWR机组在日本建成投产，运行情况良好。另有四台ABWR机组正分别在日本(两台)和中国台湾(两台)建造。与此同时，一些发展中国家也继续坚持发展核电。中国大陆在90年代初建成三台机组，目前在建的有8台。中国还在帮助巴基斯坦建造300兆瓦的恰希马压水堆核电厂。此外，印度、巴西、伊朗等国也在建设核电厂。1998年底在建的36台核电机组中大部分属于发展中国家。

4. 复苏阶段(21世纪以来)

进入21世纪，由于核电安全技术的快速发展，高涨的天然气和煤炭价格使得核电显得便宜以及燃烧化石能源导致的严重环境污染和气候变暖现实，许多国家都将核能列入各国中长期能源政策中。欧共体发表了关于能源供应安全的绿皮书，并重申必须依靠核能减少温室气体排放；美国表示将考虑建造新核电厂并放弃不后处理乏燃料的卡特理论。一些亚洲国家如日本、中国和韩国都制定了重大的核计划。一些欧洲国家也在继续实施核计划或重新考虑核问题，如目前芬兰正在建设一座新的核电站，这是自1991年以来，在欧洲是首例。瑞典曾于1980年决定逐步放弃核能，但现已决定推迟关闭核反应堆，民意测验表明大部分瑞典人赞成继续实施核电计划。

5. 中国的核电发展

中国为了打破超级大国的核垄断，保卫世界和平，从50年代后期即着手发展核武器，并很快掌握了原子弹、氢弹和核潜艇技术。中国掌握的石墨水冷生产堆和潜艇压水动力堆技术为中国核电的发展奠定了基础。80年代初期，中国政府制订了发展核电的技术路线和技术政策，决定发展压水堆核电厂。采用“以我为主，中外合作”的方针，引进外国先进技术，逐步实现设计自主化和设备国产化。

图6.8　大亚湾核电站

（摘自：北极星电力网）

自主设计建造的秦山核电厂300兆瓦压水堆核电机组，于1991年底并网发电，1994年4月投入商业运行。同香港合资，从外国进口成套设备建造的广东大亚湾核电厂，两台930兆瓦压水堆机组，分别于1994年2月1日和5月4日投入商业运行。

目前正在建设4座核电厂8台机组。秦山二期核电厂两台600兆瓦压水堆机组按自主设计、自主管理方式建设。岭澳核电厂两台1 000兆瓦压水堆机组按大亚湾核电厂方式建设，改为完全由中方自主管理，请外商当顾问，提高了设备国产化的比例。秦

山三期核电厂两台700兆瓦坎杜型重水堆机组由加拿大原子能公司按交钥匙方式总承包建设。田湾核电厂两台WWER-1000(V-428型)压水堆机组从俄罗斯进口成套设备。以上各机组计划于2003—2005年建成。

中国台湾现有三座核电厂6台机组,其中4台是沸水堆,2台是压水堆,总装机容量为4 884兆瓦,都是引进美国技术建造的。正在建设的第四座核电厂,两台机组都采用美国通用电气公司同日本东芝、日立公司联合开发的先进沸水堆(ABWR),装机容量为1 300兆瓦。

四、核武器

利用能自持进行的原子核裂变或聚变反应瞬时释放的巨大能量,产生爆炸作用,并具有大规模毁伤破坏效应的武器,主要包括裂变武器(第一代核武器,通常称为原子弹)和聚变武器(亦称为氢弹,分为两级和三级式)。核武器也叫核子武器或原子武器。

核武器的出现,是20世纪40年代前后科学技术重大发展的结果。1939年初,德国化学家发表了铀原子核裂变现象的论文。几个星期内,许多国家的科学家验证了这一发现,并进一步提出有可能创造这种裂变反应自持进行的条件,从而开辟了利用这一新能源为人类创造财富的广阔前景。但是,同历史上许多科学技术新发现一样,核能的开发也被首先用于军事目的,即制造威力巨大的原子弹。从1939年起,由于法西斯德国扩大侵略战争,欧洲许多国家开展科研工作日益困难。同年9月初,丹麦物理学家从理论上阐述了核裂变反应过程,并指出能引起这一反应的最好元素是同位素铀-235。1940年夏移居英国的法国物理学家J·F·约里奥·居里与以英国物理学家J·查德威克为首的科学家小组,赴美国参加由理论物理学家J·R·奥本海默领导的原子弹研制工作。1939年8月,美国著名科学家爱因斯坦写信给罗斯福总统建议研制原子弹。他的建议当即得到美国政府的重视。1942年8月,美国政府正式启动名为“曼哈顿工程”的核弹研制计划,动用了60万名工程技术人员,耗资200亿美元,经过历时3年的努力,终于在第二次世界大战结束前研制出了3枚原子弹。

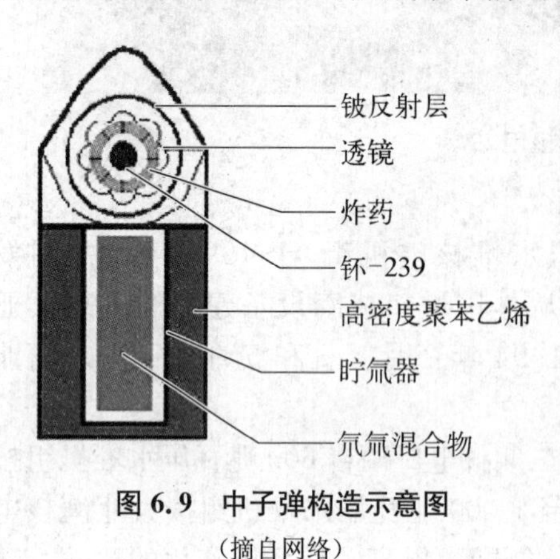

图6.9　中子弹构造示意图
(摘自网络)

美国是世界上第一个拥有核武器的国家,也是迄今为止唯一使用过核武器的国家。美国于1945年研制出的3枚原子弹分别被命名为“大男孩”“小男孩”和“胖子”。“大男孩”是一枚钚弹,重约5吨,当量为1.9万吨TNT;“小男孩”是一枚铀弹,重5吨,当量为1.4万吨TNT;“胖子”是一枚钚弹,重4.54吨,当量为2万吨TNT,其中两颗分别于1945年8月6日和9日投掷在日本的广岛和长崎,给这两座城市带来了空前惨烈的毁灭性灾难。1954年3月1日美国试爆了氢弹,1963年美国又宣布研制成功了“中子弹”。

在美国研制原子弹的同时，英国、法国和德国也在从事核弹的研制工作，但因这些国家受第二次世界大战的严重战争影响，而未能在第二次世界大战结束前完成原子弹的研制工作。

前苏联物理学家赫廖罗夫和佩特扎克也发现了铀原子核的自发裂变现象。1941 年卫国战争爆发后，这一工作被迫中断。1943 年初，前苏联的核武器研制工作得到了全面的恢复。1945 年第二次世界大战结束时，前苏联也基本上掌握了原子弹的研制和生产技术。1946 年，前苏联拨款 50 亿卢布用于核武器的研究工作，并建立了第一座原子能反应堆。1949 年 8 月 29 日，前苏联在阿拉尔海附近的哈萨克试验场爆炸了第一颗试验性原子装置，从而打破了美国的核垄断地位。1953 年 8 月 12 日，前苏联又进行了以固态氘化锂-6 为热核燃料的第一颗氢弹试验。1952 年 5 月 15 日，英国在澳大利亚蒙特贝洛岛进行了首次原子弹试验。1957 年 5 月 15 日，在太平洋圣诞岛进行的首次热核试验则表明英国也掌握了氢弹的生产技术。

作为另一个西方大国的法国，在核武器研制方面也不甘落后，继 1960 年 2 月 13 日试爆了第一枚原子弹后，1968 年 8 月 24 日又试爆了第一枚氢弹。其后又进行了中子弹的试验。

为了打破世界大国的核垄断（新中国成立初期西方曾 4 次用核武器威胁我国），1964 年 10 月 16 日，我国在罗布泊成功地爆炸了第一枚原子弹，同时我国政府明确宣布中国研制核武器完全是出于自卫，并公开承诺中国不首先使用核武器，不对无核国家使用核武器，最终目标是全面销毁核武器。随后，我国又进行了数次核试验。1967 年 6

图 6.10　中国第一颗原子弹

（摘自网络）

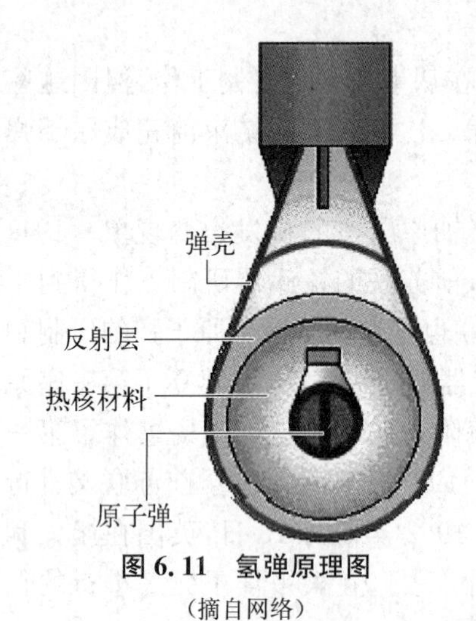

图 6.11　氢弹原理图
（摘自网络）

月 17 日，我国的第一颗氢弹爆炸成功。1969 年 9 月 23 日，中国首次进行地下核试验爆炸和坑道自封闭技术获得成功。这是中国首次进行的地下核试验。1978 年 10 月 14 日，中国首次竖井核爆炸试验成功。中国所进行的各次核试验都是在周密的安全防护下进行的，没有造成任何放射性伤害。1996 年 7 月 30 日，中国政府宣布从即日起，中国开始暂停核试验。同年 9 月 24 日，中国等 16 个国家在纽约联合国总部首批签署了全面禁止核试验条约。

为了获得强大的核威慑力量，不少国家投入了大量人力、物力和财力进行核武器的研制工作，其中更直接地投入则是为了研制核武器而进行的各种类型的核试验。对于非核国家或核武器技术不够先进的国家来说，核试验往往是检验其核武器成功与否的必要途径。

阅读材料

美国第一颗原子弹爆炸秘闻

根据美国国家记载的有关历史资料，对这次原子弹爆炸后所观察到的景观有具体的描述：这颗原子弹爆炸第一时间留给人们的第一印象是极为强烈的闪光，在半径 32 公里的地区范围内，它的亮光相当于有几个中午时的太阳。紧接着，天空形成了一个巨大的火球，形如一个大太阳，但它的颜色在不断地变化，五彩缤纷，有金色、紫色、紫罗兰色、灰色和蓝色的，持续的时间有十几秒钟。这个大火球，照亮了附近山脉的每一个山峰、山谷和山的脊背，那种呈现在人们眼前的明亮和美丽，只能是意会，而无法用言语来表达。

随后，这个明亮的大火球自我转变成一个蘑菇云状的云体，逐步往天空上升直到空中的 3 050 米的高度，火球才自己熄灭。接着，天空形成了一个巨大的云团，极其汹涌澎湃地往天空冲去，此时的高度距地面已有 10 980 米，这时形成的云团聚集着可怕玻璃的后面，观看到刚才所发生的这一切离奇变幻的景观。他事后说，如果不用肉眼来看一看这美丽又独特的景观，这一辈子将会永远后悔。后来，人们把费曼称之为世界上第一个用肉眼直接看到原子弹爆炸的人。

1945 年 7 月 16 日，爆炸发生前，有名妇女开车前去新墨西哥州，当她到达该州时大约是凌晨 5 点多。随后不久，她突然看到远处天空发生了极为不寻常的变化，大惊失色的她随即停下车，这名妇女又重复描述刚才看到的一切，不大一会附近的居民都跑出来了，有的说刚才感觉到窗子外面确实像太阳一样在发亮，并有轰轰隆隆的震动之声。一传十，十传百，居民对这种现象感到不解和不安起来，最后新墨西哥州的城镇居民发生了骚动。

在新墨西哥州许多城市担任警卫监视群众的警察，和散布在群众中的秘密警察，都闻讯行动起来，一再说这是正常现象，不会发生什么天灾，不要不安，不要紧张害怕。但是，警察说归说，居民对出现的反常现象仍得不到明确可信的解答，虽然骚动好了一点但心中还是忐忑不安，疑团仍没有解决。

为了保住这次原子弹爆炸的机密，核试验之前由阿拉莫果尔多基地司令部草拟了一份公报，这份公报公布该基地发生了一次军火仓库大爆炸。原子弹爆炸后，由美联社向外界公开发表出去。

这个谎称军火仓库发生大爆炸的声明发表以后，当地居民大都信以为真，原来忐忑不安的心情有所好转，平静了下来。但是，事情并没有到此结束。因为这次原子弹爆炸所释放出的能量特别巨大，有1.9万吨梯恩梯当量，爆炸时发出的闪光远在290公里以外的地方均能清清楚楚地看见，发出的爆炸声音远在160公里的地方都可以听到，在更远的地方，290公里之外的新墨西哥州锡尔弗城的玻璃窗都被震破了。加上新墨西哥州埃尔帕的一家报纸，因不了解真相，未经请示居然以通栏头号大标题报道了爆炸的消息，并将看到的奇怪而独特的景观全部描绘出来。因此，全墨西哥州城镇的居民又一次引起了不安。这次地区当局除了重复是仓库军火大爆炸的声明，就是保持沉默，或者说无可奉告。

（摘自：新华网）

第三节 太阳能技术

从长远来看，以化石能源为主要能源的经济已经无法可持续发展，人们必须及早进行能源消费结构的转型，大力发展包括太阳能、生物质能、水能、风能等各种可再生能源，发展核能和开发利用氢能及燃料电池，大力推行节能降耗技术。采取能源多元化和开源节流等多种措施，实现能源的可持续发展，已成为全球的共识。太阳能正是在这样的背景下发展壮大起来的。

太阳能光伏这个词汇发展到今日，大家已经对它不再陌生。我们通常所说的太阳能发电指的是太阳能光伏发电，简称“光电”。光伏发电是利用半导体界面的光生伏特效应而将光能直接转变为电能的一种技术。这种技术的关键元件是太阳能电池。太阳能电池经过串联后进行封装保护可形成大面积的太阳电池组件，再配合上功率控制器等部件就形成了光伏发电装置。

从1839年法国科学家E. Becquerel发现液体的光生伏特效应（简称光伏现象）算起，太阳能电池已经经过了160多年的漫长的发展历史。从总的发展来看，基础研究和技术进步都起到了积极推进的作用。对太阳电池的实际应用起到决定性作用的是美国贝尔实验室三位科学家关于单晶硅太阳电池的研制成功，在太阳电池发展史上起到里程碑的作用。至今为止，太阳能电池的基本结构和机理没有发生改变。

一、早期太阳能电池的研发

1877年亚当(W. G. Adams)研究了硒(Se)的光伏效应,并制作第一片硒太阳能电池。1883年美国发明家菲利茨(Feliz)描述了第一块硒太阳能电池的原理。1904年,哈尔瓦克斯(Wilhelm Hallwachs, 1859—1922年)发现铜与氧化亚铜(Cu/Cu_2O)结合在一起具有光敏特性;德国物理学家爱因斯坦(Albert Einstein, 1879—1955年)发表关于光电效应的论文。1918年波兰科学家发明生长单晶硅的提拉法工艺,1932年发现硫化镉(CdS)的光伏现象。1933年葛朗达尔(Jalandhar)发表"铜氧化亚铜整流器和光电池"论文。1941年奥尔在硅上发现光伏效应。

1951年生成p-n结,实现制备单晶锗电池。1953年韦恩州立大学完成基于太阳光谱的具有不同带隙宽度的各类材料光电转换效率的第一个理论计算。1954年RCA实验室报道硫化镉的光伏现象。贝尔实验室研究人员报道4.5%效率的单晶硅太阳能电池的发现,几个月后效率达到6%。1955年西部电工开始出售硅光伏技术商业专利,在亚利桑那大学召开国际太阳能会议,Hoffman电子推出效率为2%的商业太阳能电池产品,电池为14毫瓦/片,25美元/片,相当于1 785美元/瓦。1958年美国信号部队制成n/p型单晶硅光伏电池,这种电池抗辐射能力强,这对太空电池很重要;Hoffman电子的单晶硅电池效率达到9%;第一个光伏电池供电的卫星先锋1号发射,光伏电池100 cm^2,0.1 W,为一备用的5兆瓦话筒供电。1959年Hoffman电子实现可商业化单晶硅电池效率达到10%,并通过用网栅电极来显著减少光伏电池串联电阻;卫星探险家6号发射,共用9 600片太阳能电池列阵,每片2 cm^2,共20 W。1960年Hoffman电子实现单晶硅电池效率达到14%。1962年第一个商业通讯卫星Telstar发射,所用的太阳能电池功率14 W。1963年Sharp公司成功生产光伏电池组件;日本在一个灯塔安装242 W光伏电池阵列,在当时是世界最大的光伏电池阵列。1964年宇宙飞船"光轮发射",安装470 W的光伏阵列。

二、太阳能电池技术的日趋成熟

非晶硅薄膜太阳能电池是用非晶硅半导体材料在玻璃、特种塑料、陶瓷、不锈钢等为衬底制备出来的一种目前公认环保性能最好的太阳能电池。1976年,美国RCA实验室的卡罗森等对非晶硅进行研制并首次报道了非晶硅薄膜太阳能电池,引起了全世界的关注。非晶硅薄膜太阳能电池之所以受到人们广泛关注,是因为它有如下优点:质量轻且光吸收系数高,开路电压高,抗辐射性能好,耐高温,制备工艺和设备简单,能耗少,可以淀积在任何衬底上且淀积温度低、时间短,适于大批量生产。

近年来国内外对其的研究主要在于提高光电转换效率和光致稳定性,并得到了一些改进的方法:采用有不同带隙的多结迭层;降低表面光反射。经过这些努力,使得非晶硅薄膜太阳能电池的光致衰减率从30%下降到了15%,同时光电转换效率也得到了一定程度的提高。目前,稳定的单结非晶硅薄膜太阳能电池的光电转换效率最高达到9.5%。

我国对非晶硅薄膜太阳能电池的研究在20世纪80年代中期达到高潮，并取得了一些成果：单结非晶硅薄膜太阳能电池的实验室转换效率分别达到11.4%和6.2%。2000年以双结非晶硅薄膜太阳能电池为重点的硅基薄膜太阳能电池研究被列为国家重点基础研究发展计划973项目。鉴于非晶硅薄膜太阳能电池良好的发展前景，我国将在四川崇州市建全国最大的非晶硅太阳能薄膜生产基地，建成后预计年生产量达30兆瓦。

多晶硅薄膜太阳能电池既具有晶体硅太阳能电池的高效、稳定、无毒(或毒性很小)及材料资源丰富的优势，又具有薄膜太阳能电池省材料、低成本且光照稳定性强等优点，但是实际消耗的硅材料较多。为了节省材料，人们从20世纪70年代中期就开始在廉价衬底上沉积多晶硅薄膜，提出了很多制备多晶硅薄膜太阳能电池的方法，如日本Kaneka公司采用PECVD技术在玻璃衬底上制备出具有pin结构、总厚度约为2 m的多晶硅薄膜太阳能电池，光电转换效率达到了12%。德国噶尔等认为以玻璃为衬底制备出来的多晶硅薄膜光电池具备光电转换效率将达到15%的潜力。日本京工陶瓷公司研制出面积为15 cm×15 cm的光电池，其转换率达到了17%。值得一提的是，北京太阳能研究所自1996年开展多晶硅薄膜太阳能电池的研究以来，在重掺杂抛光单晶硅衬底上制备出的多晶硅薄膜太阳能电池，其效率达到13.6%。所以，以后的研究方向在于进一步提高制备工艺以及衬底物质和沉积方式的选择。

自从1979年日本国际产业株式会社采用PECVD技术，通过加入氢气制备出掺杂微晶硅后，人们才逐步开展微晶硅在太阳能电池中应用的研究。1994年Meier等采用甚高频等离子体化学气相沉积(VHFPECVD)技术和微量硼掺杂的方法制备出厚1.7 m，面积为0.25 cm^2的微晶硅pin光电池，其转换效率为4.6%，掀起了微晶硅太阳能电池的研究热潮。2009年日本科学家等在高压沉积的条件下使得微晶硅的沉积速率达到8.1nm/s，光电转换效率h也达到6.3%。德国科学家制作了厚度仅为1 m、转换效率达8.0%的微晶硅薄膜电池，使串联的微晶硅薄膜太阳能电池的转换效率提高到了11.3%。我国南开大学采用VHF PECVD技术获得了沉积速率为1.2 nm/s的微晶硅薄膜太阳能电池，转换效率达6.3%。

当前大规模产业化的薄膜硅太阳能电池转换效率只有5%～8%，其中硅材料在近红外波段的吸收系数不高是一个重要因素，这在一定程度上限制了薄膜硅太阳能电池的应用范围，也增加了光伏发电系统的发电成本。因此，对薄膜硅太阳能电池开展持续的研究，利用新的技术与工艺降低薄膜硅太阳能电池的成本，从而进一步降低薄膜硅太阳能电池的发电成本显得非常必要和迫切。

碲化镉(CdTe)薄膜太阳能电池具有成本低、转换效率高且性能稳定的优势，一直被光伏界看重，是技术上发展较快的一种薄膜太阳能电池。2009年科学家等采用CSS技术使得CdTe薄膜太阳能电池的吸收层厚度从11 m降到4 m而转换效率却从9%提高到10%。欧洲和美国生产出CdTe薄膜太阳能电池组件的年产量在100～200兆瓦。亚洲有望紧随其后，研究出太阳能组件的转换效率已经达到了9%。我国对CdTe薄膜太阳能电池的研究工作始于20世纪80年代初。北京太阳能研究所采用电沉积技术

(ED)制备出的 CdTe 薄膜太阳能电池的转换效率达到了 5.8%。近期四川大学采用 CSS 技术制备的 CdTe 薄膜太阳能电池的转换效率已达 13.3%。由于 CdTe 有剧毒这一致命缺点,直接影响 CdTe 薄膜材料类太阳能电池的研发价值和应用范围。

铜铟硒(CuInSe2,简称 CIS)薄膜是在玻璃或其他廉价衬底上沉积的半导体薄膜,其厚度为 2~3 um,具有成本低、性能稳定、无光诱导衰变且抗辐射能力强等特性。20 世纪 70 年代人们开始关注 CIS 作为太阳能电池吸收材料的研究。20 世纪 70 年代中后期,波音公司用真空蒸发方法制备的 CIS 薄膜太阳能电池,其效率达到 9%。2009 年日本昭和石油公司开发出了面积为 800 cm^2、转换效率为 15%的 CIS 薄膜太阳能电池。目前,CIS 薄膜太阳能电池的实验室转换效率接近 20%,大面积集成组件的效率超过 13%。

1954 年首次发现砷化镓(GaAs)材料具有光生伏特效应。1962 年顾拜塔等利用扩散法研制成第一块砷化镓太阳能电池,转化效率为 9%~10%。在此之后的近 10 年中,砷化镓太阳能电池的效率一直提高不大。研究发现,主要原因是其表面复合速率很高,严重影响了短波响应。20 世纪 70 年代,以 IBM 公司和前苏联 Ioffe 技术物理所为代表,采用工艺生产线性聚乙烯(LPE)技术,引入镓铝砷(GaAlAs)异质窗口层,降低了砷化镓表面复合速率,使得其转换效率达 16%。进入 20 世纪 80 年代,美国的修斯研究实验室及其后的斯派克分析仪器公司改进了 LPE 技术,实现了批量生产,使电池的平均转换效率达到了 18%。尽管 LPE 技术使得砷化镓太阳能电池的效率达到了很高的水平,但难以实现,因此不能有效地解决抗辐照问题,同时砷化镓单晶机械强度低、易碎,难以制成大而薄的电池。为此,20 世纪 80 年代中后期,美国有些公司放弃了 LPE 技术,改用金属有机化学气相沉积系统(MOVPE)技术制备 GaAs/GaAs 太阳能电池,并于 1987 年成功地用锗单晶代替砷化镓作为外延衬底,制备出 GaAs/Ge 太阳能电池。目前,其最高的效率超过 20%,生产水平已经达到 19%~20%。2009 年荷兰科学家使砷化镓单结电池转换效率已达到 26.1%。

有机薄膜太阳能电池的研究始于 1959 年,人们制备出器件的开路电压为 200 mV,但由于激子的解离效率太低而使得转换效率很低。有机共混体系中光诱导电荷转移现象的发现及本体异质结结构的提出,使得有机薄膜太阳能电池的性能大幅度提高。韩国报道了在有机薄膜光电池的吸收层镀上紫外光吸收薄膜可以有效降低其光电转换效率的衰减。大面积异质结太阳能电池的转换效率在 5%~6%。2009 年美国加州大学圣芭芭拉分校宣布,该校物理学教授黑格等研究的有机薄膜太阳能电池的转换效率达到 6.5%,为全球最高。目前制作有机半导体层材料主要采取的方法有真空技术(真空镀膜溅射和分子束外延生长技术)、溶液处理成膜技术(电化学沉积技术、铸膜技术、分子组装技术、印刷技术等)和单晶技术(电化学法、气相法和扩散法)。

1991 年,瑞士洛桑高工(EPFL)的格莱才尔(Grätzel)领导的研究小组,利用联吡啶钌(II)配合物染料和纳米多孔 TiO_2 薄膜制备出染料敏化 TiO_2 太阳能电池,转换效率为 7.1%。自那以后,DSSC 一直被认为是新型太阳能电池最有力的竞争者。1993 年格莱才尔等使其光电转换效率达到 10%。此后,其光电转换效率一直没有得到提高,这期间研究者们主要集中研究其电解质固化问题,并取得了不错的进展。2005 年,格莱才尔等使其光电转换效率达到11.04%。2009年，荣格等利用丝网印刷法和化学气相沉积技术成功地把碳纳米管应用到DSSC的电极中。

早在1994年，雷德蒙等就报道了效率为0.4%的染料敏化纳米多孔氧化锌薄膜太阳能电池。此后，氧化锌薄膜太阳能电池逐渐引起人们的兴趣，相关研究也有所增加。目前，氧化锌薄膜太阳能电池的最高光电转换效率为4.1%是由日本的藤原等实现的。

三、20世纪70年代以来的太阳能发电

能源和环境问题是近十几年来世界关注的焦点，为了能源和环境的可持续发展，各国都将光伏发电作为发展的重点。自从石油在世界能源结构中担当主角之后，石油就成了左右经济和决定一个国家生死存亡、发展和衰退的关键因素，1973年10月爆发中东战争，石油输出国组织采取石油减产、提价等办法，支持中东人民的斗争，维护本国的利益。其结果是使那些依靠从中东地区大量进口廉价石油的国家，在经济上遭到沉重打击，使许多国家，尤其是工业发达国家，重新加强了对太阳能及其他可再生能源技术发展的支持，在世界上再次兴起了开发利用太阳能热潮。1973年，美国制定了政府级阳光发电计划，太阳能研究经费大幅度增长，并且成立太阳能开发银行，促进太阳能产品的商业化。日本在1974年公布了政府制定的“阳光计划”，其中太阳能的研究开发项目有：太阳房、工业太阳能系统、太阳热发电、太阳电池生产系统、分散型和大型光伏发电系统等。70年代初世界上出现的开发利用太阳能热潮，对我国也产生了巨大影响。1975年，在河南安阳召开“全国第一次太阳能利用工作经验交流大会”，进一步推动了我国太阳能事业的发展。

经过80年代的低潮期后，到90年代由于世界各国进入了一个工业快速发展的时期，太阳能技术的利用有被提上日程。1996年，联合国在津巴布韦召开“世界太阳能高峰会议”，会后发表了《哈拉雷太阳能与持续发展宣言》，会上讨论了《世界太阳能10年行动计划》(1996—2005)、《国际太阳能公约》、《世界太阳能战略规划》等重要文件。这次会议进一步表明了联合国和世界各国对开发太阳能的坚定决心，要求全球共同行动，广泛利用太阳能。1992年以后，世界太阳能利用又进入一个发展期。特别是20世纪90年代以来，随着美国国家光伏发展计划、百万太阳能屋顶计划的实施以及日本、欧洲光伏应用市场需求的迅速增长，全球光伏产业发展迅速。1997年美国政府在全世界率先宣布发起“百万太阳能屋顶计划”。该计划的宗旨和目标包括有效减少CO_2等温室气体的排放、保持美国在世界光伏工业的竞争力和创造更多的高技术就业职位，到2010年要求光伏系统总安装容量达3 025兆瓦，CO_2的排放量每年减少3.51×106 t。1998年9月，作为德国新能源计划的一部分，德国政府宣布从1999年1月起实施“十万太阳能屋顶计划”。这项计划的目标是到2003年底安装10万套光伏屋顶系统，总容量在300～500兆瓦，每个屋顶约3～5 kW。我国国内光伏产业也在飞速发展，已有10多家光伏企业在纽约、伦敦等海外市场及国内证券市场上市。2008年，国内光伏电池产量超过了2 000兆瓦，实际生产能力超过了3 000兆瓦，位居世界第一。光伏电池产量占全球产量的比重由2001年的1%提高到2008年的15%。

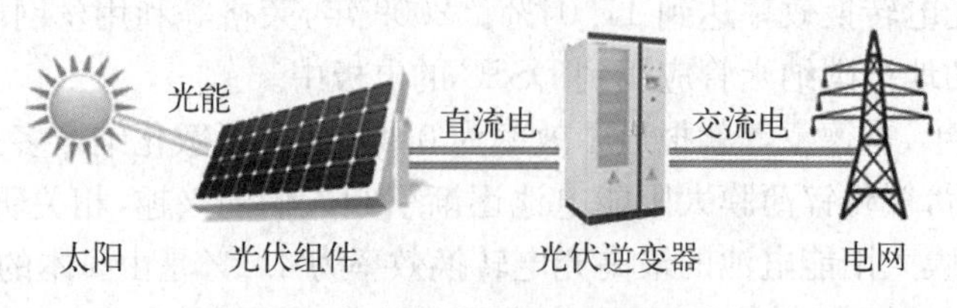

图 6.12　太阳能发电工作原理示意图

（摘自电子技术应用网）

世界能源组织(IEA)预测 2020 年光伏发电的发电量占总发电量的 1%，2040 年上升到约 20%；欧洲光伏工业协会(EPIA)预测，2020 年光伏发电占全球发电量 1%，2040 年上升到 26%。随着光伏发电技术的广泛应用，其成本也将更为低廉，有权威机构研究表明，光伏发电成本将在 2010 年到 2020 年之间与常规发电成本相交，而另一方面，光伏发电技术的能量回收期目前为 2 年左右，未来可以降低到 1 年左右；届时，光伏发电成本以及光伏组件生产的能源消耗等问题将得到有效解决。

阅读材料

太阳能飞机环球飞行的故事

阳光动力 2 号 2014 年刚刚建成，但这次环球飞行的念头却可以追溯到 1999 年。项目的发起者皮卡德出生于探险世家。他的祖父奥古斯特·皮卡德(Auguste Piccard)早在 80 年前便和助理搭乘自己制造的热气球到达 1.6 万米高空的大气平流层，创下世界最高的纪录，而他的父亲雅克·皮卡德(Jacques Piccard)则是第一批潜入海底最深处——太平洋西北部的马里亚纳海沟的潜水者之一。皮卡德说，祖辈父辈上天入海，创下了他难以超越的记录，好在沿着地球表面移动也可以是一种探险。

1999 年，皮卡德用不到 20 天的时间乘坐热气球环游世界，刷新了历史纪录。然而，这次冒险却在皮卡德心中埋下了深深的忧虑：燃料终究是要用完的，然后怎么办？自那开始，他就为自己定下了一个新的目标：要来一次不消耗化石燃料的环球旅行。

坐在热气球的皮卡德眺望着上空，幻想着将取之不尽的太阳能用于飞行：白天积累能量，夜间再把白天储存的能量慢慢释放出来，飞机就可以昼夜不停地飞行了。

环球旅行结束后，皮卡德便开始着手寻找团队来制造他梦想中的这架太阳能飞机。几经周折，他找到了洛桑联邦理工学院(EPFL)并认识了曾在瑞士空军服役的前飞行员波许博格。波许博格是一名经验丰富的飞行员、多项航空记录的保持者，同时也是力学和热力学工程师、麦肯锡咨询师、投资人和企业家。2003 年，皮卡德和波许博格共同启动了阳光动力项目，这架天方夜谭般的太阳能飞机终于进入了可行性研究阶段。

然而，摆在他们面前的是重重困难。为了能安装足够多的太阳能板，这架飞机需要庞大的机翼；为了降低能量消耗，它又需要非常非常轻。为了制造这样一架飞机，他们找到了一家又一家的飞机、滑翔机制造商，得到的都是同一个答案：不可能造出来。

不过，他们还是找到了解决的办法。皮卡德游说了政府机构和多家公司出资支持，波许博格招募了 90 多名各领域的顶尖专家，建立起自己的工程师团队；在团队之外，他们还获得了 80 家公司在技术上和财务上的支持。

最终，在阳光动力核心技术团队的努力和 80 家技术合作伙伴、100 多名外部专家的支持下，历时 13 年，耗资 1.6 亿瑞士法郎(约 1.6 亿美元)，原型测试机"阳光动力号"和正式的产品"阳光动力 2 号"先后建成了，环球飞行也于 2015 年 3 月开始。

(摘自：环球网)

第四节　风能利用技术

风力机是将风的动能转换为机械能，再把机械能转换为电能或热能等的能量转换装置。经过多年的研究与发展，出现了多种多样的风力机。其中，垂直轴风力机成为当今风能科技发展研究的趋势。

一、垂直轴风力机

公元 1219 年，我国就有了关于垂直轴风力机的文献记载。公元 1300 年，波斯也记载了具有多枚翼板的垂直轴风力机。这些垂直轴风力机都是阻力型风机，多数被用来提水、碾米或助航等。19 世纪末，丹麦首先开始研究利用风力发电，从此世界各国开始研发各种用于发电的风力机。与水平轴风力机相比. 垂直轴风力机的研究相对滞后。20 世纪 20—30 年代是垂直轴风力机研究的第一个高峰期。这期间出现了多种类型的垂直轴风力机，主要有萨渥纽斯型和达里厄型。

达里厄风力机叶片形状可形容为由一根柔软的绳子按一定角速度绕两端的固定点垂直旋转时所形成的曲线。这个形状可以保证叶片在离心力的作用下内弯曲应力最大。

第二次世界大战的爆发使全世界风能技术的发展都处于停滞。战后至 20 世纪 60 年代。廉价石油的大量使用又使包括风能在内的所有可再生能源都没有受到重视。1973 年爆发的世界石油危机给风能发展提供了机遇。以此为契机，垂直轴风力机，尤其是达里厄风力机在 20 世纪 70—80 年代迎来了第二次发展高峰，这一时期的研究主要集中在北美。加拿大国立研究委员会(NRC)和美国圣地亚国立实验室(SNL)对其进行了大量的理论和实验研究。同时，美国、加拿大的一批风力机制造公司经过不断地研发攻关，使达里厄风力机的研究逐渐深入，并且形成了商品化。1972 年，加拿大 NKC 公司对达里厄风力机进行了最初的风洞实验，对影响达里厄风力机性能的叶片个数、风轮实度等参数进行了测试。1974 年。美国的 SNL 设计制作了 1 台直径 5 m 的

图 6.13　丹麦的风车

（摘自财经网）

研究用达里厄型风力机。1997 年又制作了 1 台直径 17 m 的 60 kW 样机。1980 年，美国的美铝公司（Alcoa）生产了 4 台直径 17 m，功率 100 kW 的风力机，其中 2 台并网发电。

1986 年，加拿大拉瓦林集团公司开始生产 Eole 系列达里厄风力机。Eole-64 风力机直径 64 m，是目前最大的达里厄风力机，安装在魁北克的 cap-chat。该风力机具有 2 枚采用 NACA0018 翼型的叶片，额定转数固定为 10 r/min 和 11.35 r/min。在风速 17 m/s时. 其最大输出功率可达 3.6 兆瓦，超过此风速时，叶片的速度会降低，从而使功率输出保持一定。除了上述介绍的美国和加拿大之外，英国（VAWT 型）、法国（CENGD 型）、荷兰（PIONIER Ⅰ型和 Cantilcvcr 型）、罗马尼亚（TEV100 型）和瑞士（Alpha Real 型）等国家都研制过达里厄型风力机。20 世纪 90 年代，随着水平轴螺旋桨式风力机成为大型商业风力发电场的主流机型，以达里厄风力机为代表的大型垂直轴风力机逐渐淡出了人们的视野。然而，在中小型风力机市场上，垂直轴风力机还占有很大的市场。尤其是 2000 年以前，直线翼垂直轴风力机和 H 型风力机的研究和应用受到了北美、欧洲和日本等国家和地区的关注。许多形状各异的商用中小型垂直轴风力机被成功发明。

1981—1986 年，美国福禄风力公司和美国 SNL 能源研究机构合作共同开发达里厄风力机。1984 年，福禄风力公司研制了 2 台具有 2 枚 NACA0015 翼型①叶片的风力机。之后。福禄公司在美国加州的阿尔塔蒙特山口和特哈查比山建立了 2 座 Energy

① NACA 翼型是美国国家航空咨询委员会（NACA）开发的一系列翼型。

公司推出的可安装于屋顶的垂直轴风力系统；法国、芬兰的风电公司推出了改良后的阻力风电场，安装了上百台达里厄风力机。装机总容量达到170兆瓦，是世界上最大的达里厄风力机群之一。1987年，在美国能源部(DOE)的资助下，SNL成功地研制了一台商业和研究两用的大型达里厄风力机，输出功率为625 kW。风力机的叶片采用变截面设计垂直轴风力机，尤其是芬兰Windside公司的WS系列风力机可以在极端恶劣的气候环境中工作。在日本东海大学从1976年就开始从事直线翼垂直轴风力机的研究，开发了TWT系列风力机叶片专用翼型，在日本各地安装了多台样机进行现场实验，并且在日本大力推广这种风力机。可以说，目前垂直轴风力机的第三次发展契机正在出现。与国外相比，我国对垂直轴风力机的研究比较少。虽然在20世纪80年代一些学者和研究机构曾经对达里厄风力机进行过研究，但并未受到广泛的重视。近年来，随着国际风能界对垂直轴风力机的日益关注，又有一些学者和企业开始进行垂直轴风力机的研发工作，我国垂直轴风力机的发展正面临着前所未有的机遇。

二、风电技术

1. 20世纪80年代之前的风电发展

1888年冬，美国人安装了一台被现代人认为是第一台自动运行的且用于发电的风力机。这台发电机仅为12千瓦。叶轮直径是17米，有144个叶片。风力机运行了约20年。由于低转速风机效率不高，丹麦人随后制造了快速转动、叶片数少的风力机，在发电时比低转速的风力机效率高得多。1891年丹麦阿斯科乌大学将气动翼型理论引入到风力发电机领域，并建造了一台只有四个叶片的Cour直流风力发电机，该风机拥有相对较高的能量转换效率。Cour采用电解水获得氢气的方法来实现能量的转化与贮存，氢气提供给燃气灯来照明。到1918年第一次世界大战结束时，丹麦已建造了120台Cour式风力发电机，总装机容量达到3兆瓦，发电量占到丹麦电力总消耗的3%。Cour式风电机的风轮直径一般在20米以内，功率从20到35 kW不等，最大风能利用系数在20%以上。

第一次世界大战之后，气动理论及相关技术发展到了一定的水平，所积累的大量经验促进了风电技术的进一步发展和理论的成熟。1920年德国人本茨(Karl Friedrich Benz，1844—1929年)提出了风机从风中获得最大能量的物理学准则，1926年他借鉴空气动力学中的翼形理论对风机叶片的外形进行优化设计，并由此得出了一种简便的设计方法，即著名的本茨设计理论。今天，在进行了一些改进之后，这些基本原理和方法还在为我们所使用。在这之后的时间里科研工作者在风机的叶片、风机的结构、控制准则等方面不断进行发展和研究，进一步推动了风电技术的发展。

第二次世界大战期间，欧洲各国因战争影响风机技术的发展一度放缓或者中止。处于北欧的丹麦，由于能源相对匮乏，风电技术得到了相对持续的发展。丹麦人在大量实践的基础上其风机逐渐形成自己的特色，发展出了“丹麦型”风机。1941年，丹麦的F·L·史密斯公司建造了一些双叶片和三叶片风机。这些风机配备的还是直流发电机。20世纪50年代，丹麦开发了世界上第一台交流风力发电机“Vester Egesborg”。

1956 年,SEAS 公司设计建造了著名的 Gedser 风机,该风机为三叶片上风风机,装有额定功率为 200 kW 的异步交流发电机,采用电动偏航和定桨失速控制,为了避免过大的转速和载荷,叶片尖端特别设计了气动刹车装置,该风机在没有重大维护的前提下自动运行了 11 年。该款风机的出现标志着“丹麦型”风机理论的完全形成,其主要特征即为异步并网发电机、失速型叶片和尖端气动刹车。1975 年美国 NASA 为了其风能研究项目需要重新测量 Gedser 风机的相关运行数据,Gedser 风机又被重新整修,试运行几年后被拆除,目前它的机舱和叶片陈列在丹麦 Bjerringbro 电力博物馆。

德国在同一时期的风力发电技术的发展以许特尔(Ulrich W. Hütte)风机为代表。1957 年许特尔建成了他的原型机。该风机叶轮直径 34 m,双叶片,功率 100 kW,采用下风自动偏航设计。在以后的十多年时间里德国建造的许多风力发电机都采用了相似的设计理念,包括以后的 GROWIEN 风机。而且,该风机首次采用了由玻璃纤维复合材料制造的叶片。由于这种材料良好的机械性能和耐疲劳性能,该类型叶片得到了迅速的推广和使用,这也极大地促进了风力发电技术的发展。

1941 年,美国史密斯公司建造了由工程科研小组设计的大型风力发电机(Smith-Putnam 风机)。该风机叶轮直径 53 米,逆风偏航设计,配有额定功率 1.25 兆瓦同步发电机。其两个巨大的叶片由不锈钢制成,通过连杆与主轴连接。为了实现转速调节和功率控制,该风机装备了液压变浆距系统。该风机是当时空气动力学研究和机械工艺技术的有效结合的产物,它代表了当时的技术发展水平。该风机在运行了 4 年以后于 1945 年因一只叶片折断而停止运行。

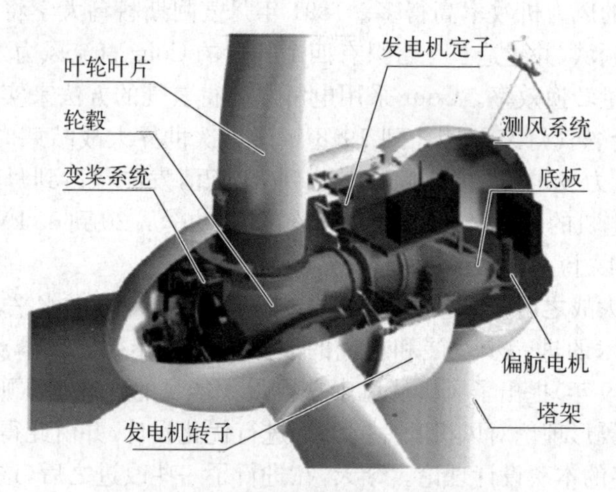

图 6.14　磁直驱永风力发电机组工艺图

(摘自鹏梵网)

第二次世界大战后初期,化石能源的价格曾一路走低,风力发电在经济上毫无优势可言,加上欧洲大陆各个国家刚刚摆脱战争的阴影,使得风力发电技术的发展进一步地放缓。但是,在美国一些急需电力的边远地区,小型风力发电机却得到了快速的发展。Jacob 兄弟开发了著名的 Jacobs 小型风机,这种风机直径约 4 m,三个叶片,通过叶轮直接驱动直流发电机。从 1920 年到 1960 年,美国生产了上万台 Jacob 风机,功率从

1.8 kW到3 kW不等。

20世纪70年代连续出现的两次能源危机使得化石原料的价格一路上涨，加上日益严重的环境问题，各个国家开始重新考虑对可再生能源的利用。在美国、丹麦、德国、英国、瑞典等国家政府项目的推动下，许多叶轮直径超过60 m的大型风力发电机由国家投资被建立起来用于相关技术的研究和实验验证。具有代表性的有德国的GROWIAN风机（叶轮直径100 m，3兆瓦），瑞典的WTS 3风机（叶轮直径78 m，3兆瓦）、AEOLUS WTS 7风机（叶轮直径75 m，2兆瓦），美国的BOEING MOD-2风机（叶轮直径91 m，2.5兆瓦）、GE Mod-1（2兆瓦，叶轮直径61 m）等。由于缺乏相关的风机建造和运行管理经验以及相关的技术，最后这些风机没有一个真正长期运行下来的。但是，在这个过程中大量的技术和经验被积累下来，为以后的发展奠定了基础，尤其是为欧洲和美洲都继续着大型风力发电机的研发奠定了基础。

2. 20世纪80年代以来大型风电技术的研发与风电的商业化

在大型风机技术探索和发展的同时，成熟的小功率的风机（55 kW）率先开始大规模应用。最有标志性的是20世纪80年代开始的美国加州风电潮。在美国的政策支持下，成千的风机被密密麻麻地布置在加州的山坡上，蔚为壮观。然而，这次风潮并没有持续多久的时间，1985年美国的支持计划终止后，大规模的风场建设便偃旗息鼓了。80年代以来，工业发达国家对风力发电机组的研制取得了巨大的进展。单机容量在100兆瓦以上的水平轴风力发电机的研究开发及生产在欧洲的丹麦、德国、荷兰、西班牙等国取得了快速发展。到90年代，单机容量为200～600 kW的机组已在中型和大型风电场中成为主导机型。

具体而言，德国是近几年世界上风电发展最快的国家。装机容量到2002年末达12 000兆瓦，发电量占全国的4.5%，越过美国成为世界第一风电大国。政府计划到2010年要使新能源占总装机容量的10%，2050年时达到50%。

美国从70年代石油危机始，于1978年通过“公共事业管理法”对发展风电给予优惠，促进风电的大发展，到1994年就达到163万千瓦，占当年世界风电总容量的53%，使美国在1997年前一直成为雄居世界第一的风电大国。但之后因石油降价及联邦政府一些法规期满失效，支持出现断层，风电价格下跌，风电发展停顿，被德国后来居上。2002年美国风电总装机为4 680兆瓦，目前为世界第二。近两年美国又开始重视，加大支持力度，旧机更新换代，制定雄心勃勃的技术研究发展计划，最终目标要将风电电价降到2.5美分/千瓦时。

西班牙风电发展也非常迅速，国家根据“韦约与有效利用能源规划”对可再生能源进行补贴政策，丹麦Vestas在西班牙的合资公司一次就获得了140万千瓦的风机订单，成为世界上最大的一笔风机合同，可见其风电发展势头的迅猛。2002年已达4 830兆瓦装机容量，一跃而为世界第三。

丹麦是世界上最大的风力发电机生产国和科研强国，产量占世界60%以上，在其出口产业中位居第二。2002年丹麦风电总装机达2 880兆瓦，其发电量已占全国10%。计划到2030年风力发电量将占全国近50%，其中海上风电场装机将达400万千瓦。丹麦政府计划未来新能源（主要是风电和生物质能）将提供75%以上的能源供

应，燃煤发电让其逐渐淘汰。

印度由于实行一年快速折旧、头5年免所得税、低利率贷款等政策，曾经是风电发展最快的国家，2002年也达到1 700兆瓦。

大型风力发电机的商业化阶段在20世纪80年代后开始逐渐来临。大规模的商业应用首先出现在北欧(这与该地区的其他能源相对缺乏有关，以丹麦为代表)，各种不同概念的风机相继出现，各种商业公司纷纷推出各自的产品，整个市场在群雄逐鹿的过程中成熟起来。伴随着各种优势资源的整合，许多著名的风电厂商在竞争和优胜劣汰中逐渐胜出，水平轴三叶片风力发电机更是成为了商业应用的绝对主流。

为了降低风力发电的成本，提高风电的市场竞争能力，风力发电机组的技术一直在沿着增大单机容量、减轻单位千瓦重量、提高转换效率的方向发展。20世纪末，在兆瓦级风机出现之前，600千瓦和750千瓦的风力机一直是市场的主流。到2002年前后，主流机型已经达到1.5兆瓦以上。1997年兆瓦级机组占当年世界新增风电装机容量的比例为9.7%，2001年占到了52.3%，2003年占到了71.4%。如今，在欧洲已批量安装3.6兆瓦机组，4.2兆瓦、4.5兆瓦和5兆瓦机组也已安装运行。风力发电成本也已由20世纪80年代早期的35美分每千瓦时降至2003年初的4美分每千瓦时左右(世界主要风电场)。到2010年，世界风电平均发电成本已降至2.6美分每千瓦时左右。

风力发电技术已经曲曲折折发展了一百多年，在这一百多年里充满了各式各样的尝试、创新、成功和失败。经过了百年的洗礼，风电技术才逐渐成熟应用起来。如今德国、丹麦、美国等风电技术先进的国家无论是在风机设计技术上还是在风机运行上都积累了丰富的经验。各种技术路线还在不断地互相借鉴并不断改进和完善，各种新的概念和技术仍在不断推出并应用于风电领域。陆上风资源已经开发完的德国等风电大国已经开始开发海上风场。中国也已经开始建设海上风场。

阅读材料

走进风电王国丹麦：谁都阻止不了“风”的力量

2009年联合国第十五届气候变化大会为何选在丹麦首都哥本哈根？记者近日走进丹麦探访后寻得答案：在过去25年间，丹麦经济增长了75%，而能源消耗总量却基本保持不变，这个北欧小国由此获得“全球气候领跑者”的桂冠。

在今日丹麦，有5 200多台风力发电机在运转，它们向这个北欧小国提供了超过21%的电力。丹麦国家气候与能源部部长康妮·赫泽高女士自豪地宣称：“丹麦风电案例”值得各国借鉴。

丹麦气候与能源部下属能源局的高级政策顾问欧乐告诉记者：“丹麦创造‘气候奇迹’的一个关键原因，是对可再生能源特别是风能的开发和应用。当风儿在草上吹过去的时候，田野就像一湖水，泛起片片涟漪。当风在麦子上扫过去的时候，田野就像一片海，掀起层层浪花，这叫做风的舞蹈。请听它讲的故事吧……”，安徒生借“风”之口讲述的童话，令全世界读者为之倾倒。这位丹麦童话大师也许不会想到，他的后人如今又依靠“风”的力量，书写了一篇让世界瞩目的“现代童话”。

从日德兰岛广阔的西岸到享有“绿岛”之美誉的萨姆索岛，从奥胡斯市起伏的丘陵到哥本哈根气候大会会址前的广场，那一根根高高伫立、静静旋转的风机，似乎在向记者证明着丹麦作为“风电王国”的名副其实。不过，几乎所有接受采访的丹麦人都说：丹麦的风电发展并非一帆风顺。风电是危机逼出来的抉择，在丹麦人的记忆中，1973年冬天是一段异常寒冷的日子。这年10月，埃及、叙利亚与以色列打响了第四次中东战争。阿拉伯石油输出国组织通过石油减产、禁运决议，导致国际油价骤然飙升，全球石油危机爆发。“当时的丹麦，90%的能源依赖石油，石油危机迫使人们必须改变生活方式。”在位于日德兰岛弗雷德里西亚的丹麦国家电网公司采访时，其企业传播部副总裁汉斯·摩根森说，“当时，许多家庭没有了暖气，有车族不能再开车出行，商店在营业期间也必须关闭户外的灯箱……”1979年爆发的新一轮石油危机，使丹麦更是陷入了雪上加霜的境地，所以就有了之后风电的大发展。

（来源：经济参考报，2016）

第五节　其他动力资源

除了风能、水能之外，还有一些动力资源应用的范围和能效都相对有限，但从能源资源未来发展的趋势看来，发展前景看好。

一、潮汐资源

潮汐能是一种不消耗燃料、没有污染、不受洪水或枯水影响、用之不竭的再生能源。在海洋各种能源中，潮汐能的开发利用最为现实、最为简便。潮汐能是潮差所具有的势能，开发利用的基本方式同建水电站差不多：先在海湾或河口筑堤设闸，涨潮时开闸引水入库，落潮时便放水驱动水轮机组发电，这就是所谓“单库单向发电”。这种类型的电站只能在落潮时发电，一天两次，每次最多5小时。为提高潮汐的利用率，尽量做到在涨潮和落潮时都能发电，人们便使用了巧妙的回路设施或双向水轮机组，以在涨潮进水和落潮出水时都能发电，这就是“单库双向发电”。

然而，这两种类型都不能在平潮（没有水位差）或停潮时水库中水放完的情况下发出电压比较平稳的电力。于是，人们又想出了配置高低两个不同的水库来进行双向发电，这就是“双库双向发电”。这种方式不仅在涨落潮全过程中都可连续不断发电，还能使电力输出比较平稳。它特别适用于那些孤立海岛，使海岛可随时不间断地得到平稳的电力供应。

从总体上看，现今潮能开发利用的技术难题已基本解决，国内外都有许多成功的实例，技术更新也很快。

作为国外技术进步标志的法国朗斯潮汐发电站，1968 年建成，装有 24 台具有能正反向发电的灯泡式发电机组，转轮直径为 5.35 米，单机容量 1 万千瓦，年发电量达 5.4 亿千瓦时。1984 年建成的加拿大安纳波利斯潮汐电站，装有 1 台容量为世界最大的 2 万千瓦单向水轮机组，转轮直径为 7.6 米，发电机转子设在水轮机叶片外缘，采用了新型的密封技术，冷却快，效率高，造价比法国灯泡式机组低 15%，维修也很方便。中国自行设计的潮汐电站中，江厦电站比较正规，技术也较成熟。该电站原设计装 6 台单机容量为 500 千瓦的灯泡式机组，实际上只安装了 5 台，总容量就达到了 3 200 千瓦。单机容量有 500 千瓦、600 千瓦和 700 千瓦三种规格，转轮直径为 2.5 米。在海上建筑和机组防锈蚀、防止海洋生物附着等方面也以较先进的办法取得了良好效果。尤其是最后两台机组，达到了国外先进技术水平，具有双向发电、泄水和泵水蓄能多种功能，采用了技术含量较高的行星齿轮增速传动机构，这样既不用加大机组体积，又增大了发电功率，还降低了建筑的成本。

潮汐发电利用的是潮差势能，世界上最高的潮差也不过 10 多米，在我国潮差高达 9 米，因此不可能像水力发电那样利用几十米、百余米的水头发电，潮汐发电的水轮机组必须适应“低水头、大流量”的特点，水轮做得较大。但水轮做大了，配套设施的造价也会相应增大。于是，如何解决这个问题，就成为反映其技术水平高低的一种标志。1974 年投产的广东甘竹滩洪潮电站就是一个成功的代表。它的特点是洪潮兼蓄，只要有 0.3 米高的落差就能发电，甘竹滩电站的总装机容量为 5 000 千瓦，平均年发电 1 030 万千瓦时。它的转轮直径为 3 米，加上大量采用水泥代用构件，成本较低，对民办小型潮汐电站很有借鉴意义。

由于常规电站廉价电费的竞争，建成投产的商业用潮汐电站不多。然而，由于潮汐能蕴藏量的巨大和潮汐发电的许多优点，人们还是非常重视对潮汐发电的研究和试验。据海洋学家计算，世界上潮汐能发电的资源量在 10 亿千瓦以上，也是一个天文数字。潮汐能普查计算的方法是，首先选定适于建潮汐电站的站址，再计算这些地点可开发的发电装机容量，叠加起来即为估算的资源量。

20 世纪初，欧、美一些国家开始研究潮汐发电。第一座具有商业实用价值的潮汐电站是 1967 年建成的法国朗斯电站。该电站位于法国圣马洛湾朗斯河口。朗斯河口最大潮差 13.4 米，平均潮差 8 米。一道 750 米长的大坝横跨朗斯河。坝上是通行车辆的公路桥，坝下设置船闸、泄水闸和发电机房。朗斯潮汐电站机房中安装有 24 台双向涡轮发电机，涨潮、落潮都能发电。总装机容量 24 万千瓦，年发电量 5 亿多度，输入国家电网。

1968 年，前苏联在其北方摩尔曼斯克附近的基斯拉雅湾建成了一座 800 千瓦的试验潮汐电站。1980 年，加拿大在芬地湾兴建了一座 2 万千瓦的中间试验潮汐电站。试验电站、中试电站，那是为了兴建更大的实用电站做论证和准备用的。世界上适于建设潮汐电站的 20 几处地方，都在研究、设计建设潮汐电站，其中包括美国阿拉斯加州的库克湾、加拿大芬地湾、英国塞文河口、阿根廷圣约瑟湾、澳大利亚达尔文范迪门湾、印度坎贝河口、俄罗斯远东鄂霍茨克海品仁湾、韩国仁川湾等地。随着技术进步，潮汐发电成本的不断降低，进入 21 世纪，将不断会有大型现代潮汐电站建成使用。

中国潮汐能的理论蕴藏量达到1.1亿千瓦，在中国沿海，特别是东南沿海有很多能量密度较高，平均潮差4～5米，最大潮差7～8米。浙江、福建两省蕴藏量最大，约占全国的80.9%。我国的江夏潮汐实验电站，建于浙江省乐清湾北侧的江夏港，装机容量3 200千瓦，于1980年正式投入运行。

中国水力资源的蕴藏量达6.8亿千瓦，约占全世界的1/6，居世界第1位，建成后的长江三峡水电站将是世界上最大的水力发电站，装机容量1 820万千瓦。

美国第一个并网潮汐能项目投入运营，项目位于缅因州和加拿大之间的芬迪湾，这里每天都有千亿吨的水流湍急流过，形成15米左右高的海浪并能带来5 884千瓦的电能。项目将分几期完成，最终将达到4兆瓦的发电量，并能供应1 000户家庭和商业机构使用。

该项目的第一期工程于上周正式并网。每日可发电量180千瓦，足以满足25～30户家庭的使用。但到目前为止，它还没有真正为电网贡献过一度电，原因是政府扶持力度不够。而欧洲政府稳定的政策优惠和补助已经使欧洲海洋能产业站稳了脚跟。

缅因州的这个潮汐能项目并非是北美洲第一个潮汐能项目(第一个是1984年在加拿大新斯科舍省的潮汐能发电站)，但它却是第一个不设置坝体的潮汐能发电机组，这样基本不会影响到海洋生物的正常生活。

二、地热能源

人类很早以前就开始利用地热能，如利用温泉沐浴、医疗，利用地下热水取暖、建造农作物温室、水产养殖及烘干谷物等。真正认识地热资源并进行较大规模的开发利用却是始于20世纪中叶。

地热能大部分是来自地球深处的可再生性热能，它起于地球的熔融岩浆和放射性物质的衰变。还有一小部分能量来至太阳，大约占总的地热能的5%，表面地热能大部分来至太阳。地下水的深处循环和来自极深处的岩浆侵入到地壳后，把热量从地下深处带至近表层。其储量比人们所利用能量的总量多很多，大部分集中分布在构造板块边缘一带，该区域也是火山和地震多发区。它不但是无污染的清洁能源，而且如果热量提取速度不超过补充的速度，那么热能是可再生的。

1. 地热发电

怎样利用这种巨大的潜在能源呢？意大利的皮也罗·吉诺尼·康蒂王子于1904年在拉德雷罗首次把天然的地热蒸气用于发电。地热发电是利用液压或爆破碎裂法把水注入到岩层，产生高温蒸汽，然后将其抽出地面推动涡轮机转动使发电机发出电能。在这过程中，将一部分没有利用到的水蒸气或者废气，经过冷凝器处理还原为水送回地下，这样循环往复。1990年安装的发电能力达到6 000兆瓦，直接利用地热资源的总量相当于4.1兆吨油耗量。

地热发电实际上就是把地下的热能转变为机械能，然后再将机械能转变为电能的能量转变过程或称为地热发电。开发的地热资源主要是蒸汽型和热水型两类，因此，地热发电也分为两大类。

地热蒸汽发电有一次蒸汽法和二次蒸汽法两种。一次蒸汽法直接利用地下的干饱和(或稍具过热度)蒸汽,或者利用从汽、水混合物中分离出来的蒸汽发电。二次蒸汽法有两种含义。第一种含义是不直接利用比较脏的天然蒸汽(一次蒸汽),而是让它通过换热器汽化洁净水,再利用洁净蒸汽(二次蒸汽)发电。第二种含义是,将从第一次汽水分离出来的高温热水进行减压扩容生产二次蒸汽,压力仍高于当地大气压力,和一次蒸汽分别进入汽轮机发电。

地热水中的水,按常规发电方法是不能直接送入汽轮机去做功的,必须以蒸汽状态输入汽轮机做功。对温度低于100℃的非饱和态地下热水发电,有两种方法。一是减压扩容法。利用抽真空装置,使进入扩容器的地下热水减压汽化,产生低于当地大气压力的扩容蒸汽然后将汽和水分离、排水、输汽充入汽轮机做功,这种系统称"闪蒸系统"。低压蒸汽的比容很大,因而使汽轮机的单机容量受到很大的限制,但运行过程中比较安全。另一种是利用低沸点物质,如氯乙烷、正丁烷、异丁烷和氟利昂等作为发电的中间工质,地下热水通过换热器加热,使低沸点物质迅速气化,利用所产生气体进入发电机做功,做功后的工质从气轮机排入凝气器,并在其中经冷却系统降温,又重新凝结成液态工质后再循环使用。这种方法称"中间工质法",这种系统称"双流系统"或"双工质发电系统"。这种发电方式安全性较差,如果发电系统的封闭稍有泄漏,工质逸出后很容易发生事故。

20世纪90年代中期,以色列奥玛特(Ormat)公司把上述地热蒸汽发电和地热水发电两种系统合二为一,设计出一个新的被命名为联合循环地热发电系统,该机组已经在世界一些国家安装运行,效果很好。

联合循环地热发电系统的最大优点是,可以适用于大于150℃的高温地热流体(包括热卤水)发电,经过一次发电后的流体,在并不低于120℃的工况下,再进入双工质发电系统,进行二次做功,这就是充分利用了地热流体的热能,既提高发电的效率,又能将以往经过一次发电后的排放尾水进行再利用,大大地节约了资源。

地热技术:高温地热资源的最佳利用方式是地热发电。200～400℃的地热可以直接用来发电。

(1) 蒸汽型地热发电

蒸汽型地热发电是把蒸汽田中的干蒸汽直接引入汽轮发电机组发电,但在引入发电机组前应把蒸汽中所含的岩屑和水滴分离出去。这种发电方式最为简单,但干蒸汽地热资源十分有限,且多存在于较深的地层中,开采难度大,故其发展受到了限制。主要有背压式和凝汽式两种发电系统。

(2) 热水型地热发电

A. 闪蒸系统。当高压热水从热水井中抽至地面,由于压力降低部分热水沸腾并"闪蒸"成蒸汽,蒸汽送至汽轮机做功;而分离后的热水可继续利用后排出,当然最好是再回注入地层。

B. 双循环系统。地热水首先流经热交换器,将地热能传给另一种低沸点的工作流体,使之沸腾而产生蒸汽。蒸汽进入汽轮机做功后进入凝汽器,再通过热交换器从而完成发电循环,地热水则从热交换器回流注入地下。这种系统特别适合于含盐量大、腐蚀性强和不凝结气体含量高的地热资源。发展双循环系统的关键技术是开发高效的热交换器。

20世纪70年代初以来，由于能源短缺，地热能作为一种具有广阔开发前景的新能源日益受到关注。地热能除了用于发电之外，更为大量地直接用于采暖、制冷、医疗洗浴和各种形式的工农业用热，以及水产养殖等。

与地热发电相比，地热能的直接利用有三大优点：一是热能利用效率高达50%～70%，比传统地热发电5%～20%的热能利用效率高出很多；二是开发时间短得多，且投资也远比地热发电少；三是地热直接利用，既可利用高温地热资源也可利用中低温地热资源，因之应用范围远比地热发电广泛。当然，地热能直接利用也受到热水分布区域的限制，因为地热蒸汽与热水难以远距离输送。

2. *地热采暖*

地热采暖全称为低温地板辐射采暖，是以不高于60℃的热水为热媒，在加热管内循环流动，加热地板，通过地面以辐射和对流的传导方式向室内供热的供暖方式。简单地说，地热采暖就是将地热能直接用于采暖、供热和供热水，是仅次于地热发电的地热利用方式。因为这种利用方式简单、经济性好，备受各国重视，特别是位于高寒地区的西方国家，其中冰岛开发利用得最好。该国早在1928年就在首都雷克雅未克建成了世界上第一个地热供热系统，现今这一供热系统已发展得非常完善，每小时可从地下抽取7 740吨80℃的热水，供全市11万居民使用。由于没有高耸的烟囱，冰岛首都已被誉为“世界上最清洁无烟的城市”。此外，利用地热给工厂供热，如用作干燥谷物和食品的热源，用作硅藻土生产、木材、造纸、制革、纺织、酿酒、制糖等生产过程的热源也是大有前途的。目前世界上最大两家地热应用工厂就是冰岛的硅藻土厂和新西兰的纸浆加工厂。我国利用地热供暖和供热水发展也非常迅速，在京津地区已成为地热利用中最普遍的方式。

早在20世纪70年代，低温地板辐射采暖技术就在欧美、韩、日等地得到迅速发展，经过时间和使用验证，低温地板辐射采暖节省能源，技术成熟，热效率高，是科学、节能、保健的一种采暖方式。

地热采暖在新建住宅之中普遍采用，一般情况下，地热管路在运行一个采暖期之后沉积1～1.5毫米厚的水垢、粘泥，并相应地使室内温度降低，水质差的地区更加严重。如果管路长期得不到有效清洗，一方面水流量减小、流速变慢，室内温度也因此明显下降；另一方面更为严重的是有的会造成管路栓塞，无法疏通，导致地热管路永久失效，不可逆转。

3. *岩浆发电*

岩浆发电，其本质是地热发电。只不过和普通地热发电有形式上的差异。

火山爆发时喷出的高温岩浆，蕴藏着巨大能量，如何利用地下的高温岩浆发电，是能源科学研究的一大课题。

美国能源部在20世纪80年代初开始进行火山岩浆发电的可行性基础研究，并在夏威夷岛基拉厄阿伊基熔岩湖设立实验场，实验是成功的。美国于1989年选定了用岩浆发电的发电厂址，在加利福尼亚州的隆巴列伊地区打了一口6 000米的深井，利用地下岩浆发电，90年代中后期建成岩浆发电厂。其设计思想是用泵把水压入井孔直达高温岩浆，水遇到岩浆变成蒸汽后喷出地面，驱动汽轮发电机发电。计算机模拟表明，从一口井中得到的蒸汽热能发电，可以抵得上一台5万千瓦的发电机组。美国能源部计算后宣称，美国的岩浆能源量可折合为250亿～2 500亿桶石油，比美国矿物燃料的全部蕴藏量还多。

日本也从1980年开始进行高温火山岩发电的实验。日本新能源开发机构成功地从3 500米深处的地下高温岩体中提取出了190℃的高温热水。方法是在花岗岩体中打两口井，往其中一口井中灌入凉水，再从另一口井中抽出高温热水。每分钟灌入1.1吨凉水，可连续回收0.9吨190℃的高温水。1989年，日本新能源开发部又利用高温岩体连续地获得高温热水和蒸汽。他们在相隔35米的距离内钻了两口1 800米的深井，以每分钟0.5吨的流量向一口井中灌进凉水，从另一口井抽出的水就被岩体加热到100℃以上。他们的目标是设法使凉水变成200℃的蒸汽，最终实现发电。

英国从1987年开始进行岩浆发电实验。在英国一个温度最高的热岩地带，其2 000米深处的岩体温度约100℃，在6 000米深处的热岩可以把水加热到200℃。一口井就能产生1万千瓦的电力，可持续用25年时间。英国计划在1995年建成一个6兆瓦的热岩发电厂，可满足2万人口小城镇的电力需求。

思考题

1. 简析粒子物理学的发展历程。
2. 结合本章内容浅谈原子能利用的前景。
3. 谈谈对新能源利用的看法。

参考文献与续读书目

[1] 沙振舜，钟伟. 简明物理学史(第二版). 南京大学出版社，2015.

[2] 中国工程院“我国核能发展的再研究”项目组编. 我国核能发展的再研究. 清华大学出版社，2015.

[3] 马栩泉. 21世纪可持续能源丛书：核能开发与应用(第2版). 化学工业出版社，2014.

[4] [日] 小泽祥司，甘菁菁译. 太阳能大研究. 人民邮电出版社，2014.

[5] 闫丹，胡思远. 散不尽的蘑菇云：核武器与战争. 花城出版社，2010.

[6] 杨晟，邓峰. 太阳能风能发电技术. 电子工业出版社，2013.

[7] 汪晓原. 简明科学技术史. 上海交通大学出版社，2001.

[8] 李思孟，宋子良. 科学技术史. 华中科技大学出版社，2000.

[9] [美] 马哈菲. 原子的觉醒：解读核能的历史和未来. 上海科学技术文献出版社，2011.

第七章　21世纪的能源战略

能源是人类生存和发展的重要物质基础，也是当今国际关注的焦点。能源对现代社会的发展发挥至关重要的作用，社会的持续发展离不开能源保障。随着能源需求的日益增长，越来越多的国家已将节能、开发可再生能源和清洁能源作为能源发展的长期战略。本章将重点介绍美国、欧洲、俄罗斯与日本等能源生产或利用的重要国家，并与中国的能源战略相对比，最后再分析能源与经济、政治与社会的相互关系。

第一节　各国的能源战略

随着人类对能源认识的不断了解与深入，当今世界各国利用风能、潮汐、太阳能、地热、生物质能、煤炭、石油、核能等可再生和不可再生等能源。由于各国经济、政治、地理环境等差异性较大，各国的能源战略不尽相同，但发达国家非常重视新能源的使用，新能源的应用较为广泛。

一、美国的能源战略

近年来，美国能源发展进入重大转折期，以页岩气产量剧增和可再生能源规模不断扩大为代表，能源效率不断提升。在美国新能源应用极为广泛：风能和潮汐能主要用于发电，生物质能主要用于发电、取暖和交通运输；太阳能可用来发电或加热水、照明、做饭以及农业生产(温室)；地热和太阳能的应用相类似。这些对经济发展、就业增长、贸易平衡和能源安全等诸多领域产生了广泛而深刻的影响。

进入21世纪，美国加快了能源战略的调整步伐。2005年8月，美国总统布什签署了《2005美国能源政策法案》，该法案规定，美国将增加国内能源供给、降低能源国际依存度和节约能源、“开源节流”并重，而以往美国能源战略主要是依靠国外能源资源来保证国内的能源供应安全，这标志着美国21世纪初期的能源战略发生了重大演变。布什在他第二任期之初，美国能源部在2006年公布了《美国能源部战略计划》，进一步确认和强化了这种变化的趋势。该阶段美国能源战略的调整内容包括：充分利用法律和财税杠杆，在能源方面开源节流；加强对可再生能源、研发替代能源的研究和资金投入，使美国在未来呈现出多元化能源格局；开发国内能源种类，加强能源的国内供给，降低对国际石油煤炭等资源的依赖度；大力发展以天然气和核能为主的清洁能源。

奥巴马上台后延续了布什政府时期的能源战略。2009年1月25日，美国白宫发布了一份奥巴马论述美国经济恢复和再投资计划的报告。该报告提出美国已将能源、教育、健康和基础设施建设列为最重要的领域。在能源方面，奥巴马提出，为了加速推进清洁能源经济，美国在未来3年内将把风能、太阳能和生物燃料等可再生能源的生产能力再提高1倍，将开始建造新的长达4 800公里的传输电网，以方便传输新的能源。

奥巴马已公布的能源政策还包括：未来10年，政府将投入1 500亿美元资助替代能源研究，风能、太阳能和其他替代能源公司将有可能获得更多的政府资助；到2012年，美国发电量的10%将来自可再生能源（这个指标到2025年将达到25%）；汽车方面，将加大对混合动力汽车、电动车等新能源技术的投资力度，减少石油消费量；在新能源技术方面，政府将大量投资绿色能源——风能、新型沙漠太阳能阵列和绝缘材料等；在建筑方面，将大规模改造联邦政府办公楼，推行绿色建筑，对全国公共建筑进行节能改造①。

2013年5月，美国白宫发布了《全面能源战略》报告，介绍了美国能源革命的内涵，阐述了美国能源革命对经济发展以及能源安全的影响，同时提出了美国未来低碳发展的主要措施，成为新形势下美国发布的一份极为重要的能源战略。截至2013年，一方面，美国煤炭消费量相比2005年降低21%，石油消费量下降13%；而另一方面，天然气消费量却增长18%，风电、太阳能发电以及其他可再生能源发电量也增加5倍多。据美国能源信息署（EIA）预测，2040年之前美国天然气产量将继续稳步增长，其中超过一半将来自非常规气。

美国能源革命不仅促进了经济增长，而且增加了就业岗位。据美国经济顾问委员会估算，2012—2013年，仅油气生产就对美国GDP增长贡献了0.2个百分点。2010—2013年，美国油气开采行业增加就业人数十多万；若考虑油气开采对其他行业的拉动，如制造、运输、医疗、零售以及学校培训等等，2012年非常规油气行业共计创造就业岗位170万个。同样，可再生能源快速发展也创造了大量的就业岗位，2010—2013年，太阳能产业就业人数上涨50%，风电产业就业人数也呈现出了大幅增长。

美国能源革命降低了贸易赤字，优化了能源结构。近几年，美国油气产量不断增加，国内石油消费量却逐渐减少，这使贸易赤字占GDP比重不断降低，从2006年的5.4%降至2013年的2.8%，其中0.6个百分点的降幅来自石油进口的减少。美国页岩气革命的成功使得天然气价格急剧下降，2014年上半年，天然气批发价格维持在每百万英热单位4.5美元左右，几乎为西欧价格的一半、日本的1/4，民用天然气价格也比2009年下降近20%；天然气作为燃料的竞争力大大提高，已经在市场上替代了部分燃煤发电，同时也使美国电力零售价格在2007—2012年间保持了总体稳定。

此外，美国能源革命在降低石油和煤炭消费、提高国内能源自给率的同时，也弱化了石油价格波动对其他能源价格的影响，总体上增强了能源安全。美国亨利天然气交

① 徐瑞娥.当前我国发展低碳经济政策的研究综述[J].经济研究参考，2009年第66期.

易中心与 WTI 石油现货价格月度变化相关系数，从 2001—2005 年间的 0.43 降至 2010—2014 年间的负 0.17；零售电价与石油价格的相关系数也从 2006—2010 年间的 0.27 降至 2010—2014 年间的负 0.1①。

从以上战略上来看，美国能源战略的核心是走低碳发展之路，2013 年二氧化碳排放量统计数据较 2007 年(历史峰值)降低近 10%，为了进一步打造低碳之路，美国从两个方面着手。一方面，强调提高能效。2012 年，美国出台严格的汽车能耗标准，2025 年前将轻型汽车燃油经济性比 2010 年水平提高近 1 倍，达 54.5 英里/加仑；2018 年前，将中型以及重型汽车能效提升 10%到 20%。此外，建筑、电器等方面也出台了能效提升计划。另一方面，重视发挥天然气在清洁能源转型中的中心作用。2005—2013 年，美国近一半二氧化碳减排量来自天然气发电、风电以及光伏发电等对燃煤发电的替代。未来，随着产量继续提升、气价保持低水平和发电碳排放标准的实施，天然气将继续发挥美国清洁能源转型的中心作用，也将促进风电、光伏等间歇性能源的大规模利用和消纳。同时，防止天然气泄漏和清洁生产也是重要减排举措。再者，该战略还支持可再生能源、核电以及清洁煤技术发展。可再生能源方面，美国联邦政府出台了包括生产税抵免在内的一系列财税支持政策，各州政府则实施了以配额制为主的可再生能源支持政策，充分利用市场机制和竞争，促进可再生能源发展和技术进步。在核电技术方面，小型堆和大型堆并重。2013 年 12 月，美国能源部宣布对小型堆的设计、验证以及商业化推广进行资助；2014 年 2 月，又提供了 65 亿美元贷款担保支持先进压水堆建设。在清洁煤技术方面，奥巴马政府承诺投入近 60 亿美元，研发提高新建电厂效率和二氧化碳捕集能效，进而提升各类电厂能效以及降低二氧化碳捕集能耗和投资成本②。另外，美国能源战略还推动交通领域清洁化发展。电动汽车以及生物燃料是美国汽车领域重要的发展方向。目前，美国已广泛使用了生物燃料，未来，还将实施可再生能源燃料标准，支持先进生物燃料的推广应用。

进入到 21 世纪，美国能源战略呈现出前所未有的新特点。第一，美国正在逐步降低对国际能源的依赖程度，其核心是降低对石油的依赖度。奥巴马上任以来，美国的石油对外依存度逐年下降，从 2008 年的 62.02%下降到 2012 年的 48.02%。美国目前"能源独立"所取得的成绩，并非只是奥巴马的功劳，也有几届政府持续努力的结果。"能源独立"是一种战略目标，是一个奋斗过程。尼克松的能源独立政策以"石油需求管理和节能"为主；里根、布什和克林顿时期，进一步加强了对能源消费的抑制和替代能源的开发，主张通过市场机制实现能源独立；小布什则把能源独立的重点放在"能源供给扩张"上，鼓励本国石油公司到海外进行油气开采和投资，全面推进替代能源和新能源的研发和商业化。奥巴马将能源安全独立性提高到前所未有的高度，"能源独立"的重点是"安全、绿色、经济"的"绿色工业革命"③。第二，美国的能源战略与经济外交相结合。《美国复苏和再投资法案》和《美国清洁能源安全法案》所透露出来的战略意图包括

① 司纪朋，张斌. 美国《全面能源战略》解析. 中国能源报，2014 年 09 月 29 日第 04 版.

② 同上.

③ 陈英超. 美国奥巴马政府新能源战略及其特点. 中国能源，2013.

节能增效、新能源研发、应对气候变化和智能电网开发等四大延伸方向，也被当成美国将在未来实现能源外交战略转移的佐证。据此可以看出，美国能源战略的调整其深层次动机是要推动新能源经济外交的，在实现了对全球石油资源的重新布局之后，在外交上对其他主要经济体实施的又一次战略牵制。需要支持的是，除了经济外交，中东是美国石油进口主要来源，对于美国的地缘战略来说，对沙特石油的依赖是美国能源安全脆弱性的主要原因，这一状况从根本上塑造了美国的军事政策。第三，利用绿色能源拉动美国经济增长。美国投入大量人力物力，研发新能源技术、节能技术及其相关产品，尤其是绿色能源在技术的推动下已经形成商业价值，绿色能源已经成为新的经济增长点，推广绿色能源作为动力，以节约能源和提高能效作为辅翼，是奥巴马新能源战略的三大支柱，构成了其新能源战略的框架。作为世界能源领域革命的开始，奥巴马能源新政将可再生的绿色新型能源置于取代传统化石燃料能源的主导地位，未来绿色新能源必将领跑美国经济的发展，成为经济增长的主力引擎。美国经济将再次焕发活力，保持其全球“火车头”的地位。而且，在推行绿色能源的过程中，相关国际性标准和规则的制定一直都由美国牵头。

但是，也要看到美国的能源战略发展到现在还存在很多问题。以奥巴马政府为例，一是难以吸引更多的私人资本投资。以绿色能源为主的替代性能源需要强有力的技术和资金支持，同时预期回报周期长，这导致很多商业资本处于观望之中，加之全球能源价格处于衰退期，投资回报充满变数，由此成为美国政府面临的一个严峻的问题。二是难以协调与其他传统能源行业的关系。新能源的研发势必会投入更多的资金，在能源领域预算不变的情况下，势必会减少对其他能源领域方面的资金投入，这样不利于经济的整体复苏。新能源的对冲效应，集中体现在限制排放与给予补贴，这些做势必会对传统的产业造成冲击。三是技术开发方面存在掣肘。如发展新能源的过程中，如何解决太阳能和风能对自然条件的依赖，以及供电的稳定、持续程度，都是需要考虑的技术性问题。四是能源安全问题。由于技术、管理等方面的漏洞，能源安全问题层出不穷，这种事件的特征是影响大，范围广，而且对生态环境的破坏一时难以清除。2010 年 4 月，位于墨西哥湾的“深水地平线”钻井平台发生爆炸并引发大火。这次的漏油事件对美国造成了巨大的经济损失和环境破坏，也给美国新能源战略的具体政策实施带来了一些变数。2011 年 3 月，日本大地震并引发核危机。美国认为这次核能的突发事件对奥巴马新能源战略的具体政策实施有一定的影响，人们很可能因为出于对核能危机的恐惧和担心，反对核电站的大规模建设和发展。加上核能突发事件具有“影响范围之广，破坏力之大更甚于常规能源突发事件”的特点，美国国内对于核能发展以及核电站建设的消极情绪会蔓延开来，给新能源战略的实施带来阻力。

美国能源革命是一场自下而上的革命，是由技术、市场和政策环境共同推动的结果。尤其市场在美国能源革命中发挥了决定性作用。天然气管网系统发达、公平接入，开发商与网络运营商分离，机制健全、充分竞争的市场环境，是美国页岩气革命成功的关键。与此同时，美国可再生能源支持政策也更多地利用市场机制和市场竞争，可再生能源配额制是创造需求、让市场引导投资的制度设计，是需求导向的，要求需求侧的终端用电环节实现可再生能源配额目标，而不是发电侧，配额制义务的履行主要依靠可再生能源证书及交易市场。政府则在能效标准、环保标准等方面发挥有效的监管作用。

二、俄罗斯的能源战略

俄罗斯一直是能源大国。冷战结束后，俄罗斯持续增加对欧洲的能源出口，通过紧密的能源关系来维护自己的战略安全。俄罗斯80%的天然气出口欧洲，占欧洲三分之一的市场，成为欧洲单一最大气源国。

当今能源问题已成为全球性问题，由于俄罗斯能源部门在世界能源中的地位，决定了俄罗斯能源政策的特殊作用。2009年俄联邦政府审核通过了《2030年前能源战略规划》(以下简称《能源战略》)。该战略是俄联邦政府根据社会经济长期的发展构想，向能源部门提出的在俄罗斯经济发展向创新型方向转变时期应形成的新的发展战略方向。正如俄联邦能源部长什马托克在政府会议上的发言指出："俄罗斯《能源战略》主要不在于数字本身，而是在于其提出了能源部门长期发展方针的优势及优先方向。"该战略按阶段提出目标，主要目标将是从常规的石油、天然气、煤炭等转向非常规的核能、太阳能和风能等。

第一阶段：2013—2015年。俄罗斯主要任务是克服危机。按俄联邦统计局资料，2008年，俄石油产量与2007年相比减产了0.7%，达4.88亿吨。俄罗斯经济发展部预测，2009年俄石油产量还将缩减1.1%，达4.82亿吨。同时，2009年1月到6月，俄罗斯石油出口与去年同期相比增加了0.2%，几乎达到1.23亿吨。可是，这6个月从俄出口原油的价值却缩减了51.6%。

第二阶段：2015—2022年。在克服近期的经济危机后，俄罗斯主要任务是在发展燃料能源综合利用基础上整体提高能源效率。

《能源战略》最值得注意的是，要提高能源效益和发展能源保护技术。俄罗斯《能源战略》制定者们认为，今后能源部门要为提高能源效益而战，为此必须更广泛深入地推广创新技术。预计，2030年前俄联邦单位GDP能耗要比2005年降低一半以上。可是，政府仍对这一预测不十分满意，所以委托能源部再详细研究有关降低能耗的部分内容，要求他们在2030年前，将俄罗斯年能源资源消耗份额降低到3亿当量吨，即减少25%。

第三阶段：2022—2030年。俄罗斯开始转向非常规能源，首先是核能和可再生能源，包括太阳能、风能、水能。

发展非常规能源——核能、可再生能源，包括水电是俄罗斯《能源战略》进取精神的重要体现。2030年前，俄罗斯能源部门不仅应学会有效利用石油和天然气，而且还要为更广泛利用非常规能源做好准备。根据《能源战略》，俄罗斯在2030年前，利用非常规能源发电将不少于800亿～1 000亿千瓦时。在实施《能源战略》第三阶段后期，由非常规能源生产电力所占的比例，预计从目前的32%(2008年)增加到38%①。

① 孙永祥.俄罗斯：2030年前的能源战略[J].中国石化杂志，2009.

从以上战略来看，俄罗斯在保持经济增长稳定的前提下，提高人民生活质量和强化其对外经济地位而最有效利用本国能源自然资源和发挥整个能源部门的潜力，一方面有效利用现有的能源优势，另一方面寻找新的能源来源。《能源战略》规定，今后石油和天然气的产量和探明储量要有明显增长，出口将有两三次增长，要提高能源使用效益和能源保护，并计划在标定时期内为此吸引60万亿卢布的投资。

俄罗斯《能源战略》规定，今后石油储量（包括海上油田）年增长率要达到10%～15%；天然气储量年增长率要达到20%～25%。新能源战略的要点之一是，准备在俄罗斯东西伯利亚和远东、极地周围，甚至是北冰洋大陆架地区建立新的油气综合体。预计2030年前，俄罗斯天然气年开采量达8 800亿～9 400亿立方米，年出口3 490亿～3 680亿立方米。石油年开采为5.3亿～5.35亿吨，年石油出口包括油品出口要增加到3.29亿吨。向独联体以外国家输油管道主干线的长度增加20%～23%，输送能力增加65%～70%。预计在此时期，每桶乌拉尔原油价格70～80美元。尽管欧洲仍将是俄油气出口的主要方向，可是俄罗斯整个油气出口的增长将主要取决于东部方向的超前发展。

除了加强出口外，为增强国力，俄罗斯《能源战略》更注重满足国内市场需求。据预测，2030年前，俄罗斯燃料能源资源生产增长为26%～36%，国内需求的增长为39%～58%。俄罗斯燃料能源资源出口量和国内需求量的比例要从0.88减少到0.62～0.72。按俄罗斯《能源战略》，2030年前，俄联邦人均能源需求与2005年相比，至少要增加40%，电力需求增加85%，发动机燃料增加不少于70%。同时，家庭经济的能源支出将不超过自身收入的8%～10%。《能源战略》还规定，在为燃料能源部门构筑基础设施时，将主要利用俄罗斯自己生产的产品和装备。燃料能源部门所需要的设备供应，国内部分要占到50%①。

俄罗斯的能源战略的实施，主要保证自身对能源资源的需要及强化自身在全球市场的地位，为国家经济得到最大的实惠。具体来看主要有以下两个作用。一是重振俄罗斯低迷的经济态势。21世纪初，俄罗斯能源出口成为拉动国内经济增长的重要引擎，并成为其恢复国际大国地位的重要资本。在此期间，俄罗斯政府不仅偿还了巨额外债，不仅如此，由于世界传统能源供应国的动荡局势给国际原油供给带来了风险，俄罗斯能源的国际战略地位越发凸显出来。得益于雄厚的能源储备，美国高盛公司将俄罗斯列入经济发展最具潜力和活力的“金砖四国”之一。二是能源与经济外交相结合。在能源外交方面，油气资源的出口也是俄罗斯参与世界经济体系、维护地缘政治影响和改善国际环境的重要手段。由于周边各能源输入国对俄罗斯能源的倚重，俄罗斯不失时机地把能源潜力转化为外交红利，充分运用油气资源与现有管道的优势，通过控制能源输出、能源管道走向，以及利用周边国家的石油需求施加政治影响力。在国际石油交易体系中，俄罗斯凭借着世界能源“领头羊”的实力，以维护国家经济安全为目标，挑战欧美主导的国际能源旧秩序。

2014年1月23日，俄罗斯能源部在其官网上公布了《2035年前俄罗斯能源战

---

① 孙永祥.俄罗斯：2030年前的能源战略[J].中国石化杂志，2009.

略》，该文件虽然不具有法律约束效力，但可以作为政府能源政策的方向性文件来理解。该战略对石油产业的预测较保守。对西西伯利亚地区产量下降和东西伯利亚地区成为第二大产油区的预测，从地质学和现行政策的角度来看具有很大的实现的可能性。但该战略对天然气产业的预测过于乐观。考虑到页岩气革命和经济危机的影响，俄罗斯需要对包括定价和长期合同在内的以往的天然气贸易方式进行修正。该战略对油气未来的出口方向和与此相配套的管道和液化气工厂建设进行了预测，其中液化气工厂的建设还需要充分考虑到世界市场的变化。此外，在政府相关政策和引进国外先进技术的条件下，能源的有效利用问题会得到解决。

根据《2035年前俄罗斯能源战略》，在未来俄罗斯远东地区将成为俄罗斯能源战略转向的新目标。远东地区对能源的需求潜力大。远东地区对能源的需求潜力是俄罗斯进行新的能源战略规划最主要的原因。根据预测，远东地区特别是中日韩三国对石油、天然气的需求量在2010—2030年将会迅速增长。另外，俄罗斯西部地区的油气资源面临枯竭，需要充分发掘远东地区的油气资源。但远东地区的油气开采存在限制条件，俄罗斯远东能源工业的基础设施需进一步夯实。虽然东西伯利亚和远东地区拥有十分丰富的自然资源，但这两个地区经济却欠发达，而且出口主要以原料、金属和未加工木材为主。与此相反，随着全球化的发展，东西伯利亚和远东地区作为保障俄罗斯对外经济、文化和其他国家间合作形式的交往沟通地带，其重要性却在不断上升。地区发展不平衡给地区稳定乃至于整个国家的发展带来不利的影响。俄罗斯远东地区的能源开发受到运输能力和资金技术等方面的制约，能源战略的"东移"在客观上更需提高对资金、技术、设备、人员等方面的要求。同时，俄罗斯远东地区及东北亚缺乏多边合作机制。东北亚作为一个区域而言，各国应建立一个行之有效的多边合作机制来确保该区域能源安全，保障多边合作的顺利进行。但是，由于东北亚各国之间因领土归属问题长期存在争议，发展这种多边合作的关系存在现实的困难。

小知识

新世纪俄罗斯的能源战略调整

2004年俄罗斯公布《2020年前能源战略》，2009年发布《2030年前能源战略》。2014年，俄联邦能源部发布的《2035年前俄罗斯能源战略草案》，提出了包括降低对能源经济的依赖程度、调整能源结构、加大能源科技创新、拓展亚太市场等一系列措施。欧美经济制裁、国际油价暴跌、卢布大贬值等一系列问题导致俄罗斯深陷困境。在能源战略环境恶化的背景下，俄罗斯逐步加快对能源战略的调整，表现为加强改革与创新、提高竞争力与国际地位、"能源东移"等特征。俄联邦能源部提出了包括降低对能源经济的依赖程度、调整能源结构、加大能源科技创新、拓展亚太市场等一系列措施。如果这些措施得到有效实施，不仅可以保障俄罗斯能源安全，理顺国内能源管理体制机制，而且可以扩大能源领域开放，为中俄两国能源合作提供机遇。

三、欧洲的能源战略

英国是最早提出“低碳”概念并积极倡导低碳经济的国家。2003年，英国政府在《能源白皮书》中提出了温室气体减排目标：计划到2010年二氧化碳排放量在1990年基础上减少20%，到2050年减少60%，到2050年建立低碳经济社会[①]。

2008年5月31日至6月8日，英国伯明翰举办了第一届国家气候变化节，发布了《气候变化战略》，提出了“后碳时代城市”目标，明确提出到2026年减少二氧化碳排放60%、人均排放从6.6吨下降到2.8吨等[②]。

欧盟是世界能源电力改革的积极推动者，也是气候变化和环境保护的主要倡导者。2010年11月，欧盟委员会以系列通报的形式公布了《面向2020年的欧盟能源战略》，提出在未来10年投资1万亿欧元用于能源基础设施更新。跨国能源网络建设和低碳技术研发等。这一能源战略以保障欧盟能源安全供应和应对气候变化为目标，以能源节约为主线，以建设节能欧洲、整合欧洲能源市场、鼓励技术创新、拓展国际交流等为基本框架，为未来欧洲能源发展提供了更加明确的方向路径和图景。

第一，将节能摆在首要位置。建设“节能欧洲”是欧盟实现能源供应和应对气候变化长期目标的重点。欧盟计划实施节能行动，到2020年每户家庭通过节能每年节省1 000欧元以上。为了有效地推动节能工作，能源效率管理将覆盖能源生产。输送和消费各个领域，并制定激励节能投资。推广节能标识和认证、扶持能源服务和审计企业、创新金融工具等政策措施，加快推进节能速度，同时在政府采购中强化能效标准要求，在发电装机许可中建立能效标准等。发展智能电网是欧洲提高能源利用效率的重要举措。根据德国某咨询机构的研究，到2020年，欧洲智能电网每年可使能源行业一次能源消费量降低9%，约为1 480亿千瓦时电量，折合75亿欧元(2010年电力价格水平)。

第二，加快欧洲能源网络建设。在能源战略中，欧盟提出，建设一体化、可靠智能的能源输送网络是能源目标和经济战略实现的先决条件。欧盟认为当前跨国联网仍然薄弱，主要面临两方面障碍：项目审批问题，欧洲输电线路从规划到建设投产通常需要10年，跨国线路更长；项目融资问题。为此，欧盟提升可再生能源电力接入能力和将电力传送至消费/储能中心的输送能力。强化市场整合与竞争程度、提高能源使用效率和智能化电力利用“标准的项目赋予”和“欧洲利益项目”等标志，建立更为简化和有效协作的审批程序，为其赋予一定的政治优先权，包括设置专门机构为投资者提供“一站式服务”、规定受理时间、增强信息透明度等。

第三，在价格和投融资政策上给予支持，包括创新投融资方式和金融工具，制定相应的输电价格机制和成本分摊规则等，以提高这些项目的投资吸引力，促进跨国能源网络投资。对于具有商业性质的基础设施，制定公共和私人投融资的最佳平衡方案，资金回收方式包括：使用者付费；受益者付费，主要针对跨区域基础设施受益者的成本、收

---

① 英国：多举措推进低碳社会建设[N].经济日报，2009.3.25.

② 同上.

益分配;纳税人分摊付费,主要针对缺乏商业生存能力但全欧洲受益的基础设施项目、对于商业生存能力差、但对欧盟具有全局意义的项目,将通过创新基金等公共融资方式给予支持。

未来10年,欧盟计划以电网基础设施建设为主体,投资2 000亿欧元用于输电网和天然气管网的改造和升级,加快跨国能源网络建设。其中输电网投资达1 420亿欧元,占70%优先建设的电网基础设施有:建设连接北海风电、北欧和中欧的海上电网,将覆盖欧盟90%的海上风电场;加强欧洲西南部内部联网及其与欧洲中部的联网,建设北非到欧洲南部的海底联网工程,接纳北非的可再生能源;联通欧洲中东部电网和东南部电网;建设支持波罗的海统一市场的联网工程。根据欧盟发布的政策模拟与评估文件,充分落实这些投资不仅将推动欧盟成员国之间实现互联互通,形成一体化的欧盟能源网络,还将有力促进欧盟经济的发展,拉动欧盟GDP增长百分点。

第四,积极推动低碳技术升级。为了提升在低碳技术领域的领导地位,欧盟将启动战略性能源技术计划,并将投入10亿欧元支持低碳能源技术的前沿研究。欧盟的战略性能源技术主要包括第二代生物燃料、智能电网、智能城市、碳捕捉与封存、电力存储与电动汽车、下一代核能技术、利用可再生能源的供暖与制冷技术等。此外,欧盟还将启动4项大规模的欧洲项目:建设覆盖整个欧洲的智能电网,重建欧洲在电力存储技术领域的领导地位,发展大规模可持续的生物燃料。

第五,强化能源服务管理。能源服务管理是欧盟提高能源效率、实现节能目标的重要措施之一。在欧盟能源战略中,明确提出在欧盟层面要制定促进能源服务产业发展的相关政策措施,制定能效、智能电网和智能电表的统一标准,促进能源服务市场发展;制定详细的行动计划,促进成员国推进智能电网建设和能源服务;创新金融工具,为能源服务项目提供资金支持。此外,欧盟还要求各国的配电企业和售电企业要充分借助能源服务公司使用新技术(如智能电表),切实帮助用户节约能源①。

欧盟还提出,不仅要确保用户获得价格相对较低的能源,同时还要促进用户参与市场活动。通过加强统一能源市场的建设,让用户可以自由选择新的能源服务商,获取更好的能源服务。

四、日本的能源战略

日本是世界上有名的能源消费大国和能源进口大国。日本先于中国进入工业化时代,先于中国进入能源大量消费和大量进口时代,先于中国经历严峻的能源危机时代。因此,日本的经验教训值得研究和借鉴。

日本能源资源十分匮乏,战后实现经济发展所需要的能源基本依靠海外进口,这种能源状况决定了日本要经常面对诸多能源安全问题。关乎国家经济命脉的能源大部分依赖进口,能源总体对石油依赖度较高,社会经济和生活所需石油主要依靠进口,进口石油主要依赖中东,这些成为日本能源结构上的脆弱环节,也是日本能源经常要面对的

① 英国:多举措推进低碳社会建设[N].经济日报,2009.3.25.

不安全因素。也正因为如此，日本成熟的能源战略也值得东亚的国家借鉴和学习。

重视能源供给。保障能源总供给与能源总消费规模相匹配，是日本能源安全战略和对策的根本目的。日本的能源供给分为来自国外的供给和来自国内的供给。来自国内的供给也就是日本的国产能源，日本国产能源受资源条件限制，在能源总供给中处于次要地位。在20世纪70年代到80年代中，日本大力发展核能，虽然提高了国产能源的比例，但能源的大量供给仍然主要来自海外，特别是煤和油气资源的供给基本依靠海外，日本不得不长期依靠开发海外能源来保障自己的能源总供给。

积极调整能源结构。根据国内外能源形势变化调整能源结构，是日本确保能源安全的重要战略之一。战后日本根据经济发展需要和国内外能源资源形势变化，对能源结构进行过几次大的调整，50年代能源结构以煤为主，60年代调整为以石油为主，70年代石油危机以后，日本为了规避石油风险，又将能源结构调整为以石油、煤、核能和天然气为主，以太阳能、地热、风能、生物能源等新能源为辅的多元的更加安全的能源结构。每一次能源结构调整都是为了稳定能源供给，提高国家能源安全的系数。

因为在很大程度上降低了对石油的依赖，2002—2007年的世界油价暴涨对日本经济的影响已经降到最小限度。2007年的石油价格最高时涨到了每桶98美元，是2002年的3倍以上，但日本经济社会并没有发生70年代石油危机时的剧烈波动，目前日本国内受世界油价上涨引发的物价上涨并不明显。

大力发展核电。日本早在1956年就制定了“核能研究开发和利用的长期计划”，自主研发和从美国、英国引进先进技术设备相结合，长期致力于发展核电事业。1963年日本首座核电站开始运转。1970年核能在日本一次能源中仅占0.6%，2007年核能在一次能源中已经占到13%，这极大地提高了日本能源的国产比例，从而也就提高了能源的安全性。在90年代中对是否继续发展核能日本国内曾经有过很多异议，近年世界的核能开发出现再次回潮，日本也不失时机地确定了“核能立国”的新能源战略。2005年10月日本核能委员会提出了新的“核能政策大纲”，这个大纲计划到2030年将目前电力中24%的核电比例扩大到30%到40%。以这个大纲为基本的“核能立国计划”在2007年3月已经纳入了新的《能源基本计划》。巩固核能在能源结构中的地位，仍然是今后日本保障能源安全的最重要策略之一①。

小知识

福岛核电站事故

福岛核电站(Fukushima Nuclear Power Plant)是世界上最大的核电站，由福岛一站、福岛二站组成，共10台机组(一站6台，二站4台)，均为沸水堆。福岛核电站位于北纬37度25分14秒，东经141度2分，地处日本福岛工业区。日本经济产业省原子能安全和保安院。福岛一站1号机组于1971年3月投入商业运行，二站1号

① 高士佳.日本能源战略的启示[N].中国经济网，2011.3.24.

机组于1982年4月投入商业运行。福岛核电站的核反应堆都是单循环沸水堆，只有一条冷却回路，蒸汽直接从堆芯中产生，推动汽轮机。福岛核电站一号机组已经服役40年，已经出现许多老化的迹象，包括原子炉压力容器的中性子脆化，压力抑制室出现腐蚀，热交换区气体废弃物处理系统出现腐蚀。这一机组原本计划延寿20年，正式退役需要到2031年。

2011年3月12日宣布，日本受9级特大地震影响，福岛第一核电站的放射性物质发生泄露。2011年4月11日16点16分福岛再次发生7.1级地震，日本再次发布海啸预警和核泄漏警报。受东日本大地震影响，福岛第一核电站损毁极为严重，大量放射性物质泄漏到外部，日本内阁官房长官枝野幸男宣布第一核电站的1至6号机组将全部永久废弃。联合国核监督机构国际原子能机构(IAEA)干事长天野之弥表示日本福岛核电厂的情势发展"非常严重"。法国法核安全局先前已将日本福岛核泄漏列为六级。2011年4月12日，日本原子能安全保安院根据国际核事件分级表将福岛核事故定为最高级7级。2013年10月9日，福岛第一核电站工作人员因误操作导致约7吨污水泄漏。设备附近的6名工作人员遭到污水喷淋，受到辐射污染。日本东京电力公司2013年11月20日宣布，将对福岛第一核电站第五和第六座核反应堆实施封堆作业。福岛第一核电站将完全退出历史舞台。这次事故引发的福岛核危机却动摇了日本继续发展核能的信心，不得不对现有的能源战略进行调整。

提高能源自给率。日本的提高能源自给率主要有两个含义：一是依靠发展核能大幅度提高能源自给率；二是通过日本能源企业在海外购买油气田，提高海外油气自己开发比例。日本视日资能源企业在海外获取独家油气田开采权为油气生产的准国产化，这也是提高能源自给率的重要对策，有助于增加本国能源供给的安全性。衡量这一安全性的指标是，在进口油气总量中自主开发所占的比例。1977年日本油气自主开发比例不到8%，现在提高到了15%。日本计划到2030年将这一比例提高到40%。①

对提高能源自给率贡献最大的还是核电。2004年日本能源自给率22%，其中18%来自核电，剩余4%的自给率主要来自日本本国产化石油、天然气、水力、地热、太阳能和废弃物发电。

进口能源多元化可以分为进口地区多元化和进口产品多元化。对日本而言，进口地区多元化更加重要。由于石油危机前后日本进口石油主要来自中东地区，这成为日本能源安全中最大的风险。日本以开发中东以外能源来降低对中东的依赖，这种进口多元化努力曾经收到一定成效。目前日本石油来源国从过去的15个增加到20多个，但日本能源进口多元化不是一蹴而就的，一旦国际能源格局发生大的变化，日本就要调整自己能源多元化的策略。比如在90年代中，东亚一些能源出口国的出口量开始减少，这迫使日本对曾经的能源多元化策略作出调整，能源开发转向中亚一些国家。近年

① 高士佳. 日本能源战略的启示[N]. 中国经济网，2011.

来日本比较看好的那些具有能源出口潜力的国家如澳大利亚，对本国的能源开采和出口加强了限制，能源出口国的这种政策调整，也将影响日本能源进口多元化的努力。

日本通过节能降低能耗，减少能源消费，是从能源消费层面提高国家能源安全性的重要举措。在石油危机以后，日本通过产业结构调整和革新制造业技术，极大地改善了经济运行中的能源效率，在过去30年中，日本的能源效率改进了37%，使日本的节能达到世界最高水平。日本的节能从生产层面到消费层面，贯穿经济运行的全过程和各个环节。在节能技术、节能材料和节能管理各方面的探索与创新，为日本积累了丰厚的节能资本。日本的节能技术不但解决了本国能源问题，还成为技术出口的强项。在2007年日本提出的新的节能计划中，计划到2030年将节能效率再改进30%。

石油储备机制是日本防范石油危机、提高能源安全性的重要举措。早在1972年，日本就开始对石油储备实施一些行政指导，提出了初步的石油储备目标。70年代石油危机以后，1975年日本制定了《石油储备法》，依据该法日本政府和民间企业分别履行自己的石油储备义务。在60年代到70年代中，以民间企业的石油储备为主，国家对进行石油储备的企业依据政策给以支援，80年代中政府的石油储备增加。目前日本政府和民间石油储备合计可以达到170天。石油储备机制为防范石油市场波动做了一道防线。

从消费层面改善能源结构，加强节能和环保。大量消费能源，不仅消耗不可再生的能源资源，还引发一系列环境问题，从能源消费层面控制消费总量，改善消费结构，加强节能的同时也重视环保。能源消费有生产消费和生活消费。在80年代以前，日本的生产用能源消费，即企业的能源消费量最大，一直是能源战略重点要解决的领域。90年代以来，民用能源消费，即居民生活能源消费和办公室能源消费，在整个能源消费中的占比增大，民用能源消费结构和存在问题成为90年代以后日本能源战略不容忽视的领域。

改善民用能源结构早已是推进国家总体能源战略的重要一环，同时也是环保战略的重要一步。由日本家庭的能源结构可以看出日本能源使用结构的改变及取得的成效。中国社会科学院日本所丁敏提供的资料显示，1965年日本家庭能源消费中，电气占23%，城市燃气占15%，液化石油气占12%，煤油占15%，煤占35%。

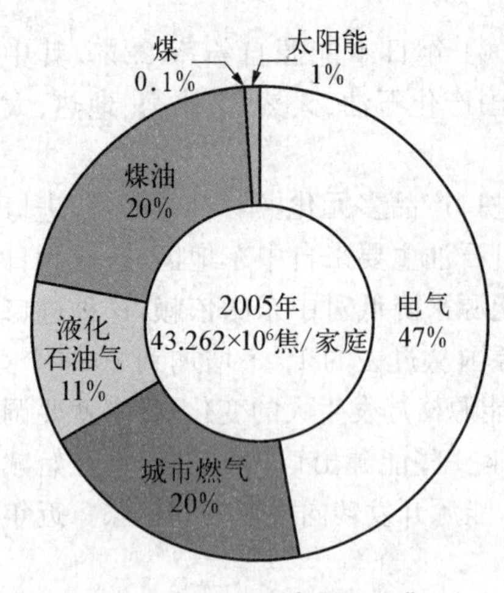

图7.1　日本家庭能源消费

由此可以看出，21世纪以来日本能源战略谋求的是多元化的模式。首先，为了稳定本国的海外能源供应，日本实行了对能源生产国家进行大规模能源合作的战略。2002年，日本制定的《能源基本计划》强调，当前最重要的任务就是要加强自主开发，必须建立一批资产规模大、技术力量强、经济效益好的核心企业用于自主开发。在2006年5月出版的日本《新国家能源战略》中，重点强调今后增加自主开发原油的比率。其次，大力发展新能源，降低对传统能源的依赖度。日本政府提出的《新国家能源战略》，计划大规模降低对石油的依赖，由2006年对石油近50%的依存度，降低到2030年的40%。运输部门对石油的依存度从2000年的98%，降低到2030年的80%。提出原子能立国战略，大力开发核能、利用核能。2012年9月14日，日本政府召开能源环境会议，时任首相野田佳彦及相关内阁成员出席，确定了新的能源政策"革新性能源环境战略"。战略明确提出"为在2030年代实现零核电而投入所有政策资源"。这是日本政府首次提出零核电方针。战略还提出，要大量建设可再生能源作为替代能源，争取在2030年之前使可再生能源达到2010年的3倍。2014年日本重新修订和制定了《日本新国家能源战略》，其背景是原油价格上涨，世界能源状况发生了结构性变化。大部分能源依靠进口的日本，达到了世界最高的节能水平，石油储备工作也做得很好，克服危机的能力日益增强。但是，要确保能源稳定以支持经济增长，就需要实现采购地区多样化、扩大通过技术开发可加以利用的资源范围。随着欧美各国正加紧调整能源战略，如重新看待原子能以及推行节能措施等。日本经济产业省也认为，日本需要拿出注重能源安全的新战略。同时，在该战略规划书中日本强调将能源战略转化为经济外交。例如，关于东海的天然气开发，日本对中国的基本方针是：既"协调"又"坚持原则"。基于中国市场的巨大规模和发展潜力，必须继续保持与中国进行协调的方针。但是，日本只有充分利用自身的石油储备和节能技术的优势，才可能与中国实现协调。另一方面，对于像东海问题这样的领土主权之争，又必"坚持原则"①。

阅读材料

德国的新能源战略

近年以来，德国在推进能源替代战略实施，促进可再生能源研发上有两大举措引人注目：一是制订电动汽车发展计划，二是加快建设海上风电场。

电动汽车开发提速

2010年2月1日，德国经济技术部和交通部共同组建成立了电动汽车办事处，主要任务是大力支持国家电动汽车发展战略，推动实施电动汽车国家发展计划，协调处理与电动汽车发展有关的事务。5月3日，德国总理默克尔与500多名政界、产业界和科研机构人士，在柏林共同启动了德国电动汽车国家发展计划，该计划旨在进一步促进电动汽车的研究开发和市场应用，力争使德国发展成为全球最大的电动汽车市场。根据这项计划，到2020年将有大约100万辆电动汽车行驶在德国的公路上，其中，每45辆汽车就有1辆是电动汽车。

默克尔表示，未来的汽车应该更环保，更有利于可持续发展，并有助于遏制气候变暖。德国在传统汽车方面有很好的基础，更应该争取在电动汽车市场上的领军地

① 高士佳.日本能源战略的启示[N].中国经济网，2011.

位。她说:“今天谁不发展电动汽车并使之尽快市场化,谁就会在不远的将来落后。”根据国家电动汽车计划,相关研究所、汽车制造商以及相关行业的147名专家将组成7个工作组,分别负责研究解决电动汽车驱动技术、电池技术、基础设施建设、标准化与认证、材料与回收、人员与培训、政策法规等7个方面的问题,其中,电池技术是电动汽车发展的瓶颈,也是电动汽车成本高昂的主要原因。

德国政府此次并没有宣布额外的资金补贴,但在去年推出的第二个经济刺激计划中已包含一项电动汽车研发计划,即到2011年年底提供5亿欧元资金,资助1个电池研究中心和8个电动车试点城市。

目前,德国各汽车企业已参与电动汽车领域的开发竞争。大众公司说,希望在2013年发布首款电动汽车。德国宝马汽车公司将进入电动汽车电池生产领域,其首批纯电动汽车将在2013年投入市场。戴姆勒公司则与美国台斯拉汽车公司联合开发汽车电池与电动驾驶系统。公司总裁蔡澈说,目前戴姆勒公司年产1 000辆电动汽车,如果市场需求持续上涨,公司有能力将年产量迅速提高到1万辆至1.5万辆。

根据电动汽车国家发展计划,到2013年德国将实现电动汽车批量生产,消费者将可以在市场上自由挑选喜爱的电动汽车。

海上风电前景广阔

4月27日,德国首个海上风电场正式并网发电,这标志着德国可再生能源利用取得了新突破。该风电场位于离海岸40多公里的北海海域,总装机容量60兆瓦,可满足5万户家庭的用电需求。可再生能源行业对德国经济稳定作出了贡献。2009年德国经济增长为负5%,但对可再生能源领域的投资却增加了20%,达到近180亿欧元,可再生能源领域的就业岗位增加了8%,从业人员达30万人。根据德国环境部制定的目标,到2020年,德国可再生能源发电量要由目前占该国用电总量的16%上升到30%,2030年要达到40%。

德国政府在对本国能源结构进行全面评估后声称,未来,太阳能发电对德国用电需求贡献有限,水电和生物质能发电量也难有质的飞跃,发展潜力最大的就是风能,因此,加快建设海上风电场对德国可再生能源战略早日实现至关重要。德国是欧盟风能发电第一大国,据统计,风力发电已占德国总用电量的6.4%。德国环境部长勒特根说,海上风电将在未来德国能源结构中发挥决定性作用,到2030年,德国离岸型风电场的总装机容量将达2.5万兆瓦。目前,德国已批准了25个海上风电场建设项目,此外还有60个海上风电项目正待审批。一些专家指出,目前欧洲沿海国家都在竞相发展海上风电,未来一二十年,欧洲沿海地区海上风电场有望连接成一个巨大的海上风电网,这样就可以弥补单个风电场发电量波动的不足。海上风电不仅本身是个巨大市场,而且可以带动一系列相关产业的发展,因此海上风能开发前景广阔,欧洲沿海地区也成了各大能源公司的角逐场。

(选自:刘向.德国能源替代战略新亮点.中国石化报,第八版,2010)

第二节 中国21世纪能源发展趋势

能源是人类活动的物质基础。在某种意义上讲，人类社会的发展离不开优质能源的出现和先进能源技术的使用。在当今世界，能源的发展和利用，能源开发和环境，是全世界、全人类共同关心的问题，也是我国社会经济发展的重要问题。

一、中国能源战略发展状况

1. 中国能源结构变革的三个历史阶段

中国工程院杜祥琬院士长期从事我国能源研究，是我国能源研究的资深专家，他把中国能源革命概括为两大革命：第一就是能源消费革命，要逐步由粗放、低效走向节约、高效；第二是能源生产革命，逐步由黑色、高碳，走向绿色、低碳。这两个革命实现，需要以能源技术革命为支撑，以能源体制革命为保障。

在他看来，我国能源结构的变革必然会有三个历史阶段。

第一阶段，长期处于以化石能源、特别是以煤炭为主的阶段。

第二阶段，能源多元化阶段。如果以非化石能源占比超过10%作为标志，那么2015年已经开始进入第二阶段。在这个阶段的前几十年，煤炭、石油等化石能源仍将占较大比重，但年消耗总量占比会逐步下降。为此，能源消费进入多元化是一个必然趋势。① 煤炭、石油等化石能源必将带来包括气候变化等严峻的环境问题。② 化石能源不可再生，无法可持续发展。③ 洁净低碳能源的替代会缓慢减少。化石能源缓慢减少的同时，我国能源需求总量的增量将由低碳洁净能源来补充，随之而来的是低碳洁净能源在我国一次能源结构中的占比逐步增加。这个多元结构阶段，大约会持续百年左右。

第三阶段，以非化石能源为主的阶段。如果说非化石能源占到90%，大概还要有百年的光景，但是如果非化石能源占到50%以上，可能需要50年左右。

总结来说，由第一阶段化石能源为主，到现在开始进入多元结构阶段，再到远景的以非化石能源为主的阶段，它可以使我们从方向上，定性地判断各类能源消长的大趋势，从而增强战略谋划和政策制定的稳定性①。

2. 化石能源的总量控制和洁净高效利用是现阶段的工作重心

化石能源不会很快枯竭，今后几十年中，虽然煤炭和石油在一次能源结构中的占比会逐步下降，但是它依然是主导能源之一。因此，在能源结构变革的第二个阶段，要做到化石能源的节能优先、总量控制。从总量控制上，头脑中要时刻有一个“天花板”概念，同时，要积极探索化石能源的高效、洁净、低碳利用。

就煤炭而言，五年之内煤炭消费总量见顶。虽然近几年来煤炭的总消费量开始下降，但仍不稳定，而五年以后达到不再增加是有可能的。在我国的煤炭消耗当中，只有

---

① 杜祥琬.对中国能源战略全局的认识[N].光明日报，2015.6.6.

一半是用来发电的。煤炭发电的比例要增加，而直接燃烧、散烧煤可用气、电、余热等替代。除了总量控制，煤炭一个很重要的方面就是清洁利用。洁净化有非常清晰的国家环保概念，我国在脱硫、脱硝、除尘都有明确标准，符合国际标准。但是，低碳化仍然当前需要攻克的难题。换言之，通过节煤减排实现低碳是有限的，国家必须通过科技创新，如发展碳捕捉、利用和存储等来实现低碳生活。

就石油而言，要合理使用。我国不仅要理性发展汽车数量，引导汽车车型消费等，而且要提升油品质，发展可替代能源。天然气，和包括页岩气、煤层气、致密气、天然气水合物在内的非常规天然气，都是相对洁净的化石能源，对缓解环境污染和气候变化作出贡献。

此外，在我国终端能源结构中，要显著提高电力的比例。要大幅度降低煤炭和石油直接燃烧的部分，增加电力使用的部分，即电气化。同时，在电力的结构中，要增加非化石能源发电的比例。目前，非化石能源发电的比例是25%，将来要占越来越高的比例。加强智能电网和分布式低碳能源网的建设是未来我国能源战略中的重点。

小知识

东海油气田

东海油气田位于东海大陆架上的油田。东海大陆架面积约46万平方千米。原油和天然气分别于1998年和1999年投产。至21世纪初，已建有平湖、残雪、断桥、宝云亭、武云亭、天外天、春晓、孔雀亭等8个气田和玉泉、龙二、龙四、孤山等含油气构造。其中平湖油气田为最早开发，位于上海东南，距南汇角365千米。以油、气管道分别供应上海城市燃料。春晓气田距上海450千米，于2003年开始生产。面积达700平方千米，年产天然气20～25亿立方米。为东海油气田群中的核心气田。并有输气管通往江、浙。东海大陆架是个资源非常丰富的海区，26.7万平方千米的陆架盆地地质结构内，储有约70亿吨的油气资源。东海油气田位于浙江省以东海域、东海陆架盆地中部的西湖凹陷。现有平湖、天外天、残雪、断桥、宝云亭、武云亭和孔雀亭等多个油气田。此外，发现了玉泉、龙井、孤山等若干个含油气构造。其中位于上海东南420千米处的平湖油气田，发现于1983年4月，是我国东海发现的第一个中型油气田。它是以天然气为主的复合型油气田，1999年生产原油55.56万吨，天然气1.66亿立方米。专家估计天然气储量为260亿立方米，凝析油474万吨，轻质原油825万吨。

3. 非化石能源是未来发展的方向

从第二阶段到第三阶段，低碳能源主要有天然气、可再生能源和核电三大方向。在可再生能源当中，比较成熟的是水电，目前一次能源中的比例约占7%～8%，未来占10%左右。将来，非水的可再生能源的贡献将超过水电。非水的可再生能源，如太阳能、风能、生物质能、地热能、海洋能等。首先，从资源来说，我国的非水可再生资源比较丰富；其次，从目前的技术发展上看，我国已达到较发达的利用技术，原理性障碍较少。近年来，风能和太阳能发展迅速快，成本有所降低，但是还有一些工程问题需要解决。特别是，要提高太阳能、风能等间歇性的可再生能源被电网消纳的能力，以及发展储能技术，包括物理储能、化学储能等各种手段。

要发展核电，但必须把核电的安全放在首位，一定要做好风险管理。在日本福岛核电站事故后，我国的核电的建设要更加谨慎，出台了新的安全标准、法规，稳中求进地制定发展战略和相应规划，并推进核电体制的改革。在互联网时代、信息化时代，核电的建设不仅要有制度的保障，而且要强调公众参与度。政府要向公众提供真实透明的信息，要成立地区信息委员会，负责核安全信息源的跟踪和咨询，成立国家工作辩论委员会组织公开辩论，让政府、企业、专家、公众共同参与，凝聚理性共识，打消各种的疑虑。

放眼未来，从核裂变走向核聚变，这是历史的必然走向。我国要努力在核科学、技术和工程方面走在世界的前列。

小知识

秦山核电站

秦山核电站是中国自行设计、建造和运营管理的第一座30万千瓦压水堆核电站，地处浙江省嘉兴市海盐县。秦山核电站采用目前世界上技术成熟的压水堆，核岛内采用燃料包壳、压力壳和安全壳3道屏障，能承受极限事故引起的内压、高温和各种自然灾害。一期工程1984年开工，1991年建成投入运行。年发电量为17亿千瓦时。二期工程将在原址上扩建2台60万千瓦发电机组，1996年已开工。三期工程由中国和加拿大政府合作，采用加拿大提供的重水型反应堆技术，建设两台70万千瓦发电机组，于2003年建成。2015年1月12日17时，秦山核电厂扩建项目方家山核电工程2号机组成功并网发电。至此，秦山核电基地现有的9台机组全部投产发电，总装机容量达到656.4万千瓦，年发电量约500亿千瓦时，成为目前国内核电机组数量最多、堆型最丰富、装机最大的核电基地。

二、中国能源战略的特色

经过长期发展，我国已成为世界上最大的能源生产国和消费国，形成了煤炭、电力、石油、天然气、新能源、可再生能源全面发展的能源供给体系，技术装备水平明显提高，生产生活用能条件显著改善。尽管我国能源发展取得了巨大成绩，但也面临着能源需求压力巨大、能源供给制约较多、能源生产和消费对生态环境损害严重、能源技术水平总体落后等挑战。未来必须从国家发展和安全的战略高度，审时度势，借势而为，找到顺应能源大势之道。

政府对能源生产和消费革命提出的五点要求。

第一，推动能源消费革命，抑制不合理能源消费。坚决控制能源消费总量，有效落实节能优先方针，把节能贯穿于经济社会发展全过程和各领域，坚定调整产业结构，高度重视城镇化节能，树立勤俭节约的消费观，加快形成能源节约型社会。燃烧方面，通过甲醇重整，将水中的"氢"提取出来参与燃烧，火焰温度更高、燃烧效率更高。电力方面，甲醇重整制氢、氢通过"燃料电池"发电，整体效率达35%以上，目前技术水平下，综合效率已高于电力配送。

第二，推动能源供给革命，建立多元供应体系。立足国内多元供应保安全，大力推进煤炭清洁高效利用，着力发展非煤能源，形成煤、油、气、核、新能源、可再生能源多轮驱动的能源供应体系，同步加强能源输配网络和储备设施建设。

第三，推动能源技术革命，带动产业升级。立足我国国情，紧跟国际能源技术革命新趋势，以绿色低碳为方向，分类推动技术创新、产业创新、商业模式创新，并同其他领域高新技术紧密结合，把能源技术及其关联产业培育成带动我国产业升级的新增长点。

第四，推动能源体制革命，打通能源发展快车道。坚定不移推进改革，还原能源商品属性，构建有效竞争的市场结构和市场体系，形成主要由市场决定能源价格的机制，转变政府对能源的监管方式，建立健全能源法治体系。

第五，全方位加强国际合作，实现开放条件下能源安全。在主要立足国内的前提条件下，在能源生产和消费革命所涉及的各个方面加强国际合作，有效利用国际资源。

小知识

中国的《能源发展战略行动计划》

2014年6月7日，国务院办公厅以国办发〔2014〕31号印发《能源发展战略行动计划(2014—2020年)》。该《行动计划》分总体战略、主要任务、保障措施3部分。明确了2020年我国能源发展的总体目标、战略方针和重点任务，部署推动能源创新发展、安全发展、科学发展。这是今后一段时期我国能源发展的行动纲领。《行动计划》指出，能源是现代化的基础和动力。能源供应和安全事关我国现代化建设全局。当前，世界政治、经济格局深刻调整，能源供求关系深刻变化，我国能源资源约束日益加剧，能源发展面临一系列新问题新挑战。要坚持"节约、清洁、安全"的战略方针，重点实施节约优先、立足国内、绿色低碳和创新驱动四大战略，加快构建清洁、高效、安全、可持续的现代能源体系。到2020年，基本形成统一开放竞争有序的现代能源市场体系。《行动计划》明确了我国能源发展的五项战略任务。一是增强能源自主保障能力。推进煤炭清洁高效开发利用，稳步提高国内石油产量，大力发展天然气，积极发展能源替代，加强储备应急能力建设。二是推进能源消费革命。严格控制能源消费过快增长，着力实施能效提升计划，推动城乡用能方式变革。三是优化能源结构。降低煤炭消费比重，提高天然气消费比重，安全发展核电，大力发展可再生能源。四是拓展能源国际合作。深化国际能源双边多边合作，建立区域性能源交易市场，积极参与全球能源治理。五是推进能源科技创新。明确能源科技创新战略方向和重点,抓好重大科技专项,依托重大工程带动自主创新,加快能源科技创新体系建设。《行动计划》强调,为确保2020年我国能源发展战略目标的实现,要进一步深化能源体制改革,健全和完善能源政策,各部门、各地区要做好组织实施和监督检查工作。

三、中国的新能源革命

破解中国经济转型升级难题,需要打破旧的惯性思维,从新思维、大战略的高度思考与规划中国"十三五"走向新常态的转型发展之路。高度关注已经兴起的新能源革命,大力实施生态经济引领战略,推动中国转型发展,使生态文明建设落地是"十三五"规划必须思考的大战略。

从2008年金融危机后,兴起的新能源革命,其发酵的速度超出我们的想象,目前处在即将全面爆发的前夜。从经济学看,新能源使用成本逼近传统能源成本,是判断新能源革命全面爆发的一个重要标志和临界点。目前,太阳能发电技术进步速度很快。近几年,太阳能发电成本以每年10%的左右速度下降,目前太阳能发电的价格已经降至1元/度以下,按照这样的速度,在未来3至5年内,太阳能发电成本可以接近火电。如果光伏发电成本降至0.5元/度,那将是太阳能发电大规模替代传统能源革命的开始。目前,火电发电成本(包括环境成本)已超过0.5元/度,而且还在不断上升。太阳能发电价格一旦接近火电价格,太阳能发电大规模替代火电的革命就会全面爆发。按照这个判断,"十三五"期间将是中国新能源革命全面爆发的期间,对此需要高度重视①。

1. 新能源革命成就未来我国经济

以太阳能发电为代表的新能源革命一旦爆发,其带来的不仅仅是能源替代的革命,而是涉及到经济、环境治理、生活方式等全方位的变革。新能源革命将会引发新兴生态产业大规模发展,生态产业将会成为引领未来中国经济增长的新引擎。一是太阳能发电产业的大规模发展。二是太阳能发电产业将会带动光伏装备业、材料、软件、科研等相关产业群的发展。太阳能产业属于资本密集型和技术密集型产业,也属于产业高关联度产业。光伏发电产业链涉及新材料、新能源、新能源汽车、高端装备制造和节能环保五大领域,直接带动玻璃、钢铁、塑料、物流等多个相关产业,对实体经济和就业的拉动作用明显。三是太阳能终端消费产品业发展。光伏移动性特性,会催生各种各样的太阳能终端产品,如随时可用太阳能多媒体、太阳能帐篷、太阳能传真机、打印机等太阳能办公用品;太阳能电磁炉、烤箱等家庭用品,太阳能服装系列用品。

2. 新能源革命实现生态文明

新能源革命将会破解治理环境与能源危机困境,使中国走出一条根性治理与能源自立的生态文明建设之路。西方发达国家在工业化过程中遇到的能源与环境危机,走

① 张孝德."十三五"经济转型升级新思维 新能源革命引领战略[J].国家行政学院学报,2015.

的是一条未能从根本上解决的污染转移的治理之路，即成本外化、污染转移的工业化之路，已经成为地球无法承受的工业化。而两倍于西方发达国家人口的中国工业化之路，重走西方式治理之路，将是一条无解之路。而即将全面爆发的新能源革命，为破解这个难题提供了有效答案。从短期内看，当代中国遇到环境污染问题的治理，需要借鉴西方发达国家有效的治理经验。但这种治理只能是一种临时性的遏制污染蔓延的应急治理，而根本性治理的处理需要依靠新能源革命。目前中国最大污染来自煤污染，中国煤电发电量占发电总量 82%左右。未来光伏发电成本一旦与用煤的发达成本持平，那么光伏发电就会大规模替代煤发电①。

3. 新能源革命迎来新机遇和新的发展模式

新能源革命将会给中国西部发展带来新机遇和经济社会发展的新模式。新能源规模会给西部发展带来的新机遇。西部地区尤其是西北地区的年有效光照小时数是东部地区的两倍左右，可达到甚至超过 2 000 小时。西部地区遍布的大片荒漠化土地，对于需占地面积较大的光伏电站和光伏电站运营企业而言，无疑具有较大的市场竞争力与吸引力。据有关调查统计，中国西部现有沙漠戈壁达 130 多万平方公里，超过 30 万平方公里的沙漠戈壁适宜光热发电。若每十万平方公里年发电量，按 18 万亿度来计算，30 万平方公里荒漠戈壁年发电量，就可达到 54 万亿度②。

分散移动式光伏发电，将会引发生活方式的革命。生活方式的革命形成的新消费，又会成为太阳能时代经济发展新动力。每次能源和技术革命，都会引发生活方式的革命。工业文明时代三次技术革命，对人类生活方式最大改变，是打破了古代封闭的自足乡村生活，创造了一个以城市社会为中心的开放、自由、流动生活方式。但受不可能再生能源形态和技术条件的束缚，人类所追求的开放、自由、流动的生活方式，仍然是一种有限制的生活方式。受石油、煤炭资源集中、大规模使用效率高的限制，能源集中与大规模使用，一方面提供了就业和诸多的现代文明福利，另一方面人口集中带来污染又成为城市病根源。如何既能享受现代文明福利，又不受城市之病影响是我国政府需要解决的问题。积极采用高度分散性、移动性、共享性的新能源与现代移动多媒体技术以及现代快速交通技术相结合，能够科学地解决人类这一难题。

四、中国能源战略要点

世界主要地区面临着复杂的能源地缘政治博弈，这极大地影响了中国能源供应安全与运输安全，制约着中国经济和社会发展。随着中国能源需求的持续上升，中国能源安全形势将更加严峻。为此，中国能源重点加强以下建设。

1. 加强与世界各国合作共赢

要适当调整外交政策，既要坚持“韬光养晦”，更应注意“有所作为”：与美国继续建立新型大国关系，继续强调“不对抗、不冲突、互相尊重、合作共赢”理念，但以不牺牲国

① 张孝德. “十三五”经济转型升级新思维 新能源革命引领战略[J]. 国家行政学院学报，2015.

② 同上.

家核心利益为底线；巩固与俄罗斯“准同盟”关系，深化上海合作组织功能，积极发展与俄罗斯和中亚全方位能源合作，参与乌克兰和平进程；积极促进朝核问题六方会谈继续，积极促进美朝和解，同时斡旋俄、韩、日三国为和平解决朝核问题而共同努力；解决东海、南海问题，要以符合国家根本利益为前提，坚持“刚性主权，柔性开发”方针，坚持“主权在我、搁置争议、共同开发”原则，充分利用周边国家之间的矛盾，加快油气资源开发，同时尽最大努力避免发生大规模武力冲突。此外，要加强与世界主要能源机构、国家的能源合作：以成员身份继续参与亚太经济合作组织能源工作组、东盟与中日韩能源合作、国际能源论坛、世界能源大会、亚太清洁发展与气候新伙伴等机制；以能源宪章观察员身份，继续与欧盟加强能源合作，尤其加强新能源和节能合作；与国际能源机构和石油输出国组织建立密切关系，积极参与东亚中日韩能源合作机制建设，重点在于亚洲油气价格机制合作；完善与美国能源对话与合作机制，尤其加强在能源通道安全方面合作，并强化在非常规油气资源领域开展全面合作。

2. 不断推进能源科技创新

要坚持独立自主原则，集中力量推进复杂地质油气资源勘探开发技术、低品位油气资源高效开发技术、洁净煤技术、煤气化及加工转化技术、第三代大型压水堆核电技术、替代能源技术、可再生能源规模化技术、特高压输电技术、电网安全技术等关键技术的进步；要努力提升装备制造水平，包括煤炭综合采掘设备、大型煤化工成套设备、高效清洁发电装备、油气勘探开发钻采、运输设备等。同时，要积极与发达国家及国际大型能源公司进行先进技术交流合作。国内能源公司既可以通过参与海外能源市场投资，也可以与国际先进的能源公司合作开发国内资源，从而消化、吸收并创新能源科技与技术。

推进能源生产和消费革命，构建安全、稳定、经济、清洁的现代能源产业体系；全面推进工业、建筑、交通等重点领域节能工作，推动燃煤工业锅炉改造、余热余压利用、电机系统节能、建筑节能、绿色照明、政府机构节能；强化能源管理，降低能源强度、减少污染物排放总量、坚决控制能源消费总量；推动经济结构调整，优化产业结构和产业布局，大力发展新兴产业。

3. 完善能源发展机制

我国能源结构以煤炭为主，科学有序地发展煤炭工业，高效、清洁、可持续地开发煤炭资源；通过重组、兼并，整合现有煤炭资源，改变长期存在的乱开乱采局面，优化产业结构；建立大型现代化的煤炭生产基地，加快高产、高效矿井建设，有序发展煤炭液化和气化产业，鼓励瓦斯抽采和利用；完善全国煤炭供销体系，建立煤炭市场体系，改革煤炭价格形成机制。将分散在多个部门的能源管理职能集中起来，探索实行职能有机统一的大部制，主要负责全国能源综合管理；进一步加强能源市场监管，建立独立的能源监管部门；加强能源立法，制定能源法、建筑节能条例，修订矿产资源法、煤炭法和电力法。要不断完善能源应急体系：实行安全生产责任制，严格安全生产标准，严肃责任追究制度；改革电力体制，实行国家统一调度、分级管理、分区运行；建立石油和天然气储备体系，提高储备能力①。

① 董秀成. 能源地缘政治与中国能源战略[N]. 前瞻网，2015.

4. 发展多元化能源建设

要坚持油气并举：东部油田挖潜稳产，西部油田加快发展，积极拓展海上油田，确保石油产量稳步增长，新增消费主要依靠进口；大力发展天然气产业，加快天然气管网建设，积极拓展和扩大天然气进口渠道，从俄罗斯和中亚进口管道天然气，沿海地区进口液化天然气。要坚持能源多元发展：以大型高效环保机组为重点优化火力发电，适度发展水电，积极发展核电，智能电网等；大力发展新能源和可再生能源，努力调整能源结构。

要大力防治生态破坏和环境污染：以发展能源清洁利用为重点，治理采煤沉陷区，煤层气开发利用；建立煤炭资源开发和生态环境恢复补偿机制。全面控制温室气体排放水平：大力发展循环经济，促进资源综合利用，提高能源和资源利用效率。积极防治机动车尾气污染：提高并严格实施机动车尾气排放标准，坚持年检制度；鼓励生产和利用清洁燃料汽车和混合动力汽车，发展轨道交通和电动公交车。

阅读材料

我国具有大量的可再生能源

比较丰富的风能

我国幅员辽阔，海岸线长，风能资源比较丰富。据国家气象局估算，全国风能密度为 100 瓦/平方米，风能资源总储量约 1.6×105 兆瓦，特别是东南沿海及附近岛屿、内蒙古和甘肃走廊、东北、西北、华北和青藏高原等部分地区，每年风速在 3 米/秒以上的时间近 4 000 小时左右，一些地区年平均风速可达 6～7 米/秒以上，具有很大的开发利用价值。

省　区	风能资源(10 000 千瓦)	省　区	风能资源(10 000 千瓦)
内蒙古	6 178	山　东	394
新　疆	3 433	江　西	293
黑龙江	1 723	江　苏	238
甘　肃	1 143	广　州	195
吉　林	638	浙　江	164
河　北	612	福　建	137
辽　宁	606	海　南	64

丰富的太阳能

我国属太阳能资源丰富的国家之一，全国总面积 2/3 以上地区年日照时数大于 2 000 小时。西藏、青海、新疆、甘肃、宁夏、内蒙古高原的总辐射量和日照时数均为全国最高，属世界太阳能资源丰富地区之一；四川盆地、两湖地区、秦巴山地是太阳能资源低值区；我国东部、南部及东北为资源中等区。各地区资源分类见下表。

类型	地　　区	年照时间数（小时）	年辐射总量（千卡/平方厘米·年）
1	西藏西部、新疆东南部、青海西部、甘肃西部	2 800～3 300	160～200
2	西藏东南部、新疆南部、青海东部、宁夏南部、甘肃中部、内蒙古、山西北部、河北西北部	3 000～3 200	140～160
3	新疆北部、甘肃东南部、山西南部、山西北部、河北东南部、山东、河南、吉林、辽宁、云南、广东南部、福建南部、江苏北部、安徽北部	2 200～3 000	120～140
4	湖南、广西、江西、浙江、湖北、福建北部、广东北部、山西南部、江苏南部、安徽南部、黑龙江	1 400～2 200	100～120
5	四川、贵州	1 000～1 400	80～100

前景诱人的海洋能　我国海洋能资源非常丰富，而且开发利用的前景十分广阔。全国大陆海岸线长达18 000多千米，还有五千多个岛屿，其海岸线长约14 000多千米，整个海域达490万平方千米。如果将我国的海洋能资源转换为有用的动力值，至少可达1.5亿千瓦，相当于目前我国电力总装机容量的两倍多。

（来源：中国数字科技馆）

第三节　能源科技与社会发展

一、能源与经济

人类社会进入工业化时代以后，能源开始广泛而深刻的影响人们的生活和社会的发展。长期以来，经济的增长同能源消费之间有着密切的关系。1973年爆发的石油危机，导致人们开始关注能源与经济增长的关系。经济增长对能源的需求首先体现为对能源总量需求的增长，主要有三种情况：第一，经济增长的速度低于其对能源总量需求的增长，即每增加一个单位的GDP所增加的能源需求量，大于原来每一单位GDP的平均能耗量；第二，经济增长与其对能源总量需求的增长同步，即每增加一单位GDP所增加的能源需求量，等于原来单位GDP的平均能耗量；第三，经济增长的速度高于其对能源总量需求的增长，即每增长一个单位，GDP所增加的能源需求量小于原来单位GDP

的平均能耗量。综观人类发展史，我们不难发现经济增长对能源总需求增长的同时，也日益扩展其对能源产品品种或结构的需求。首先，从一次能源中占主体地位的品种来划分，经济增长对一次能源的需求，经历了从薪柴到煤炭，又从煤炭到石油的发展，而且品种数量日益扩大。目前，各国积极寻找替代石油的能源，这反映了经济增长对能源品种的需求。其次，即使对同一能源产品，也有不同的品种需求(如石油产品、煤基产品)。品种需求在某些方面也包含着质量需求。质量需求的直接动力来自于追求更高的效率。因此，获得高质量的能源产品是提高能源利用率及其经济效益的重要前提条件。能源在经济增长中的作用能源是经济增长的推动力量，并限制经济增长的规模和速度。

能源的投入多少直接制约本国经济运转的规模和程度，因为物质资料的生产必须依赖能源为其提供动力；能源使用形式的变革都会影响人类的生产、生活；人类生产工具、交通工具的革新，都是在“能源革命”下推动实现的，如火车的发明和使用源于煤炭的开发和利用。人民生活水平的提升也离不开能源，生活水平越高，对能源的依赖性就越大。事实上，人类文明长河中经历了原始文明、农业文明和工业文明，目前正从工业文明向生态文明转变，每一次经历都与能源息息相关。正因此，世界各国打响了“生态文明”革命。

二、能源与政治

现代能源地缘政治将能源与地缘政治争夺紧密联系在一起进行研究，被称为能源地缘政治学。在能源地缘政治学中，“世界能源心脏地带”是一个非常重要的概念，包括世界能源供应心脏地带和世界能源消费心脏地带。其中，在世界能源地缘政治版图上，形成一个从北非马格里布到波斯湾、里海、俄罗斯西伯利亚和远东地区的大型区域。这个区域油气资源极其丰富，被称之为世界能源供应心脏地带。

世界能源需求主要来自“能源供应心脏地带”的外围区域，分为两个地带：其一为“内需求地带”，包括东亚、东南亚、南亚和欧洲大陆；其二为“外需求地带”，主要包括北美、撒哈拉以南非洲和南太平洋等地区①。

1. 世界主要地区能源地缘政治博弈

中东、中亚—俄罗斯、亚太、非洲以及拉美等五个地区是世界主要地区能源地缘。中东地区地理位置十分优越，石油资源极为丰富且油层埋藏深度适中，生产成本低。该地区内部地缘政治因素复杂，存在潜在的地缘危机：一是美国因核问题对伊朗的经济制裁或军事打击以及伊朗对美国的间接报复；二是由来已久的宗教、种族冲突引发的大规模武装冲突乃至战争。世界上主要大国都高度重视中东地区，加强了在这一地区的能源地缘政治博弈。其中，美国推进大中东“颜色革命”，试图推翻反美政权；保持适当军事存在，威慑伊朗等国，确保油气供应和通道安全；谨慎推进阿以和解，确保以色列利益。俄罗斯加强与伊朗等国合作；巩固与土耳其能源合作关系；与美国在战略上进行博

① 董秀成.能源地缘政治与中国能源战略[J].经济问题，2015(2).

弈。欧盟强化了与中东地区油气合作，确保安全稳定供应；军事上加强部署，确保通道安全。日本援助换石油供应，瞅准美沙分歧，获得能源利益；顶住美国压力，继续与伊朗合作。印度不顾美国压力，与伊朗开展全面合作；加大能源贸易，建设能源输送网和能源港。

2. 中亚—俄罗斯地区能源地缘政治博弈

中亚—俄罗斯地区油气资源十分丰富，是世界未来能源生命线。这一地区涉及中国、俄罗斯、土耳其、伊朗等国的利益，也吸引了美国、日本和欧盟等外部力量的极大关注，存在的潜在地缘政治危机主要包括恐怖主义威胁、美俄对峙威慑、颜色革命以及美国对俄—中双遏制策略。其中，美国采取的能源战略主要是：强化军事部署，抗衡俄罗斯战略利益；应对乌克兰巨变，加强与欧洲能源合作；博弈里海油气通道走向，确保欧美利益。俄罗斯主张恢复中亚统一电力系统，参与油气开发和里海问题，确保政治稳定。欧盟试图分散天然气过于依赖俄罗斯的局面，提倡建立天然气供应竞争保障机制。日本加强了与这一地区的能源合作，以获取更多能源，在油气来源和通道方面保持合作。印度与哈萨克斯坦、乌兹别克斯坦以及阿塞拜疆建立稳定合作关系，与俄罗斯保持了良好合作。

3. 亚太地区能源地缘政治博弈

与世界其他地区相比，亚太地区原油探明储量较少。但由于这一地区与中亚地区及海上要道相连，地缘政治博弈异常激烈，形成了由美国、日本、中国、俄国、印度和东盟六种主要力量组成的战略博弈格局。能源地缘政治博弈的重点主要有运输通道的控制、海外资源来源争夺以及海上油气资源争夺。美国在这一地区实施亚太再平衡战略，遏制中国，抑制俄罗斯，管制日本，扶持东盟，支持印度，联合澳大利亚，以确保海上油气运输通畅；俄罗斯则实行能源战略东移，加强与中国全方位合作，同时保持与其他能源消费国能源合作，争取同亚太地区多个消费大国营造多个买家、一个卖家的供求关系，以实现利益最大化；日本注重强化美日军事同盟关系，加强与东亚各国能源合作，继续推动建立亚洲能源共同市场，减轻能源溢价影响，促进中、日、韩能源安全合作；印度在美国、俄罗斯和中国之间保持政治平衡，利用外交手段，积极改善与邻国关系，全面扩大能源合作。

4. 非洲地区能源地缘政治博弈

非洲地区探明石油储量主要集中在几内亚湾深水油区和北非国家。这一地区部族、种族、宗教及地区矛盾严重，国家内部冲突、军队政治干预、政府严重腐败现象丛生，存在的潜在地缘危机主要有苏丹达尔富尔战乱以及索马里地区战争等；西欧是非洲地区传统地缘优势国家，同非洲关系较为密切；美国石油公司大力开展与西非石油国的合作，还通过强大的外交优势排挤西欧各国；日本加紧争夺欧美竞争空间，积极与中国竞争，鼓励本国公司以合资和参股等方式进入非洲市场。

5. 拉美地区能源地缘政治博弈

拉美地区油气资源主要集中在委内瑞拉、墨西哥、厄瓜多尔、秘鲁、特立尼达和多巴哥等国；巴西、哥伦比亚、阿根廷等国油气资源未来潜力也比较大。美国是拉美地区最主要外来政治势力；由于历史上长期受殖民统治，英国、法国、西班牙等欧洲国家在拉美

地区的影响势力也很大；中国石油公司开始局部进入拉美能源市场。拉美资源国的政府与外国石油公司权益之争成为了主要的矛盾。①

三、能源与民生

能源是提高人民生活水平的主要物质基础之一。生产离不开能源，生活同样离不开能源，而且生活水平越高，对能源的依赖性就越大。火的利用首先也是从生活利用开始的。从此，生活水平的提高就与能源联系在一起了。能源促进生产发展，为生活的提高创造了日益增多的物质产品；而且生活水平的高低依赖于民用能源的数量增加和质量提高。按其来源可分为三大类：一来自太阳的能量，如太阳辐射能、煤炭、石油、天然气、生物质能、水能、风能、海洋能等；二来自地球本身的能量，如地下热水、地下蒸汽、干热岩体和原子能等；三月球、太阳等天体对地球的引力产生的能量，如潮汐能。煤炭、石油、天然气、水力和核裂变能是当今世界五大能源支柱。以我国为例，能源与民生的关系更多表现在对于能源的开发和利用要重视环境保护。

十三五期间能源工作要坚持"创新、协调、绿色、开放、共享"发展理念，以提高发展质量和效益为中心，以推进供给侧结构性改革为主线，着力调整存量做优增量，着力培育能源生产消费新模式新业态，着力提高能源普遍服务水平，努力构建清洁低碳、安全高效的现代能源体系，促进经济社会发展行稳致远。为此，2016 年能源工作指导意见中重点强调以下几点：

1. 要大力发展非石能源

积极发展水电、稳步发展风电、安全发展核电、大力发展太阳能、积极开发利用生物质能、地热能等新能源、推动区域能源转型示范。

2. 要积极推进天然气高效利用

因地制宜替代散烧煤炭，有序发展天然气工业锅炉等。

3. 继续实施专项升级改造

十三五期间，全国计划实施超低排放改造约 4.2 亿千瓦，节能改造约 3.4 亿千瓦，预计总投资约 1 500 亿元。2016 年，启动一批超低排放改造示范项目和节能改造示范项目；修订煤电机组能效标准和最低限值标准；开展煤电节能改造示范项目评估，推广应用先进成熟技术；加快成品油质量升级改造。2016 年，东部 11 省(市)全面供应国五标准车用汽油、柴油；推进普通柴油升级项目。编制出台车用汽油、柴油国六标准。

4. 鼓励发展新型消费业态

全面推进电动汽车充电设施建设。按照"桩站先行、适度超前"原则，用好财政支持政策，积极完善相关配套措施，保障工程建设顺利进行。加强与建筑、市政等公共设施的统筹衔接，研究编制充电设施工程技术标准规范。鼓励大众创业、万众创新，积极发展充电设施分享经济。2016 年，计划建设充电站 2 000 多座、分散式公共充电桩 10 万

① 董秀成. 能源地缘政治与中国能源战略[J]. 经济问题，2015(2).

个,私人专用充电桩86万个,各类充电设施总投资300亿元;启动实施“互联网+”智慧能源行动。促进能源和信息深度融合,探索推广新技术、新模式和新业态,推动建设智慧城市和智慧小镇,助力提升城乡居民生活品质。推动建设智能化生产消费基础设施。加强多能协同综合能源网络建设。推动能源与通信基础设施深度融合。营造开放共享的能源互联网生态体系。发展储能和电动汽车应用新模式。发展智慧用能新模式。培育绿色能源灵活交易市场模式。发展能源大数据服务应用。推动能源互联网关键技术攻关。建设国际领先的能源互联网标准体系;推广实施电能替代。在居民采暖、工农业生产、交通运输等领域,因地制宜发展电采暖、电锅炉(窑炉)、电蓄能调峰等项目,有序替代散烧煤炭和燃油。研究建立电能替代示范区。到2020年,计划替代散烧煤炭和燃油消费折合标准煤约1.3亿吨。

5. 切实加强煤炭清洁绿色开发利用

限制开发高硫、高灰、高砷、高氟煤炭资源。推广充填开采、保水开采、煤与瓦斯共采等绿色开采技术。加强煤矿粉尘综合治理。完善矿区生态环境补偿机制。提高原煤洗选加工比重。在钢铁、建筑等领域推广高效清洁燃煤锅炉(窑炉)技术。适度发展煤制燃料和低阶煤分级分质加工转化利用。加强煤矸石、矿井水、煤矿瓦斯等资源综合利用。

6. 持续抓好大气污染防治相关能源保障工作

深入落实国务院大气污染防治行动计划,尽快建成12条跨区输电通道,保障重点地区清洁能源供应。积极参与京津冀及周边地区、长三角等区域大气污染防治协作机制。继续加大京津冀地区散煤清洁化治理工作力度,确保完成年度考核任务。鼓励其他民用劣质燃煤地区结合当地实际,借鉴京津冀散煤清洁化治理模式,降低散煤燃烧污染。

7. 实施能源民生工程,增进共享发展新福祉

全方位支持贫困地区能源资源开发利用;着力加强贫困地区能源开发建设;启动实施新一轮农村电网改造升级,组织编制三年滚动实施计划,建立项目储备库,预计总投资约3 000亿元。尽快启动第一批升级改造项目,预计投资约420亿元,其中中央预算内投资85亿元。两年内实现农村稳定可靠供电服务。组织编制小城镇、中心村农网改造升级和机井通电实施方案(2016—2017年),预计投资约1 500亿元,到2017年中心村全部完成农网改造,平原地区机井通电全覆盖;全面实施城镇配电网建设改造。计划十三五期间,全面加快城镇配电网建设改造,促进经济发展和民生改善。到2020年,中心城市(区)智能化建设和应用水平大幅提高,供电可靠率达到99.99%,用户年均停电时间不超过1小时,供电质量达到国际先进水平;城镇地区供电能力及供电安全水平显著提升,供电可靠率接近99.9%,用户年均停电时间不超过10小时,保障地区经济社会快速发展。

2016年9月3日,G20杭州峰会期间,中国国家主席习近平同美国总统奥巴马、联合国秘书长潘基文在杭州共同出席气候变化《巴黎协定》批准文书交存仪式。根据《巴黎协定》,中国二氧化碳排放2030年左右达到峰值并争取尽早达峰,单位国内GDP的二氧化碳排放量较2005年下降60%～65%。美国计划于2025年实现在2005年基础上减排26%～28%的全经济范围减排目标,并将努力减排28%。可见,我国未来能源工作的重点在于改善民生,在加快能源经济发展的同时,坚持“以民生为导向,为民生而改革”。随着成本的不断降低,新能源将会进入到千家万户,进一步提升民众的生活水平和生活质量。

阅读材料

俄罗斯的能源政治

能源工业是俄罗斯整个国民经济的基础，在国家政治经济生活中的地位举足轻重。在俄领导人眼里，俄罗斯在世界能源市场上的地位在很大程度上决定着国家地缘政治影响力。石油不仅是出口换汇的商品，同时还是推行对外政策的重要手段。在21世纪里，根据俄推出的21世纪国际能源发展战略，俄罗斯仍将以能源为杠杆加强其在世界上的地位，利用能源因素发展与世界各国能源、经济组织的合作关系，对世界能源、经济等问题施加影响，提升其在中东、欧洲、特别在亚太地区的分量。

从冷战结束后的地缘政治格局看，俄罗斯的国际安全环境不容乐观。在欧亚大陆，西面，以美国为首的北约极力向东扩展，挤压俄罗斯的战略空间；东面，美日联盟不断强化——从纯粹防御性质发展到带有一定程度的向西进攻态势；南面，美、日、欧以中东为基地，逐步向中亚推进，直指俄罗斯"心脏"。面对如此强大的压力，俄罗斯必须调整能源战略，施展能源外交，才能加强其在国际政治经济生活中的地位。

近年来，俄罗斯推行能源外交战略，努力拓展出口渠道。在政治关系明显改善的背景下，俄罗斯积极扩大同美国在石油市场上的合作，为"新战略伙伴关系"充实经济方面的内容。与此同时，俄罗斯还努力扩大同欧洲的传统能源合作。如因政治动荡引发石油危机，俄罗斯很可能通过增加出口来平息危机。这不仅有助于俄罗斯扩大石油出口，同时还将给俄与西方关系带来深远影响。

（选自：宋魁.俄罗斯能源战略的新态势[J].俄罗斯中亚东欧市场 2005(6)：8-13.）

思考题

1. 简要分析21世纪主要西方大国的能源政策特点。
2. 分析我国新世纪的能源政策特征。
3. 未来我国能源科技发展的出路在哪里。

参考文献与续读书目

[1] 阎政.美国核法律与国家能源政策，北京大学出版社，2006.

[2] 尹晓亮.战后日本能源政策.社会科学文献出版社，2011.

[3] 维托·斯泰格利埃诺.美国能源政策：历史、过程与博弈.石油工业出版社，2008.

[4] 范必.中国能源政策研究.中国言实出版社，2013.

[5] 王仲颖.世界各国可再生能源法规政策汇编.中国经济出版社，2013.

[6] 李严波.欧盟可再生能源战略与政策研究.中国税务出版社，2013.

[7] 罗英杰.国际能源安全与能源外交.时事出版社，2013.

[8] 王海运.国际能源关系纵横谈.世界知识出版社，2013.

后　记

本教程是上海电力学院社会科学部多位教师集体智慧的结晶。作为一所以能源专业为特色的大学,上海电力学院一直致力于培养能源科技领域的先进人才,近年来正努力建设能源电力特色鲜明的高水平大学。2015 年,为优化卓越人才培养,能源科技史作为人文通识必选课程进入卓越人才培养计划。我们结合学校实际,在充分调研,多次研讨基础上,确定了编写框架,开始着手编写本教材。并于 2015 年 9 月开设了能源科技史课程,参与编写的老师采用专题组式教学方式,一边认真备课开展教学,一边不断完善编写教材,教学相长。本课程教学也获得学生的一致认可。

本教程主要编写人员及分工为：焦娅敏教授负责整体规划、人员分工协调、教材框架确定与审核定稿;张贵红博士负责第一、二、三章编写以及内容设置和进度管理等事务;陈宝云博士负责第四章编写以及部分修改审稿;何宇宏教授参与研讨、写作风格把关和部分审稿;张宗峰博士负责第五章编写;苏波博士负责第六章编写;丁建凤博士负责第七章编写。

能源科技史课程的开设在国内并不多见,编者在资料整理过程中发现目前科学史编纂较多,而纯粹的能源科技史教材未曾多见。所以本课程的开设是一个比较新的任务,涉及面很广,需要考虑的因素也很多。在本教程的编辑过程中,面对浩瀚的科技史成果,总还有些难于取舍。由于版面有限,有很多能源科技史的细节内容未能编入此书,颇感遗憾,日后若再版,希望能够弥补这些缺陷。囿于时间仓促,加之编者能力和水平有限,书中难免有不妥之处,恳请同行专家批评指正,提出宝贵意见！感谢上海电力学院中国特色社会主义研究中心为本书提供了出版资助,还要感谢复旦大学出版社的宋朝阳和谢同君两位编辑的辛苦工作和帮助,使本教程能够顺利出版！

编　者

2016 年 7 月 30 日

图书在版编目(CIP)数据

能源科技史教程/焦娅敏,张贵红主编. —上海: 复旦大学出版社, 2016.9(2024.1 重印)
ISBN 978-7-309-12487-3

Ⅰ. 能… Ⅱ. ①焦…②张… Ⅲ. 能源-科学技术-技术史-世界-高等学校-教材
Ⅳ. TK01-091

中国版本图书馆 CIP 数据核字(2016)第 188250 号

能源科技史教程
焦娅敏　张贵红　主编
责任编辑/宋朝阳　谢同君

复旦大学出版社有限公司出版发行
上海市国权路 579 号　邮编: 200433
网址: fupnet@fudanpress.com　http://www.fudanpress.com
门市零售: 86-21-65102580　团体订购: 86-21-65104505
出版部电话: 86-21-65642845
上海新艺印刷有限公司

开本 787 毫米×1092 毫米　1/16　印张 16　字数 341 千字
2024 年 1 月第 1 版第 2 次印刷

ISBN 978-7-309-12487-3/T · 582
定价: 36.00 元